북한의 섬
01

함경북도

함경남도

황해남도

이어도

이 책의 기획의도

포털 사이트 네이버(NAVER)의 재정후원으로 2016년부터 3년 동안 「한국의 섬」 시리즈 13권을 세상에 내놓은 바 있다. 이때부터 「북한의 섬」에 대해서도 집필해 보라는 주변의 권유를 많이 받았다. 하지만 북한지역 섬은 방문이나 탐사 자체가 물리적으로 불가능하여 포기하고 있었다.

그러던 중 2021년 6월 「한국의 섬」 시리즈 13권이 2쇄가 나온 것을 계기로, 우리나라 고구려사 연구의 대가(大家) 서길수 교수의 권유에 힘입어 다시 펜을 들고 자료를 뒤져가며 집필을 시작했다. 그렇게 꼬박 2년 가까이 매달린 산물이다.

1. 답사와 체험이 원천적으로 불가능한 북한지역의 섬을 글로 쓴다는 것 자체가 엄청난 모험이요, 부담이었다. 역사 앞에 두려움도 느낀다. 그렇지만 누군가는 해야 한다는 소명과 의지에 기대어 여기까지 왔다. 부족한 정보는 선각자들의 기록을 빌려왔고, 현장 답사의 한계는 구글 위성사진의 도움을 받았다.

2. 이 책은 북한에서 나온 '북한의 지리'와 평화문제연구소의 '북한 향토대백과사전' 20권과 국방부에서 출간한 '한국전쟁의 유격 전사'라는 책의 도움을 많이 받았다. 그리고 통일부 자료센터에서 수많은 자료를 가져왔다.

3 이 책은 1,045개에 달하는 북한의 섬 가운데 128개 유인 도서에 대한 기록이다. 다만, 학문적 저술로서가 아니라 서사적이고 지리와 역사 문화적인 눈길로 봐주길 당부드린다..

4. 이 책의 출간으로 북한의 섬에 관한 관심과 연구가 확대되고 남북 화해와 통일 교육에 작은 힘이 되기를 기대하면서, 기회가 된다면 섬을 좋아하는 사람들과 함께 이 책을 길잡이 삼아 북한의 황해, 동해, 휴전선 근처의 섬들을 하나씩 선정해서 방문해보고 싶은 마음이다.

이 재 언(필명 이 섬)

발 간 사

나는 어릴 때부터 얽매여 사는 것을 싫어했다. 여행을 유난히 좋아해서 역마살이 끼었다는 소리를 종종 들으며 자랐다. 한마디로 자유로운 영혼이었다.

성인이 된 이후, 트럭 운전 기사라는 직업은 새로운 세상의 발견이었다. 전국을 누비며 다양한 체험과 경제활동이라는 두 마리 토끼를 잡을 수 있었기 때문이다.

30대 후반까지 길게 이어졌던 자유와 방랑의 종착지는 섬이었다. 유년기부터 존재의 심연에 자리 잡았던 미지의 세계에 대한 동경이 나를 바다로 인도했다고 생각한다. 덕분에 '섬 탐험가'라는 닉네임도 얻었다. 네이버의 재정후원에 힘입어 우리나라 유인도 446개에 대한 답사 기록을 남길 수 있었다. 내겐 과분한 축복이었고, 그렇게 탄생한 것이 13권짜리 '한국의 섬' 시리즈였다.

「한국의 섬」 시리즈 탈고 후, 가슴 한편에서 '북한의 섬들도 탐구해 보자!'라는 새로운 욕심이 꿈틀거렸다. 초기에는 욕심뿐이었고, 시도할 엄두를 내지 못했다. 우선, '가서 볼 수 없는 곳'이니, 작업 자체가 쉽지 않은 일이었다.

"나는 체험하지 않은 것은 한 줄도 쓰지 않았다. 그러나 단 한 줄의 문장도 체험한 것 그대로 쓰지는 않았다." 시성(詩聖)이자 대문호인 괴테의 말이다.

이 책은 1,045개에 달하는 북한의 섬 가운데 128개 정도의 유인 도서에 대한 기록이다. 다만, 학문적 저술로서가 아니라 서사적이고 역사 문화적인 눈길로 봐

주길 당부 드린다.

자료 수집에 자문과 도움을 주신 서길수 교수님, 구할 수 없는 북한의 귀한 사진 자료를 주신 안영백 뉴질랜드 네이처 코리아 대표와 양승진 기자, 통일부 출신 김호성 선생님, 교정을 위하여 수고해 주신 김정희, 백완종, 강광식 선생님, 그리고 통일부, 국방부, 국토부 국토정보지리원, 이북5도청, 평화문제연구소, 광운대학교 해양섬정보연구소, 구글어스에 감사의 인사를 전한다. 이 책이 나오기까지 수많은 사람의 격려와 관심이 있었기에 가능한 일이다. 이 자리를 빌려서 그분들에게도 고맙다는 인사를 올린다.

최초로 시도되는 북한의 섬 연구를 통해 남북한 공동체에 대한 학술과 문화의 지평이 확대되기를 기대하며, 오늘도 고향 땅을 그리워하고 있을 수많은 실향민에게 작은 위안이 되기를 소망한다..

2023년 7월 8일 목포에서 이 재 언(필명 이 섬)

추신 : 2023년 년 초에 평생 나의 친구요 비서 역할을 했던 66세인 아내가 갑자기 심근경색으로 천국에 갔다. 못난 나를 만나 41년 동안 죽도록 고생만 하였던 사랑하는 아내 임향숙에게 이 책 두 권을 바친다.

목 차

함경남도의 섬

함경북도의 섬

두만강의 섬

황해남도의 섬

Island in North Korea

함경남도의 섬

<표> 함경남도주요섬 1)

번호	섬이름	섬의 크기			지리적 위치		행정구역
		둘레(㎞)	면적(㎢)	높이(m)	경도	위도	
1	**대저도(큰돗섬)**	6.57	1.655	168	127°28'	39°24'	함경남도 금야군
2	**마양도**	16.5	7.06	176	128°12'	40°00'	함경남도 신포시
3	**모래섬**	1.62	0.092	39	127°33'	39°16'	함경남도 금야군
4	**묘도**	2.77	0.218	74	127°31'	39°16'	함경남도 금야군
5	**소저도(작은돗섬)**	2.84	0.375	69	127°30'	39°24'	함경남도 금야군
6	**솔섬**	2.67	0.128	102	127°33'	39°16'	함경남도 금야군
7	**전초도**	3.08	0.227	101	128°40'	40°11'	함경남도 이원군
8	**큰구비섬**	1.94	0.092	36	127°32'	39°23'	함경남도 금야군
9	**소화도**				127°34'	39°45'	함경남도 정평군
10	**화도**	5.10	0.810	57	127°34'	39°45'	함경남도 정평군
11	**알섬**						함경남도 화대군
12	**대섬**						함경남도 홍원군
13	**죽도**						함경남도 홍원군

1) 「북한 지리정보원」 우리나라의 바다 : 자연지리, 1990

01. 금야군

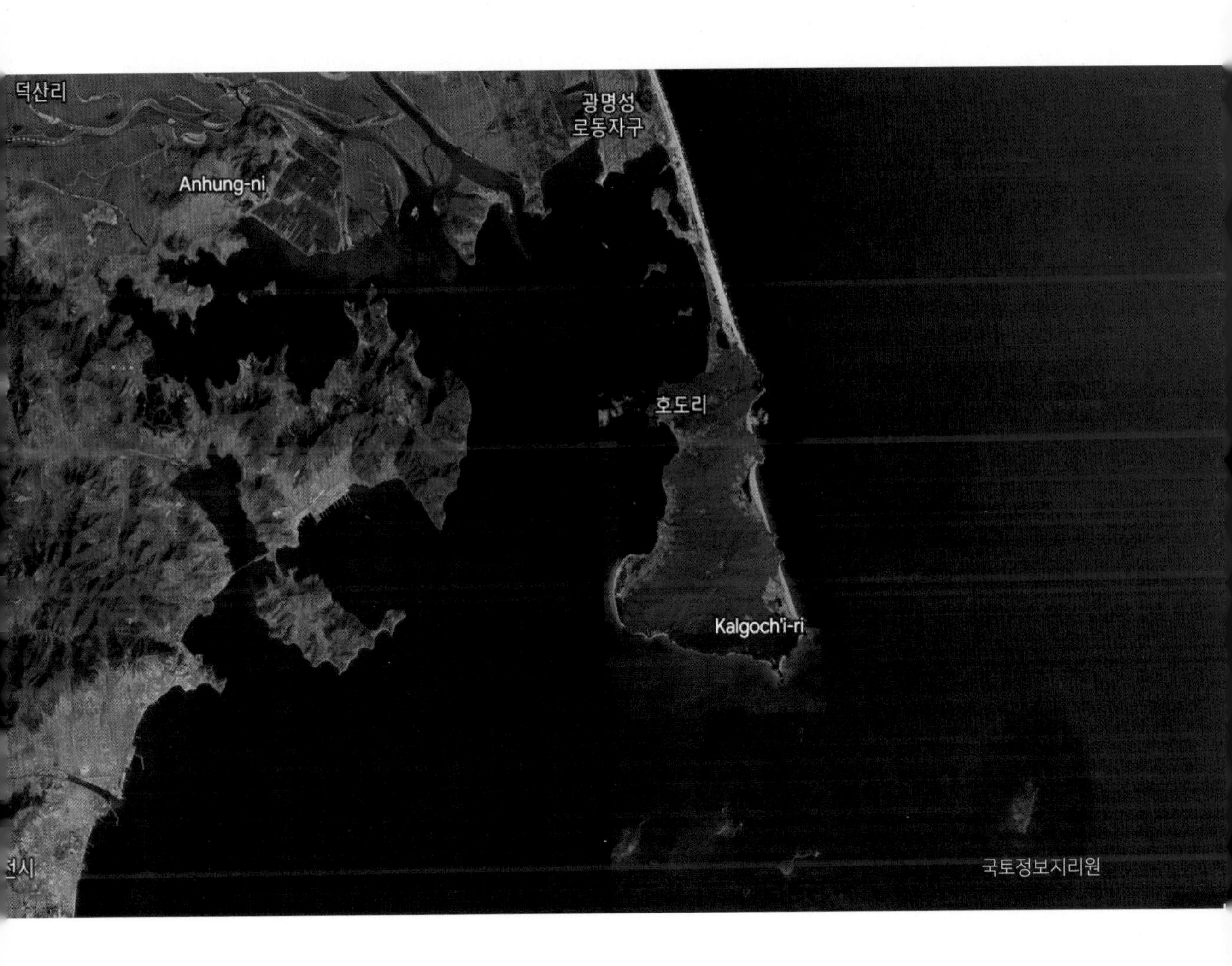

1) 대저도(大猪島)·큰 돌섬

"해수·담수가 만나는 기수역, 생굴(牡蠣) 양식의 보고(寶庫)"

국토정보지리원

【개괄】 대저도(大猪島)는 함경남도 금야군에 속한 섬으로 면적 1.655㎢, 해안선 길이 6.57㎞, 고도 168m, 경도 127° 28', 위도 39° 24'에 위치한 섬이다. 원추형으로 생긴 바위섬으로, 영흥만의 북쪽 송정만 안쪽 호도면 가까이에 있으며 일명 '큰돌섬'으로도 불린다. 대저도는 호도반도에서 서쪽으로 2.5㎞ 해상에 위치하며, 부근에 소저도(小猪島)와 유도(柳島)가 있다. 섬의 동부와 남부 해안에 마을이 형성되어 있다.

해수와 담수가 접하는 기수역, 자연 생굴의 채취와 양식 활발

덕지강·용흥강·영포천 등의 강줄기가 바다와 만나는 기수역에 해당하여 어족의 산란과 굴 양식에 적합하다. 기수역(汽水域)이란 강물이 바다로 흘러서 들어가면서 바닷물과 서로 혼합되는 곳을 말한다. 기수역에 서식하는 물고기들은 민물과 바닷물에 둘 다 적응하면서 살아간다. 해수와 담수를 오가며 염분농도를 조절하는 자정 능력 덕분이다.

대저도는 담수와 해수가 접하는 곳이어서 일본강점기부터 소저도(小猪島)와 더불어 자연생 굴(牡蠣)의 채취와 양식이 성하였다. 이에 일본인들이 관권으로 채집 이권을 탈취하려 들자 인근 주민들이 대대적인 투쟁을 벌여 몰아냈다. 대저도 일대의 자연 생굴 채집 양식장은 397만 평으로, 일제 강점기에는 전라남도의 해창만(海倉灣) 다음으로 전국 제2의 대 산출지였다. 이곳에서 쪄서 말린 굴은 동남아시아와 중국에 많이 수출되어 많은 소득을 올렸다.

대저도가 속해 있는 금야군 일대의 지질은 시생대 낭림층군, 하부원생대 마천령계의 성진통 · 북대천통 · 남대천통의 지층으로 이루어져 있다. 주요 암석은 화강편마암, 결정편암, 대리암으로 구성되며, 주요 관입암은 하부원생대 이원암군의 섬장암, 반려암과 중생대 단천암군의 화강암이다. [2]

▼ 여수 가막만의 굴 채취 작업 광경

2) 「한국민족문화대백과사전」

2) 묘도

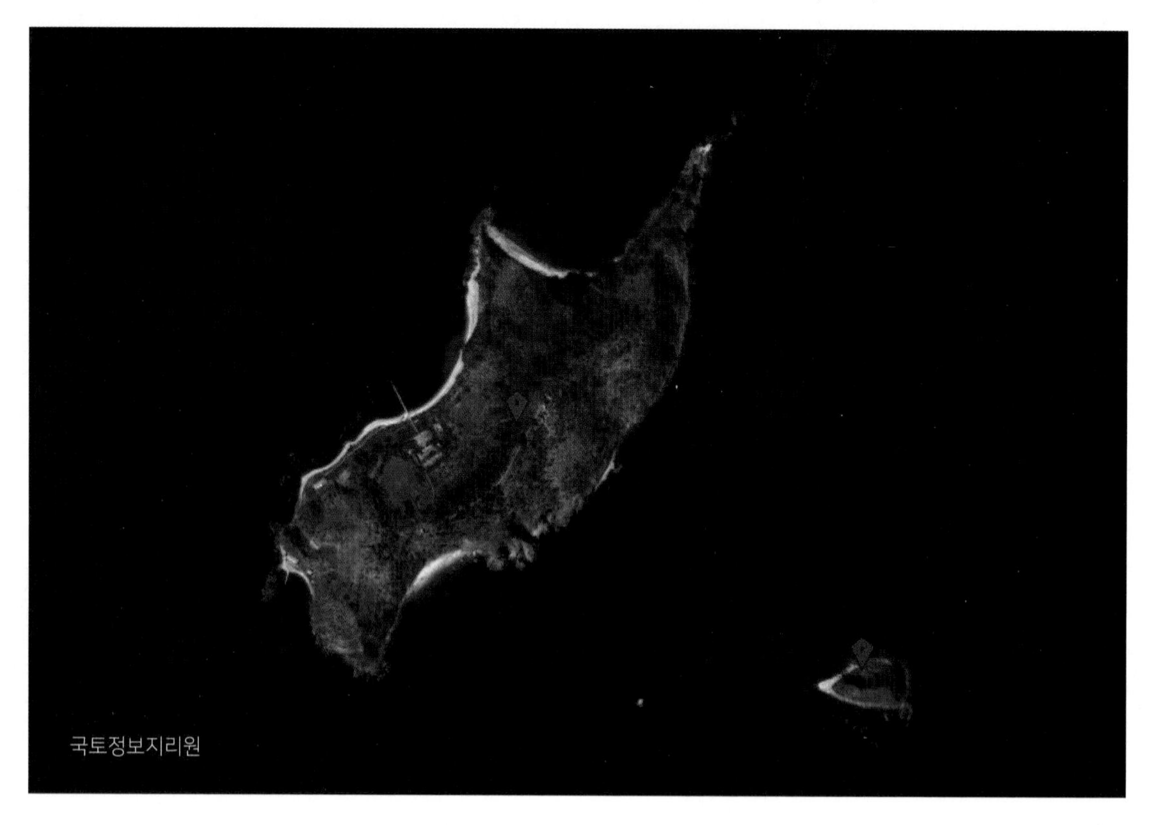

【개괄】 묘도는 함경남도 금야군 호도리 소속으로 섬 둘레 2.77km, 면적 0.218㎢, 산 높이 74m, 경도 127° 31', 위도 39° 16'에 위치한 섬이다. 묘도는 영흥만에 있다. 원래는 영흥만의 외해를 막는 호도라는 섬이 있었으나 북한해류가 남쪽으로 흐르면서 동해로 돌출한 삼봉산의 해안 언덕을 깎아 호도의 북쪽에 사주(砂洲)를 이루었다. 북한해류가 호도 북쪽에 토사를 퇴적시키면서 북쪽에서부터 상포 ·하포 ·신장지 ·구장지 ·두무포 등의 석호를 남겼다.

동해안에는 10~20m가량 높은 해안

사구가 형성되었으며, 사구 후면의 배후 습지에는 석호가 발달하여 습지와 논이 교착되어 있다. 해안 사구는 남북으로 약 25 km 가량이나 연속되며, 호도반도의 북단에 소응진리가 위치한다. 호도반도의 남단은 대강 곶이라 일컬으며, 부근에는 해식애가 발달하였으며, 그 앞바다에는 여도, 웅도, 모도, 신도, 묘도, 대도 등의 여러 섬이 있다. 이들 섬에 가까운 광도에는 광도 등대가 있고, 호도반도의 서쪽 해안에는 외해의 파도를 피하여 장구억항이 있다.

묘도는 호도리의 남쪽 바닷가에 있는 작은 섬으로 『조선왕조실록(지리지) 제49권에 옛날 난이 일어나면 피난하던 곳으로서 부의 동쪽에 있는데 대도도에서 남쪽으로 10리, 뭍에서 3리 떨어져 있다고 기록되어 있다.[3]

전통 시대 섬들의 인식(조선의 공도정책·空島政策)

고려 말에 섬을 비워버린 공도정책(空島政策)은 서남해의 해상세력이 고려와 몽골에 대항하는 삼별초 세력에 동조할 것에 대한 우려에서 그랬다. 또 하나의 이유는 왜구들의 창궐 때문이었다. 당시 공도화의 대상은 진도, 완도, 압해도, 임자도, 흑산도, 장산도, 거제도, 남해도 등과 같이 주로 해상세력이 몽골에 대항하는 근거지로 삼았던 큰 섬들이었다. 섬을 비운다는 것은 바다를 모르고, 바다를 버린다는 뜻이다.

고려와 조선은 육지만 나라의 영토로 생각하고 있었던 것 같다. "나라의 허락 없이 사사로이 바다에 나가 외국과 교역하는 자는 곤장 100대"라는 국법을 보면 조선은 섬과 바다를 포기하는 육지 중심의 사고에 빠진 것이다. 바다는 문화 고속도로이며 섬은 배들이 일시 머무르는 징검다리 역할을 하였다. 섬은 땅이자 우리 영토 일부이다. 그러나 전통 시대에는 섬과 섬 주민들을 관리, 감독, 보호가 미흡했다.

묘도는 육지와 그리 멀리 떨어진 곳은 아니지만, 한양과 멀리 떨어진 섬이다. 전쟁이 일어나면 안전하게 몸을 피할 수 있는 장소가 섬이기도 하다. 섬에는 농사뿐만 아니라 사시사철 바다

---

3) 「조선향토대백과」, 평화문제연구소 2008

에서 나오는 해산물을 채취하여 흉년과 전쟁, 난리를 비켜 갈 수 있다. 섬은 관리들의 횡포, 가혹한 세금을 피하려고, 혹은 범죄자들이 숨는 곳이기도 하였다.

조선 시대에는 정치적인 이유로 왕의 눈 밖에 난 선비들의 유배지가 전라도나 경상도였다면 왕족들은 강화의 교동도로 많이 유배되었다. 한양과 가깝지만, 외딴섬이라 교통의 불편으로 이동이 어렵고 혹시 역모에 대비해 동태를 살필 수 있는 이유에서 섬으로 유배를 많이 보냈다. 그러나 지금의 섬은 갈수록 전략적, 수산자원, 관광, 생태, 전통문화 등 그 위상과 가치가 높아져 가고 있고 200해리의 출발선이 되었다.

▼ 북한 원산 앞에 있는 호도반도 끝에 묘도가 있다.

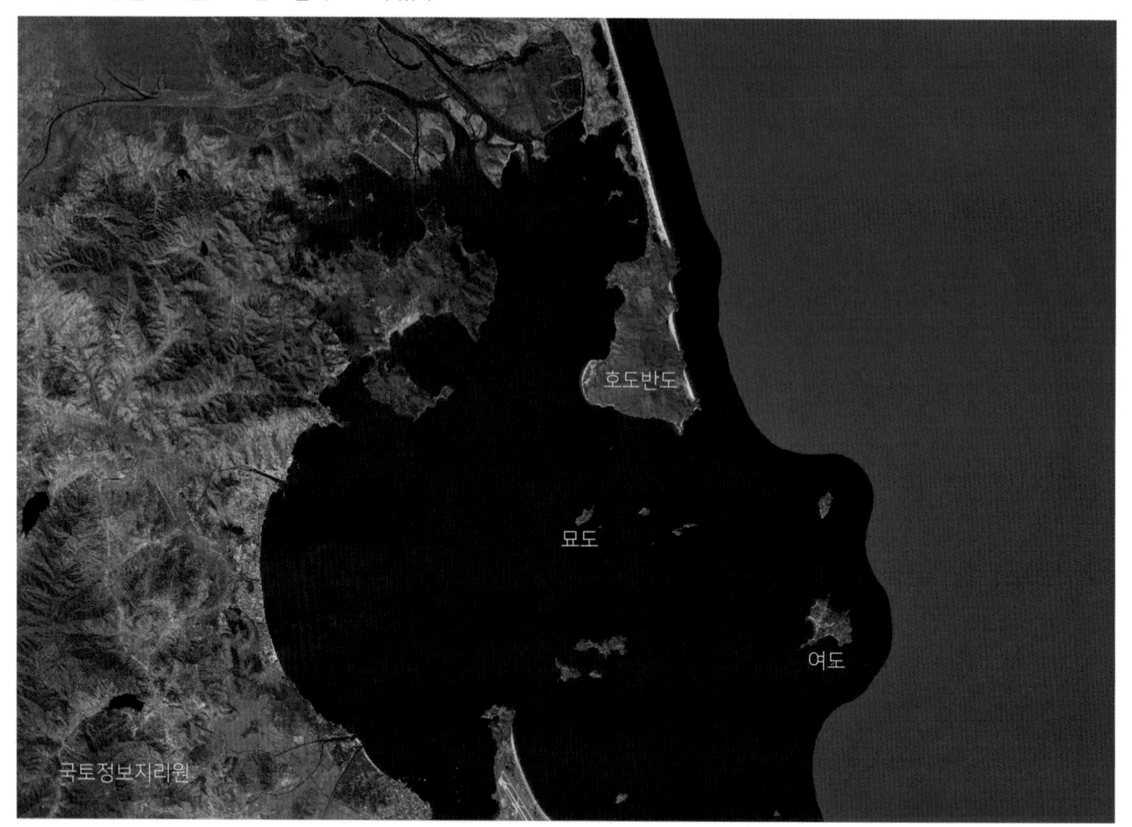

3) 소저도(小猪島)·작은 돌섬

"추운 북녘에도 대나무는 자라는데"

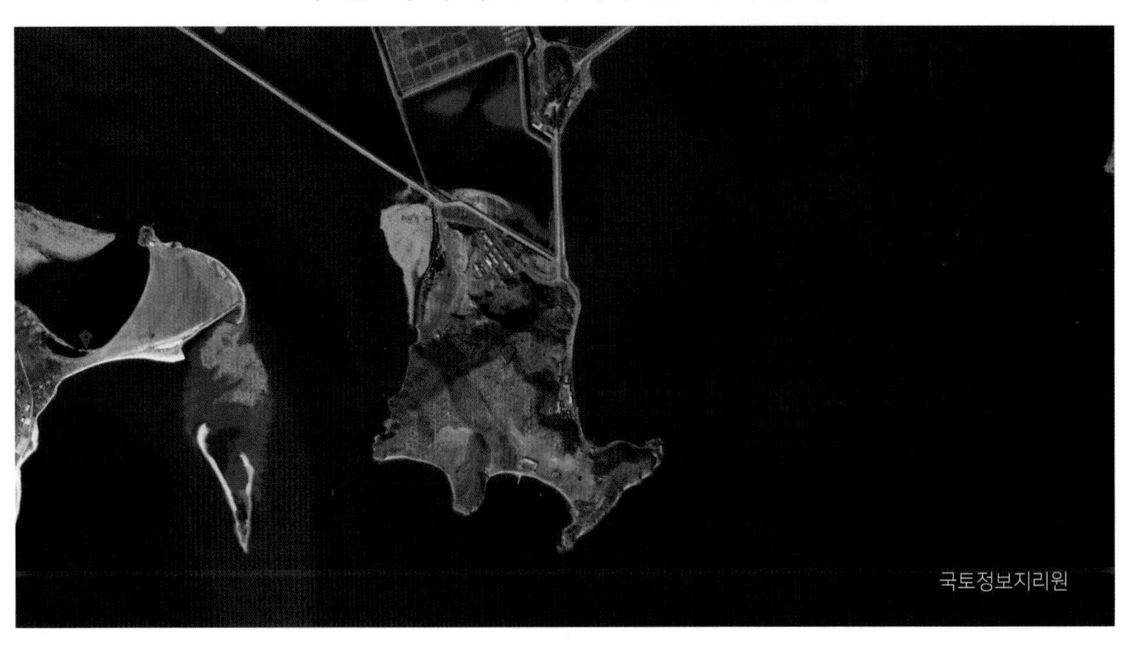
국토정보지리원

【개괄】 소저도는 함경남도 금야군의 남부 동해 송전 만에 있는 섬으로, 작은 돌섬이라고도 한다. 면적은 0.375km^3, 섬 둘레는 2.84km, 산 높이는 69m, 경도 127° 30' 위도 39° 24'에 있다. 큰 돌섬(대저도) 아래 있다고 하여 작은 돌섬(소저도)이라고 칭한다.

소저도인 작은 돌섬은 신생대 제3기 말~제4기 초 이 일대가 침강작용을 받아 내려앉을 때 바닷물 속에 잠기지 않고 남아서 이루어진 육도로서 거의 삼각형을 이루고 있다. 섬의 북서부에 용화산이 69m로 솟아 섬 안에서 가장 높은 곳으로 되고 있다. 남서쪽은 완경사를 이루고 북동쪽은 급경사로 되어있다. 섬의 주위에는 대제도를 비롯하여 10여 개의 작은 섬들이 분포되어 있다.

소저도에는 기후가 따뜻하여 대나무도 자란다. 식물로는 소나무, 참나무, 싸리나무와 진달래, 머루, 다래, 칡 등이 자라고 있다. 주변 바다에서 굴, 백합, 털격판담치 그리고 황어, 가자미, 농어, 빙어 등 수산자원이 풍부하다. 소저도(猪島)는 대저도와 함께 굴 양식이 특징이다. 굴 양식은 한때 그 생산량이 전국에서 으뜸이었으며, 쪄서 말린 것이 중국으로 수출되었다. 4)

[금야군 명승지]

▶ 금야 철새 보호구역

금야지구에 찾아오는 철새(두루미, 오리 등)를 보호하기 위하여 철새 보호구역(천연기념물 제275호)을 지정하였다. 철새가 찾아오는 곳은 해중리, 광덕리, 독구미리, 원평리이다. 이 일대는 금야강과 덕지강의 하류 삼각주에 해당한다. 겨울 철새는 10월 중순부터 다음 해 3월까지 흰두루미, 흰목 검은 두루미, 고니, 너화가 찾아온다. 12월부터 다음 해 2월까지는 흰꼬리수리와 흰 죽지수리, 번대수리가 찾아온다. 10월 하순부터 다음 해 3월까지는 바다꿩, 진경이 등 수십 종의 오리가 찾아오며 독구미리, 원평리에는 주로 고니가 찾아온다.

▶ 송전 만과 호도반도 동해안의 경승

금야강과 덕지천이 흘러 동쪽 송전만으로 흐른다. 이 만은 주위에 심한 리아스식 해안을 이루고 수많은 섬들이 산재해 있다. 즉 왕생도, 사도, 모도, 안도, 송도, 월도, 부도(부도), 대소 구비도, 유분도, 대소 저도, 간도, 유도 등 16개의 섬이 있다. 이들 섬들은 각기 특색이 있고 숲이 있는 섬이 많다. 해안에 소나무 숲이 많아 송전이란 표현이 나타난다. 동쪽 호도반도에 있는 상포, 하포, 독구미, 소

4) 「조선향토대백과」, 평화문제연구소 2008

응진, 방구미 일대 해변에는 옛날에 방풍림(남북 약 40km)을 조성하여 오늘날 기나긴 해변 송림으로 보존되어 오고 있다. 원산 송도원과 같은 여건을 갖추고 있어 해수욕장과 해안휴양지로서 개발가치가 높다.

▶ 안단

군 동쪽 정평군 경계에 바다로 돌출한 작은 반도이다. 이곳에서 남쪽으로 갈포단에 이르는 해안선은 굴곡이 심하며 해안선 길이는 33km에 달한다. 해안 암석지대가 파도에 의한 침식작용으로 절벽이 되었다. 해안에는 수목이 자라고 앞바다에서 명태, 가자미, 멸치, 낙지, 조개가 많이 잡힌다.

▶ 하포

호도반도 북쪽에 있는 해안호수(상포, 하포)의 하나이며 풍동리에 속한다. 파도에 밀려온 모래가 모래 둑을 만들면서 바다의 일부가 호수로 되었다. 상포, 하포는 남북으로 연결되어 있고 하포의 면적이 더 넓다. 하포는 면적이 4.3㎢이고 둘레는 14.3km이다. 현재 이 호수는 양어장, 농업용수 공급수원지로 이용된다.

▶ 범포

군 중앙에 위치한 송현리에 있는 작은 호수이다. 강물이 상류에서 흘러오다가 이곳에서 머문 뒤 다시 강으로 흘러나간다. 호수면적은 1.2㎢이고 수심은 2m이다. 호수 바닥에는 이탄이 깔려있고 호수는 민물고기의 양식장으로 이용된다. 또한 이 호수는 겨울 철새 도래지이며 철새보호구역이다.

▶ 호도반도

군 동남쪽에 남북으로 길게 뻗은 반도이다. 반도의 길이는 17km, 동서 너비는 0.4~4km이다. 옛날에는 바닷가에 호도가 있었으나 훗날 육지와 섬 사이에 모래가 쌓이면서 연륙 되어 반도가 되었다. 이와 같은 예는 명사십리가 있는 갈마반도에서도 볼 수 있다. 해안선은 연안 해류의 흐름에 영향을 받아 단조롭다. 해안선을 따라 모래언덕이 길게 이어지고 있으며 해안에는 소나무, 해당화가 숲을 이룬다. 그리고 반도 서쪽에는 송전만이 있고 만 내에는 섬들이 많이 있다. 이 곳에는 양식하지 않은 자연산 굴(石花)이 자라고 있으며 이 일대를 자연 굴 보호구로 지정하였다.

▶ 해망대

읍 동쪽 24km 거리에 떨어진 청룡두 해변에 있는 산이다. 아침 동해의 해돋이를 구경할 수 있고 동해를 조망할 수 있어 관북 제일 승지라고 한다.

4) 유도

"굴 양식을 주도하며 전국 으뜸이더니"

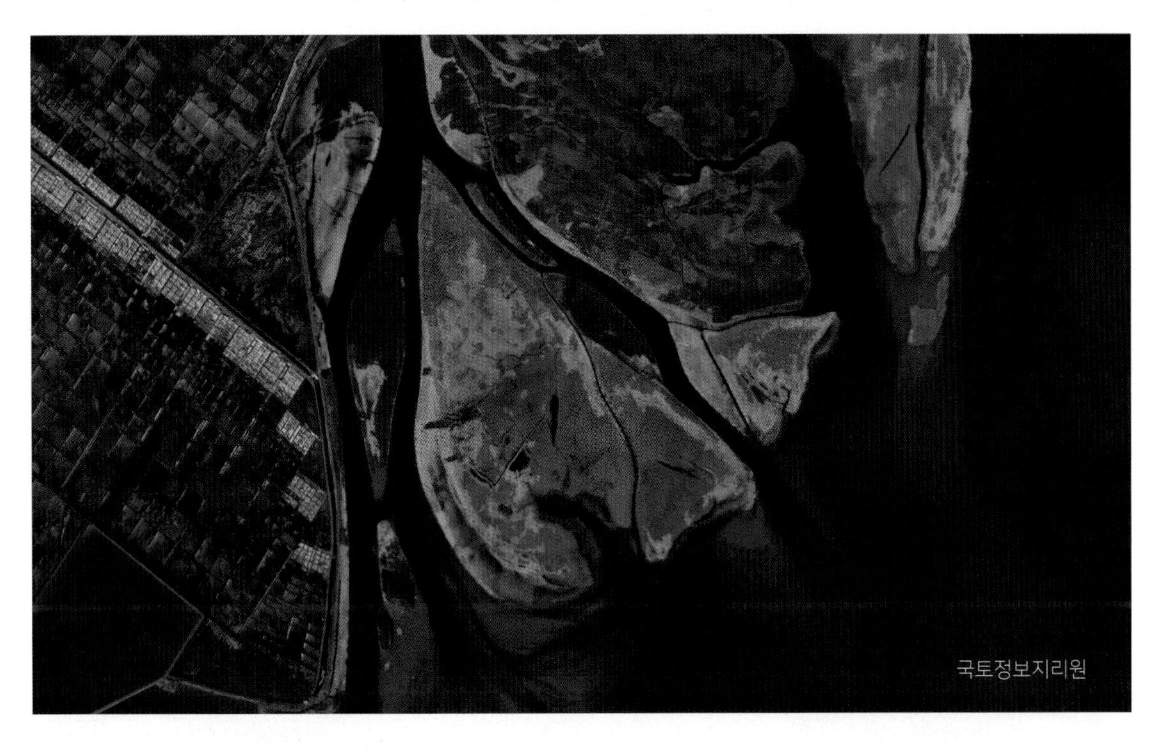

【개괄】 유도는 섬 둘레 1.1km, 면적 0.52㎢로 아주 작은 섬이다. 원래 영흥군 소속이었으나 1977년 3월에 금야군으로 개칭되었다. 자연환경을 보면 하천은 서부의 고원 지대에서 발원하는 크고 작은 여러 냇물이 합쳐진 용흥강(龍興江)이 남동류하여 흐른다. 동해안에서는 보기 드문 리아스식 해안을 이룬다. 호도(虎島)와 송전(松田)의 두 반도는 송전만을 이루며, 만의 안쪽으로 대저도(大猪島)·소저도(小猪島)·유도(柳島) 등의 작은 섬이 있다.

유도는 대저도와 소저도와 함께 굴 양식을 주도하였다. 한때 그 생산량이 전국에서 으뜸이었으며, 쪄서 말린 것이 중국으로 수출되었다. 유도 앞에 있는 금야군 호도면은 군의 동남부에 있는 면으로 남으로 길게 뻗은 반도를 중심으로 인접한 작은 섬들로 되어있으며, 원산에서 북으로 뻗은 갈마반도와 함께 송전만·영흥만을 형성한다. 반도에는 동해안에서 흔한 석호인 신장리호(新獐里湖)가 있다. 이곳은 수산업이 큰 비중을 차지하는데, 수산업 종사자가 취업 인구의 약 30%이다. 유도는 굴·해삼·피조개 등의 채집과 양식도 행하여진다.

▼ 굴은 바위에 붙어 살기 때문에 석화 (石花)라고도 한다.

근대 신문으로 보는 「굴 양식 변천사」

굴은 선사시대부터 즐겨 먹던 해산물로 조선 시대 말까지 자연 상태의 굴을 채취하였다. 일제 강점기 일본사람들이 조선의 천연 굴 양식장을 장악하면서 조선인들도 굴을 인공적으로 양식하기 위해 노력하였다.

1932년 조선에서 1년간 양식하여 생산하는 굴은 36만 원 이상인데 천연산 굴의 어획량을 합하면 약 70만여 원이었다. 이 시기 유명한 굴장은 전남 고흥군 해창면, 함경남도 영흥만, 경상남도 가덕도, 함경북도 황어포 등이고 그 중에 생산고로는 고흥 해창만 굴이 제일이고, 성장도의 빠른 점과 양식장의 천연적 지질에서는 영흥만이 제일이고 맛에서는 고흥 굴이 밑지지 아니하는 굴이었다.

굴은 오랜 옛날부터 먹었다. 선사시대 패총에서도 굴 껍데기가 발견될 정도이다. 충청북도와 강원도를 제외한 한반도의 모든 해안가에서 굴이 자란다.

굴은 바위에 붙어서 자란다. 어미 굴이 알을 낳으면 알이 바닷속에서 수정된 후 3~4주간 떠다니다가 바위에 부착하여 자란다. 만 1년이 지나면 성숙하여 어미가 된다. 우리나라에서 굴 양식이 언제부터 시작되었는지는 분명하지 않다.

1908년경 광양 굴이 자연적으로 많이 생산되는 곳에서 양식도 같이 이루어진 것으로 생각된다. 1908년경 광양만 내의 섬진강 하구에서 굴이 양식하고 있었는데, 돌이나 패각 같은 것을 바다에 던져 넣는 바닥 식이 아니었을까 추측된다. 하지만 이 시기까지 굴 양식이 활발하지는 않았다.

일제 강점기 초기에 굴이 상업적 가치가 있다는 것을 안 일본사람들이 굴이 많이 자라는 곳을 침탈하고, 조선인들도 굴 양식에 매진하면서 굴은 중요 해산물로 자리 잡는다.

조선 시대부터 함경남도 영흥군 진평면 저도리, 즉 저도를 중심으로 하는 해안가에 굴이 많이 자랐다. 이 해안가의 영흥군 진평면, 고녕면, 호도면의 4백 호 2천여 명이 굴을 작업하여 수백 년 동안 생활해 왔다.

그런데 대한제국 말기인 융희 3년(1909) 횡산호일이라는 일본사람이 통감부에 청원하여 대전 8년(1920) 12월 말일까지 10개년 동안 횡산의 고용인이 되었는데 그는 품삯을 안 주고 노동을 많이 시켜 마을 사람들이 불만이 많았다. 시가 3~4만 원의 굴을 따도 횡산은 50~60전으로 매입했다. 이에 폭동이 일어나 2명이 죽고 20명이 감옥에 갇혔으나 횡산은 여전히 마을 사람들을 무지막지하게 대했다.

「동아일보」 1920. 9. 11.

1929년에는 엄청난 대홍수가 영흥만을 휩쓸어 저도를 비롯한 굴 채취장을 진흙밭으로 만들어 어민들은 굴을 하나도 못 따게 되었다. 결국, 저도, 유도의 주민들은 살길을 찾아 다른 곳으로 떠나게 되는데, 이는 횡산이라는 사람이 어민들의 생계에 전혀 도움을 주지 못했음을 보여준다.

1930년 11월에는 영흥군 진평면 저도리를 중심으로 2천여 명의 주민으로 이루어진 어업조합의 조합원 197명이 다시 조선총독부의 수산과장 등을 만났으나 수산과장은 횡산을 영흥만의 굴 어장에서 제외할 수 없다고 하였다.

「동아일보」 1923. 11. 29.

▼ 여수 가막만 굴 작업 사진

이렇게 생산된 굴은 생굴과 말린 굴로 유통되었는데 생굴은 커다란 석유통에 담아 부근에서만 유통되었다. 말린 굴은 생굴을 아무 조미 없이 햇볕에 2주간 말린 후 포장하였다. 굴 대부분이 이렇게 가공되었다. 말린 굴은 원산항을 거쳐 조선 내지에 공급하고 남은 것은 일본으로 수출하면 무역상은 이것을 만주와 상해로 수출하였다.

「동아일보」 1930. 12. 3.

해방 후에는 굴 양식이 더욱 발전하여 1950년대 말부터는 뗏목수하식 방법을 사용하여 생산성을 크게 높였다. 뗏목 밑에 막대기들을 많이 매달아 늘어놓으면 그 막대에 굴이 부착하여 서식한 것이다. 1970년대 수하식 굴 양식업이 자리를 잡으면서 통영을 중심으로 한 남해안에서 굴 양식은 급속도로 발달하였다.

02. 신포시

국토정보지리원

1) 마양도·馬養島

"고래잡이 각축장에서 북한 해군 최대 군사기지로"

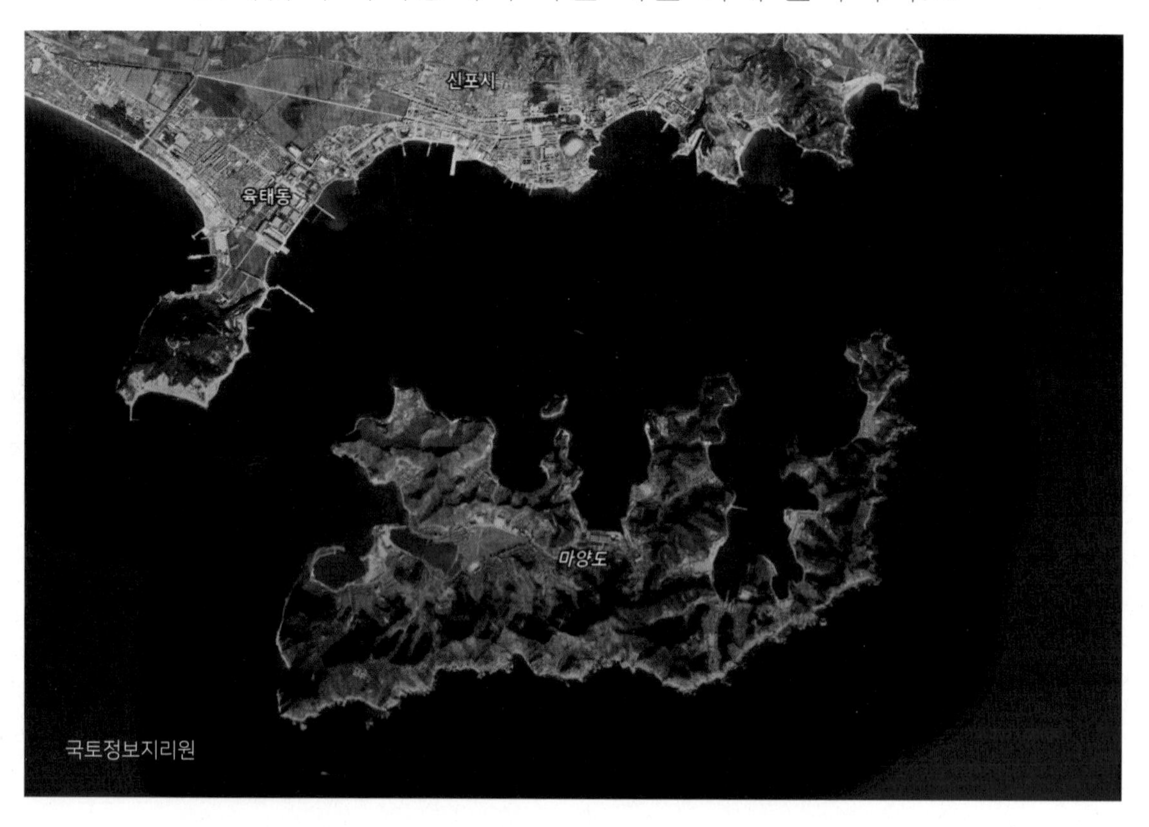

【개괄】 마양도(馬養島)는 함경남도 북청군 신포시 앞바다에 있는 섬이다. 면적은 7.06㎢, 해안선 길이 16.5㎞, 최고점 176m, 경도 128° 12', 위도 40° 00'에 있다. 함경남도 섬 중에서 가장 크다. '마양도(馬養島)'라는 섬 이름은 소나무가 많이 자라며 초지를 이용한 말의 사육지로 널리 이용되었다 하여 지어진 이름이라 한다. 조선 초기부터 군마(軍馬) 양육으로 이름이 났으며, 기후 및 사육조건이 좋아 병든 말도 이곳에 오면 나았다고 한다. 마양도는 바다의 영향을 직접 받아 겨울철에도 내륙지방이나 서해안 지방에 비교해 기

온이 높고 여름에는 서늘하여 살기가 좋은 섬이다. 5)

과거 이 섬은 고래잡이 기지와 정어리 유지공장이 있을 정도로 유명했다. 섬 주위는 명태 산란지이며 성어기(盛漁期)는 12월~2월이다. 마양도 앞바다에서 난류와 한류가 교차하며 냉수성, 난대성 바다 고기가 많고, 특히 미역을 많이 양식하며 명태, 대구, 청어, 연어, 송어 등이 많이 잡힌다. 마양도 동남쪽 해안 최고점에 유인 등대가 있어 밤 항로와 깊은 안개에 대비한 운항 장치까지 갖추고 있다. 6)

거주지는 대부분 신포항과 마주 보는 북쪽에 집중하여 분포해 있다. 겨울을 제외하고는 육지의 관광객이 기암괴석과 해안을 찾는다. 산줄기는 동서로 길게 뻗어 남해안과 동·서 해안은 해식애가 발달하였으나, 완만한 경사를 이루는 북쪽 해안에는 좋은 어항이 발달했다. 7)

동해는 서남해와 달리 섬들이 거의 없다. 따라서 확 트인 바다 위로 몰아쳐 오면 감당할 수 없는 처지에 놓이게 된다. 하지만 신포는 예외이다. 신포항 전체를 가로막아 주는 마양도 때문이다. 마양도는 신포항의 천연방파제 구실을 하여 신포항을 최고의 양항(良港)으로 만들어주고 있다.

러시아와 일본의 포경 각축장이 된 동해 마양도

마양도는 일제 강점기 시절 포경(捕鯨)의 중심지였다. 육지와 가까운 이곳은 접근성과 유통 여건이 좋아, 1916년 포경회사가 설립되었다. 과거 우리나라에서 동해의 포경기지는 장생포, 서해의 대표적인 기지는 어청도였다. 동해는 각종 고래가 수백 마리씩 떼 지어 오는 고래어장이다. 이 때문에 해방 전까지 일본과 러시아 어선들이 앞다투어 한반도 해역에서 고래잡이 경쟁을 했다. 한국의 포경업은 1889년 동해에서 고래 13마리를 잡았다는 공식기록이 있다. 그 후 러시아 황태자 니콜라스

5) 「조선향토대백과」, 평화문제연구소 2008
6) 마양도 등대는 섬의 동남쪽 끝단인 금어도에 위치한 등대로, 마양도의 위치를 식별하는 최우선 항해 목표물이자 항로표지이다.
7) 「한국민족문화대백과사전」

가 일본을 친선 방문 후 귀국하는 길에 동해에 고래가 많이 사는 것을 보고, 조선과 계약을 체결하고 원산을 근거지로 1899년부터 3년간 노르웨이식 포경을 하였다.

이에 자극을 받은 일본도 1900년부터 한국 연안에 포경선을 진출시켰다. 바야흐로 한국 연안은 러·일 간의 포경 각축장으로 변하였다. 1904년 러일 전쟁에서 승리한 일본 해군은 조업 중인 러시아 포경선을 모두 나포하여 버렸다. 그로부터 해방 전까지 일본은 함경남도 마양도, 강원도 장전포, 경남 울산, 거제도 지세포, 전남 흑산도, 전북의 어청도 등을 근거지로 고래잡이를 계속해 우리 연안은 일본어선의 독무대가 되었다. 8)

▼ 한반도 근해에서 일본포경회사가 포획한 고래앞에서 사진을 찍은 조선인.
출처 : AI타임스(https://www.aitimes.com)

8)「조선일보」 1974.4.26

마양도 성어기(盛漁期)에는 우체국 임시출장소까지 설치

마양도는 북한 굴지의 수산업 중심지로 유명한 섬이다. 「함경남도지(誌)」[9]에 의하면, 1927년에는 정어리가 유례없이 많이 잡혀 20여 개의 정어리 유지(油脂)공장이 생겼다. 마양도 주변 바다는 한류와 난류가 교차하는 조경수역(潮境水域)으로 명태, 가자미, 임연수어, 대구, 낙지, 청어, 정어리, 고등어 등 어종이 다양하다. 특히, 파도가 잔잔한 신포만 해저 백사(白砂)는 명태산란장으로 적합하여 동해안 제1의 명태어장이다. 어기인 12월~2월에는 많은 어선이 모여들어 파시(波市)가 열린다. 중흥포에는 명태연구 시험장이 있다. "마양도 부근 어획 대풍, 여기에서 다량의 송어와 정어리가 잡혔는데 어업조합에서 입찰을 볼 수 없을 정도로 혼란에 빠졌다.".

「조선일보」 1935.5.3.

"동해안 수산업의 왕자라고 하는 명태가 마양도 근해에서 대풍을 이루어 어민들의 활기찬 모습에 풍어의 곡을 울려 준다고 한다."

「동아일보」 1935.10.28.

"함남 제일의 어장 마양도 우편소 임시출장소로 동해안에 널리 알려진 마양도 성어기를 앞두고 체신국에서는 어장에 모여든 수천 어업 관계자의 편리를 도모코자 오는 11월 1일부터 3일간 예정으로 섬에다가 신포우편소 임시출장소를 설치하고 신포와 무선 연락으로 일반전신 사무의 취급을 개시하기로 하였다"

「조선일보」 1939.10.28

"마양도 주민들이 신포에서 장을 보고 발동선을 타고 가던 중에 풍랑을 만나 발동선이 전복되어 28명이 구조되고, 7명은 시체를 건져내었다. 아직도 시체를 찾는 중인데 현장에는 조난자의 가족들이 아버지를 찾고 자식의 이름을 부르며 울고 몸부림치는 눈물 없이는 볼 수 없는 참상을 연출하고 있

9) 함경남도지편찬위원회, 1968

다."

「조선일보」 1936.11.30.

현재 마양도는 북한 해군 최대의 군사기지

신포시와 마양도는 그야말로 찰떡궁합이다. 서로를 떠받쳐 주는 위치 때문이다. 마양도가 신포항 남쪽을 막아주고 있어, 신포시가 항구도시로 발전할 지리적 여건을 제공해주고 있다. 한편 마양도는 수심이 깊고, 접근성도 매우 좋아 북한 최대 규모의 잠수함기지가 있다. 이런 지리적 위치 때문에 신포는 현재 사실상 군사 도시가 되어있다. 마양도 잠수함 기지는 외해인 동해로 곧장 이어져 있어, 외부에 잘 노출되지 않은 상태에서 즉시 출동이 가능하다. 최근 마양도에 대규모 지하시설 공사 현장이 위성사진으로 나오기도 했다. 마양도 전체를 요새화해 방어능력을 향상하기 위한 작업으로 분석되고 있다.

'아바이마을 축제'로 향수를 달래는 사람들

아바이마을은 함경도 실향민들이 집단 정착한 마을로서 행정구역으로 속초시 청호동이다. 함경도 실향민들이 많이 살고 있다고 해서 아바이마을로 불린다. 아바이란 함경도 사투리로 보통 '나이 많은 남성'을 뜻한다. 한국전쟁으로 피난 내려온 함경도 실향민들이 집단으로 정착한 마을이다.

한국전쟁 중 이북에서 내려온 실향민들은 잠시 기다리면 고향에 돌아갈 수 있으리라는 희망을 품고 이곳 모래사장에 임시로 정착하면서 마을을 만들었다. 모래사장 땅이라 집을 짓기도 쉽지 않고 식수 확보도 어려운 곳이었다. 아바이마을 실향민들은 같은 고향 출신들끼리 모여 살면서 신포마을, 정평마을, 홍원마을, 단천마을, 앵고치마을, 짜고치마을, 신창마을, 이원마을 등 집단촌을 이뤘다.

2022년에도 속초에서 아바이마을 축제가 열렸다. 6월 18일, 서울 종로구 평창동 이북5도청에서 대형 버스 20대에 나눠타고 속초에서 행사에 참석한 후, 1박을 하고 집으로 돌아오는 일정이었다. 참석자 중에, 애도 출신 김옥선(82

▼ 속초 아바이 마을 전경. 속초시청 제공

세) 선생은 1.4 후퇴 당시 남한으로 왔는데, 그때 나이 열한 살이었지만 기억이 뚜렷이 남아 있다고 한다. 어린 시절에 애도에서의 전투 장면을 여러 번 보았고 굶주림에 지쳐 있다가 북한의 박해를 피해 목선 타고 석도로, 다시 초도로, 여기서 2개월 정도 살다가 군산 해망동으로 와서 정착하였다. 지금은 자녀들과 서울에서 살고 있다.

김철환 선생은 13살 때 6, 25 전쟁 중에 피난을 나왔다. 마양도 중간 마을인 문암리 태생이다. 여객선 종점은 마양도 흑세이며 주흥리 문암리를 거쳐서 신포로 가는데 하루에 두 번 왕복하였다고 추억하였다. 200가구 정도로 어업 전진기지인 마양도는 주위에서 엄청나게 명태가 잡혀서 배들과 선원들이 많았다. 한국전쟁이 한창일 때 속초로 피난을 나와서 현재의 사는 곳인 아바이 마을에 모래사장에 천막을 치고 고기를 잡으면서 아바이마을을 형성하면서 살았다. '살아서 고향 땅을 가고 싶지만, 나이도 들고 정세가 좋지 않아서 이제 영영 틀린 것 같아' 하면서 아쉬워하였다.

'마양도는 섬이지만 커서 물 사정은

좋았지, 신포는 마양도 때문에 천혜의 항구를 이루는데 약 4km 정도 파도와 바람을 막아주고, 초등학교 5년까지 마양도에서 다녔어, 신포로 건너가서 신포초등학교에서 운동회를 같이 하였고, 소풍은 섬이 크니까 섬으로 갔었지,' 신포에는 수산물 공장이 많아서 일자리가 많았다고 회고하였다. 아바이마을에 마양도 사람들이 여러 명 살고 있었지만, 지금은 나하고 한두 명만이 남았다고 하였다.

▼ 아바이 마을 마양도 출신 김철환(86세)선생

▲ 아바이 마을 실향민 축제 2022년 10월

▲ 실향민 마양도 출신 이신호 김정자(85) 아들,
실향민 2세 화진호 선장

03. 이원군

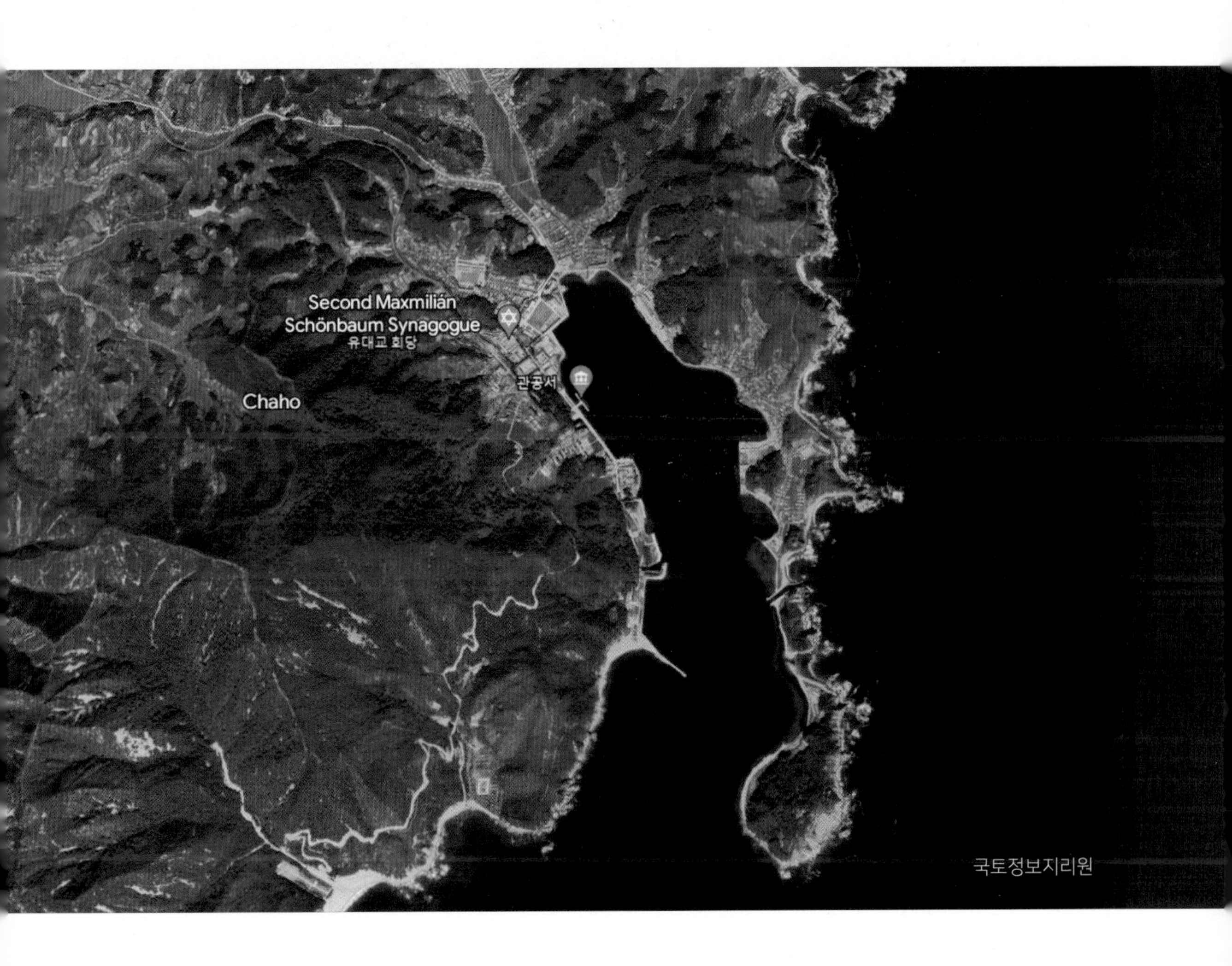
Second Maxmilián
Schönbaum Synagogue
유대교 회당
관공서
Chaho
국토정보지리원

1) 까치섬

"물 빠지면 건너다닐 수 있는 섬 아닌 섬"

【개괄】 까치섬은 함경남도 이원군에 자리하고 있는 아주 작은 섬이다. 북서 산악지대에서 발원한 남대천(南大川)이 이원군 중앙부를 흘러 동해로 들어가는데, 유역에 비교적 넓은 평야가 전개된다. 이 평야는 지역의 주요 생산지대이며, 또한 거주 지역이다. 동대천(東大川)이 취덕산에서 발원하여 대평·청동을 거쳐 용암과 창평을 지나 동해로 들어간다….

해안선은 총연장 56㎞에 불과하지만, 차호반도·이원만이 형성되어 있고, 전초도·작도·난도·소도, 까치섬, 알섬, 갈바위섬들이 널려 있다. 까치섬은 너무

적지만 별장 개념으로 이용하면 안성 맞춤이었다. 섬이지만 물이 빠지면 건너갈 수 있기에 독립적인 개인 별장으로 쓸 수 있는 것이다. 10)

이원군의 자랑 차호항

이원군의 자랑은 바로 차호항이다. 차호항은 이원군 차호 노동자구 남쪽에 자리한 항구로 천초도(전초도라고도 한다) 서편 북쪽으로 U 자처럼 깊숙하게 만입 된 자연적인 항구이다. 경상남도 욕지도 항과 전라북도 어청도항과 닮은 곳이다.

항구는 어머니 품과도 같은 곳인데, 이러한 양항이 없는 섬에는 사람들이 살기 힘들다. 만의 입구 폭은 약 650m 정도로 넓고, 길이는 자그마치 2.6km로 주위가 산으로 둘러싸여 있어서 사방에서 오는 풍파를 막을 수 있으며, 전쟁이 일어나도 방어에 유리한 곳이다. 차호항은 동해 최고의 어항으로, 어항 기능 이외에도 군사 기능도 겸하고 있다. 조선인민군 해군의 잠수함기지가 항구의 서편에 있다. 폭격에 대비해서 아예 지하수로까지 파 놓았을 정도이다.

차호항은 이원군 주민들에게 매우 고마운 항구이다. 특히 까치섬과 전초도 근해에서 명태·정어리·고등어 등이 많이 잡히는데, 수산업에 종사하는 사람이 주민의 4분의 1 이상을 차지한다. 차호항은 깊은 수심에 물결이 잔잔하여 1만 톤급의 대형 선박이 정박할 수 있으며, 연안 항로의 좋은 기항지 구실을 한다. 이곳의 해안선은 단조로우나 남대천 하구를 중심으로 이원만이 이루어졌고, 기반암은 중생대 화강암으로 되어있으며, 토양은 대부분 모래가 많은 갈색산림토로 하천 연안에 충적토가 분포되어 있다.

이원만 연해의 가리비, 송동과 문앙의 송이버섯, 곡구의 백리향 등은 이 지역 특산물로 알려져 있다. 군내에는 차호 수산사업소를 비롯하여 10여 개의 수산협동조합이 설치되어 명태·도루 메기·멸치·낙지·임연수어·가자미 등의

---

10) 「조선향토대백과」, 평화문제연구소 2008

어로작업과 다시마·미역·조개류의 천해 양식 사업을 담당하고 있으며, 냉동 시설과 수산물 가공 시설이 갖추어져 있다. 특히 연해에 널려 있는 가리비는 이 지역의 특산물로 알려져 있다.

과거 차호항은 중요한 해상 교통로로서, 차호항을 중심으로 단천과 신포를 연결하는 여객선과 화물선이 운항하였다. 이원군에는 이원구석(북한 천연기념물 제289호)·이원 학사대(북한 천연기념물 제290호)를 비롯하여 많은 경승지가 있다. 구석은 원생대에 형성된 규암이 파쇄되어 달걀 모양의 크고 작은 돌들이 널려 있는 곳이며, 학사대는 백두산 용암이 바다로 흘러 기암괴석과 만물상을 이루는 곳이다. [11]

선비가 되고자 글 배우러 온다는 학사대(學士垈) 휴양소

학사대 휴양소는 함경남도 이원군 학사대리에 있는 휴양소이다. 학사대는 북한 동해 8경 중 하나로, 남으로부터 총석정, 송도원, 마전, 차호, 학사대, 해칠보 등이 속한다. 경치가 수려하고 기묘한 바위 절벽으로 많이 알려져 과거 많은 이들이 글공부하러 찾아오던 곳이다. 배울 학(學), 선비 사(士), 터 대(垈), 선비가 되고자 글 배우는 곳이라는 뜻으로 풀이된다.

학사대 휴게소는 까치섬에서 바닷길로 약 14Km 떨어진 곳에 있다. 학사대 휴양소는 1956년에 체신성 야영소로 설립되어 그 후에 휴양소로 변경된 곳인데, 처음에는 학사대리 소재지에 있다가 1974년부터 1978년 사이에 현재의 위치로 옮겨왔다. 학사대 휴양소 문성산 동쪽 비탈면의 소나무밭 속에는 7동의 아담한 휴양 각과 식당, 상점, 편의시설이 있으며, 체육경기를 할 수 있는 종합운동장도 있다.

학사대에는 파도에 움직이는 집채 같은 바위를 비롯한 기묘한 모양의 바위들이 바닷가에 집단으로 솟아 있다. 절묘한 벼랑들이 푸른 소나무와 어울려 있어 이곳의 풍경은 마치 해금강을 연상케 한다고 한다. 학사대 휴양소에서는 매년 4월부터 10월까지 전국각지의

11) 「한국민족문화대백과사전」

노동자, 사무원들의 여름 휴양을 제공하고, 12월부터 다음 해 2월까지는 농업근로자들의 겨울 휴양을 제공하고 있다.[12)]

▼ 이원군 양화수산 사업소

12) 「북한지역정보넷」

2) 전초도·前椒島

"물 빠지면 건너다닐 수 있는 섬 아닌 섬"

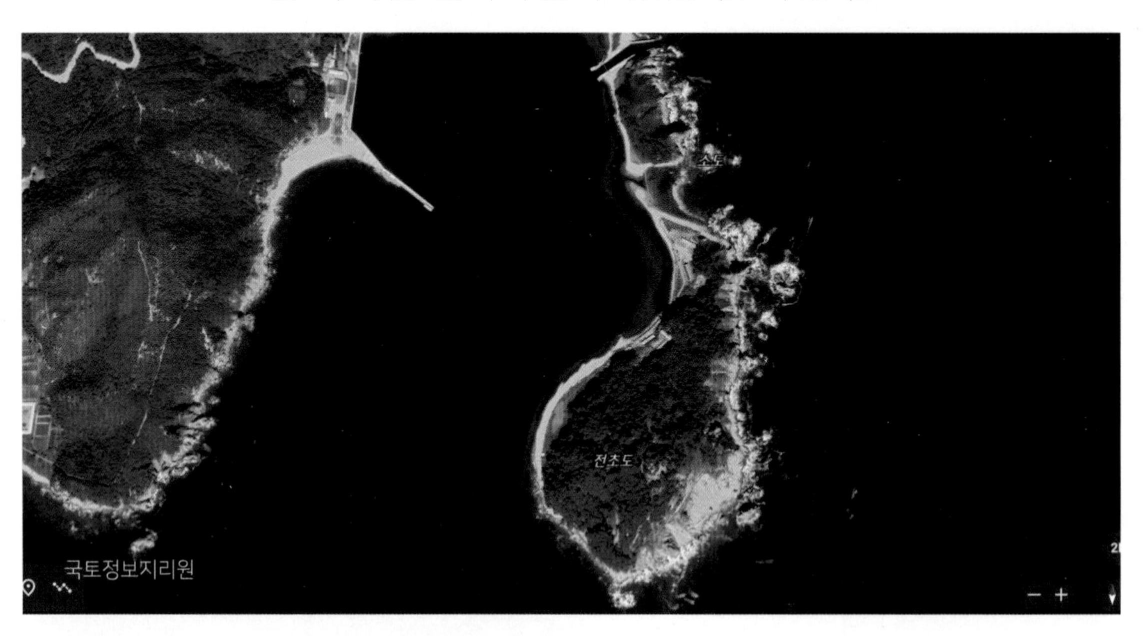

【개괄】 전초도(前椒島)는 함경남도 이원군 차호 노동자구 동쪽 아래쪽에 있는 작은 섬이다. 섬 둘레 3.08km, 면적 0.222㎢, 산 높이 101m, 경도 128° 40', 위도 40° 11'에 있다. 옛날에는 후추를 재배했다 한다. 이 섬은 川椒島(천초도), 椒島(초도), 帝樞島(제추도) 등으로 달리 불린다. 이 섬에서 산초(山椒)가 채취되기 때문에 지어진 이름이다. 섬에는 후추나무, 소나무가 무성하게 자라고 섬 둘레는 가파른 바위 절벽으로 둘러싸여 있다. 이 섬에서 일망무제의 동해를 한눈에 바라 볼 수 있다. 그 위치는 적벽(赤壁) 맞은 편 가까이 있다.[13]

13) 「조선향토대백과」, 평화문제연구소 2008

전초도와 차호항

전초도(前椒島) 서편에는 북쪽으로 깊숙하게 만입 된 천연항구 차호항이 자리하고 있다. 차호항의 해안선은 나들이 적고 매우 단조롭다. 만안으로는 작은 하천들인 삼호천과 이천천이 유입된다. 저질은 주로 모래이다. 만에서는 밀물과 썰물의 차가 작다. 만에는 삼호 항과 연동포구, 삼호수산사업소가 있다.

이곳의 주요 수산물은 명태, 정어리, 꽁치, 오징어, 멸치, 다시마, 미역 등이다. 이 만의 입구 폭은 약 650m이고 길이는 약 2.6km로 주위가 산으로 둘러싸여 있어서 사방에서 오는 풍파를 막을 수 있다. 이곳에 출입하는 어선은 하루 평균 200여 척에 달하는 것으로 알려져 있으며, 함경남도에서도 드문 어업기지이다.

전초도 북쪽의 높이 56m짜리 산은 모래언덕으로 육지와 연결이 되는데 중간에 소형 선박의 출입을 위한 좁은 수로(수심 1~2m짜리 운하)가 있어 이 산도 별도의 섬과 같이 보인다. 차호항은 어항 기능 이외에도 군항의 기능도 겸하고 있다. 북한의 조선인민군 해군의 잠수함기지가 항구의 서편에 있다. 폭격에 대비해서 아예 지하수로까지 파 놓았을 정도로 북한에서는 중요한 항구로 알려져 있다.

"북한에서 가장 살기 좋은 고장은 함경남도 이원군"

북한의 함경남도 이원군(리원군)은 자족 능력을 완전히 갖춰 북한 내에서도 가장 살기 좋은 고장으로 소문나 있다. 북한 「노동신문」은 리원군을 자급자족이 완벽하게 실현된 군이라며 "이원군 사람들은 최근 자체의 힘으로 모든 애로와 난관을 뚫고 알곡(곡물) 생산과 농촌문화 건설의 모든 면에서 전국의 본보기로 됐다"라고 소개했다.

아름다운 동해 바닷가에 자리하고 있는 이원군은 규모는 그리 크지 않지만, 자체적으로 의식주 문제를 해결, 특히 지속적인 식량난에 허덕이고 있는 다른 지역과 달리 먹을 걱정을 않고 산다. 바다를 끼고 있는 데다 북쪽치고는 농토도 적지 않은 이점을 잘 활용해 곡물 생산과 축산업, 과수업과 수산업을 동시에 발전시켰기 때문이다.

군에서는 지방산업공장을 전부 현대적으로 개선해 군내 어린이와 주민들에게 생필품을 충분히 공급하고 있다. 더욱이 이곳 사람들은 모두 널찍한 2칸짜리 살림방에서 메탄가스로 밥을 짓는다. (중략)

심지어 군 차원에서 컬러 TV와 냉장고, 고급 가구까지 일식으로 공급함으로써 북한의 다른 지역과 비교하면 그야말로 그 옛날 지주가 부럽지 않은 '부자촌'이 됐다. 거기에다 리원군은 아담하고 경치도 좋아 북한에서도 소문난 휴양지로 알려져 있으며, 최근에는 역사유적 관광지로 주목받고 있다.

「노동신문」은 이원군의 이 같은 자족 능력의 비결에 대해 김정일 국방위원장의 지시를 제대로 실천한 결과라고 강조했다. 김 위원장이 최악의 식량난을 가져왔던 90년대 중반 '고난의 행군'시기에 "인민 생활을 높이는 데서 군의 자립 역할을 높이라"고 간곡하게 지시했다고 신문은 전했다.

「 DailyNK」 2006.12.10

▼ 북한, '수해 복구' 함북 김책시·함남 이원군서 새집들이 행사

(서울=연합뉴스) 북한이 함경북도 김책시 춘동리·은호리와 함경남도 이원군 학사대리의 태풍 피해 복구를 마치고 새집들이 행사를 열었다고 노동당 기관지 노동신문이 7일 보도했다. 2020.11.7 [노동신문 홈페이지 캡처. 재판매 및 DB 금지] nkphoto@yna.co.kr

생일 놀이 하다가 面技手溺死(면기수익사) 남편 따라 애첩 음독

함경남도 이원군 차호에서 지난 5월 1일 남면 사무소에 근무하는 공 하원 씨의 생일을 맞이하여 면 직원을 위해 30여 명이 전초도에 뱃놀이 나갔다가 돌아오는 중에 술에 취해서 재미로 서로 물싸움을 하다가 그만 복선이 되어 면 직원 강은모는 마침내 익사하고 남은 사람들은 간신히 구조되어 살았다. 그의 애첩 김정애는 다음날 오전 6시경에 다량의 양잿물을 먹고 사랑하는 남편 뒤를 따라가려고 하다가 사람들에게 발견되어 응급 수당을 한 결과 생명에는 관계가 없다고 한다..

「동아일보」 1932, 5.5

차호 경로회

지난 8일 함남 이원군 차호 용항리 주최로 경로회를 개최하였는데 차호 3개리의 노인 다수를 초청하여 400여 명 다수를 발동선과 범선을 타고 이원에 있는 명승지인 차호항외 전초도에 나가 왼섬에 무르익은 녹음과 주위에 싸고돈 창파에 싸여서 늙은이 젊은이 할 것 없이 남녀가 한곳에서 온종일 노래와 춤을 추면서 놀다가 성황리에 마쳤다고 한다.

「동아일보」 1933, 6 13

04. 정평군

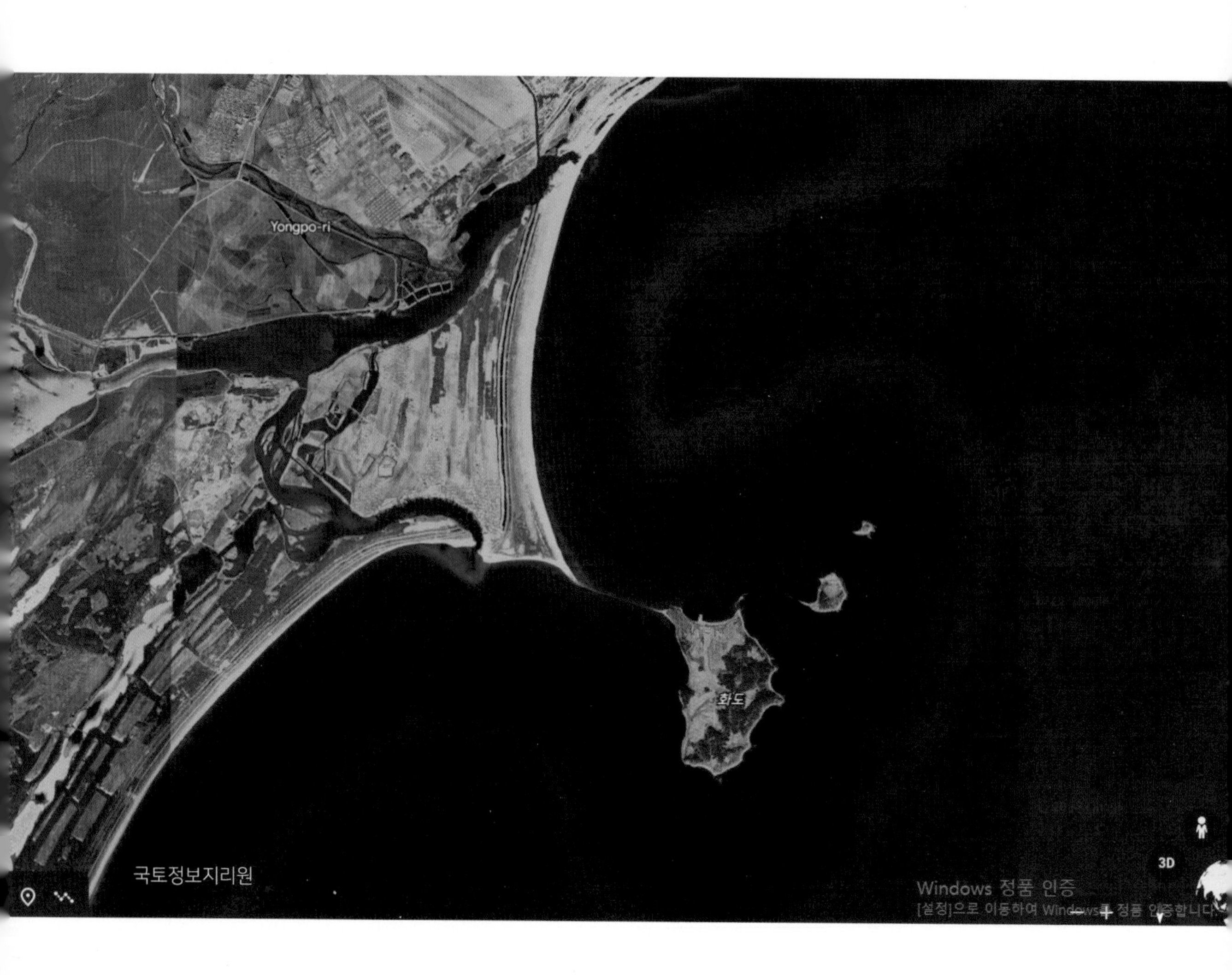

Yongpo-ri
화도
국토정보지리원
3D
Windows 정품 인증
[설정]으로 이동하여 Windows를 정품 인증합니다.

1) 삼도-꽃섬·몽상섬·장지개섬

"북한에서 잘 살기로 소문난 꽃섬 · 몽상섬 · 장지개섬"

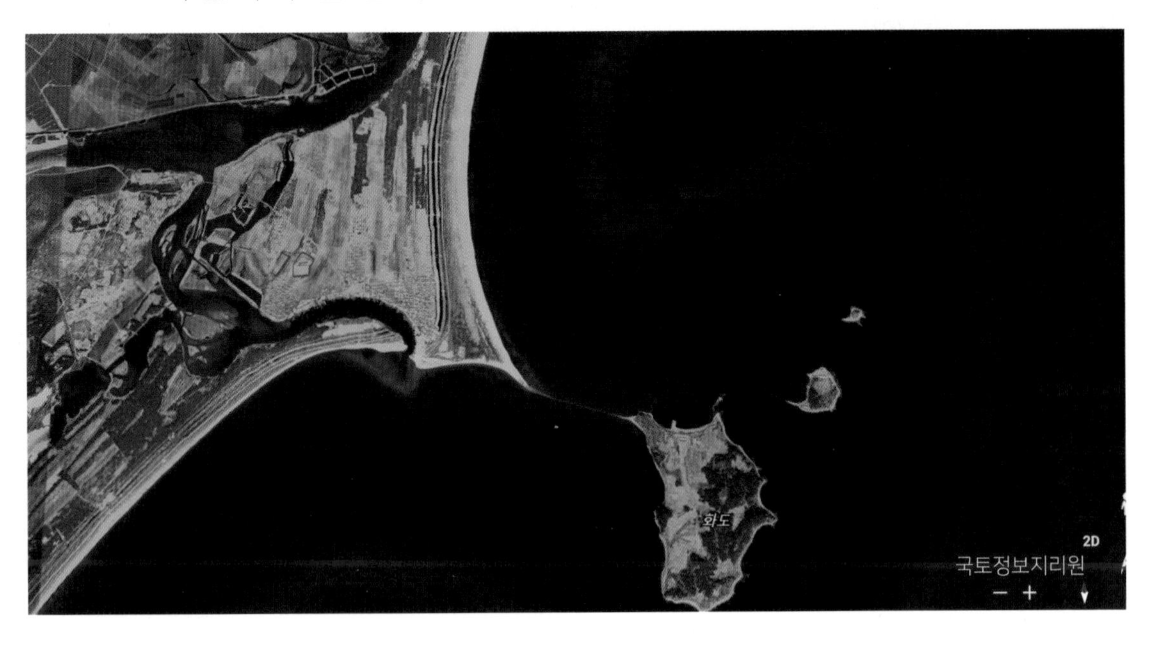

【개괄】 함경남도 정평군 삼도리는 세 개의 섬인 꽃섬 · 몽상섬 · 장지개섬 등으로 이루어져 있다. 이 지역은 해발 20~30m의 구릉이 몇 개 분포해 있는 것 이외에 대부분 낮은 평야로 이루어져 있으며 동쪽 바다에는 화도를 비롯한 여러 개의 섬이 있다. 삼도리는 성천강 하류의 하중도를 형성하였다. 산림은 구릉들에 소나무가 분포되어 있다. 농경지에서 논이 60%, 밭이 30% 되는데, 주요 곡물로는 벼, 옥수수, 수수 등이 있다. 이 지역은 큰 자연호수인 광포와 물길로 이어져 있으며 동해에 면해 있어 경치가 아름다울 뿐 아니라 수산업발전에도 유리한 자연조건을 이루고 있다. 백합, 가무락조개, 가물치 등이 어획되고 있으며 그중에서도 특히 가무락조개가 특산물로 널리 알려져 있다. 주요 업체로는 삼도 협동농장, 삼도 수산협동조합 등이 있다. 교통은

주로 뱃길을 이용하고 있는데, 군 소재지인 정평읍까지는 10km이다. 14)

한반도에서 두 번째로 큰 바닷가 자연호수 광포(廣浦)

광포는 한반도에서 둘째로 큰 호수로, 함경남도 정평군 삼도리와 호중리 바닷가에 자리하고 있다. 민물인 윗 광포, 민물과 바닷물이 섞이는 아랫 광포로 나누어지는 이곳은 수심 1m를 넘지 않는 얕은 호수이며 오리들이 떼 지어 돌아다닌다. 광포는 성천강 하류이며 토사가 계속 쌓이면서 하중도를 형성하였다.

성천강의 활발한 토사 퇴적과 해안 평야의 발달은 우리나라에서 두 번째로 큰 석호(潟湖)인 광포의 형성과 발달에도 영향을 미치고 있다. 15) 이 호수는 바다의 작은 만이었던 것이 융기 과정과 바닷가 모래 부리의 발달로 해안이 막혀서 이루어진 바닷가 호수이다. 넓이 13.6km2, 둘레 약 28km이다. 16)

광포는 과거 내륙을 향해 좁고 길게 들어간 만이었으나 성천강으로부터 유입된 토사가 연안류에 따라 광포 주변 해안으로 이동되어 퇴적하면서 만의 입구를 막아 호수가 형성되었다. 홍수 시에 하천 유로가 변화되면서 퇴적체가 호수로 향해 점점 성장해 가는 과정에서 섬들이 육지화되었다.

바로 꽃섬·몽상섬·장지개섬으로 오늘날 삼도리라고 칭한다. 자연스럽게 비옥한 옥토를 형성하여 농사를 짓고 바다에서 나오는 해산물이 넘쳐서 잘사는 마을이 되었다. 그래서 삼도리가 속한 함경남도 이원군은 북한에서 잘 살기로 소문이 났다.

북한 천연기념물 제268호 광포(廣浦)

함경남도 정평군과 함주군 사이에 있는 자연호수. 1980년 1월 북한 천연기념물 제268호로 지정되었다. 면적 9.02㎢, 둘레 31㎞, 길이 10.0㎞, 너비 0.9㎞이다. 해안의 융기와 퇴적작용 때문에

---

14) 「조선향토대백과」, 평화문제연구소 2008

15) 한반도에서 가장 넓은 인공호수는 수풍호이고, 가장 넓은 자연호수는 함경북도의 서번포이다. 「나무위키-북한의 호수」

16) 북한 지역이다 보니 조사가 불가능해 호수의 스펙이 정확하지 않다. 면적 13.6㎢이나, 토사의 퇴적으로 면적은 점점 줄어들고 있다.(강릉시 경포호의 열 배 정도 된다. 한편 9.02㎢라는 자료도 있다.) 「나무위키-북한의 호수」

▲ 속초 아바이 마을 이원공원

형성된 석호로, 동해안의 석호 가운데 가장 규모가 크며, 광포강·다호천·봉대천 등 60여 개의 크고 작은 하천들이 흘러든다.

하천들의 퇴적작용으로 깊이가 점차 얕아지고 있으며, 원수천 어귀에 삼각주가 형성됨에 따라 윗 광포와 아랫 광포로 나누어졌다. 윗 광포는 하천의 유입으로 염분농도가 낮아지고 있으나 아랫 광포는 바다와 직접 이어져 있어 염분농도가 높다.

호수의 남동쪽 연안에는 낮은 구릉성 산지가 있고, 북쪽과 서쪽에는 함흥평야가 펼쳐져 있다. 호수에는 작은 섬이 여러 개 있으며, 가장자리에는 늪·저습지·논이 있다. 호수에는 실말·마름·줄 등 수중식물과 수생동물, 잉어·붕어·재첩·수염고둥(골뱅이) 등 어패류가 많이 서식한다. 양어장으로도 이용되며, 호숫가에 대규모 광포 오리 공장이 있다. 주변에 20여 개의 양수장이 있으며, 물은 인근 농경지의 농업용수로 쓰인다. 경치가 아름다워 휴양지로도 이용된다.

2) 소화도

"가리비 양식으로 고소득 올리는 청정 해역"

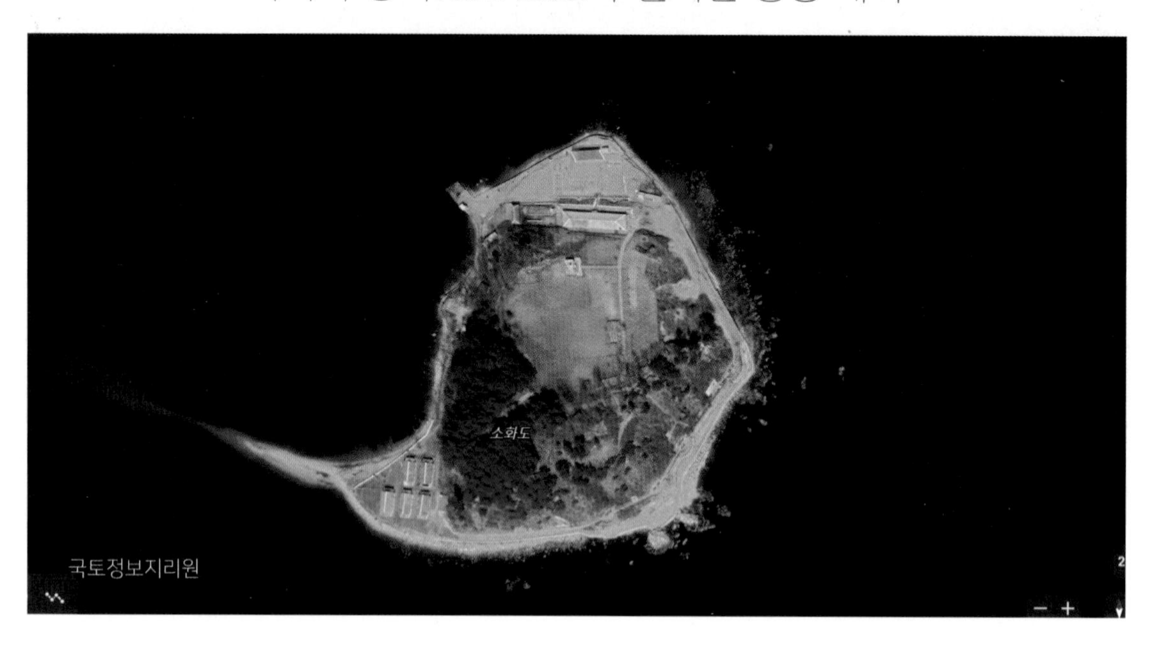

【개괄】 소화 도는 함경북도 정평군에 있는 섬으로, 섬 둘레 1.1km, 면적 0.07㎢로 아주 작은 섬이다. 소화도는 함흥만 좌측 구석에 자리하고 있다. 어미섬 대화도와 불과 600m 거리에 있다. 육지와 2km 정도로 아주 가까운 거리에 있다. 소화도 주위는 청정 해역으로 바다 양식에 최적의 섬이다. 그래서 이곳에서 수출용 가리비 양식을 많이 한다.

▲ 조개를 양식하고 있는 김책대흥수산사업소 북한 어부들. 「연합뉴스」 2018.8.29

"北, '수출용 가리비' 양식해 외화벌이 나서"

『북한군 소속의 한 무역회사가 가리비 양식장을 만들어 외화벌이에 나서고 있다고 미국 자유아시아방송(RFA)이 29일(현지 시각) 복수의 소식통을 인용해 보도했다.

함경남도의 한 소식통은 RFA에 "지난 6월 함흥시 서호와 마전 사이 앞바다에 조개 양식장이 새로 들어서 7월부터 가리비 양식이 시작됐다"라며 "양식장을 운영하는 회사는 군 소속 무역회사이고, 군자금을 마련하는 명목으로 중앙으로부터 바다 양식장 건설과 수출 허가를 받은 것"이라고 전했다.

소식통은 이어 "양식에 필요한 씨조개는 중국 회사가 외상으로 먼저 공급해주고 있다"라며 "중국 회사는 대신 가리비 수확량의 30%를 가져가기로 했다"라고 했다. (중략)

이와 관련, 함경북도의 또 다른 소식통은 "청진을 비롯한 홍원, 리원 등 동해 지역에 외화벌이 회사들이 운영하는 조개 양식장이 몇 년 전보다 늘어나는 추세"라며 "미국의 경제제재 강도가 높아지자 중앙에서는 수산업을 발전시켜 수산물 수출로 외화를 벌어들이도록 독려하고 있다"라고 했다.

소식통에 따르면, 함흥시 서호 앞바다는 북한 어민들이 암암리에 중국에 수산물을 밀수출하던 포구다. 하지만 최근 이곳에 군 소속 무역회사가 운영하는 전문 양식장이 들어서면서 쫓겨나는 어민들이 늘고 있는 것으로 전해졌다.』

「조선일보」 2018.8.30.

어촌 고소득 양식사업, 가리비?

평양에서 열렸던 남북고위급회담 때 북한의 김일성 주석이 장수식품으로 자랑했던 가리비가 강원도에서도 소량이지만 채취되고 있다. 북위 새도 이상의 청정 해역에서만 자라는 가리비는 2년생이면 지름이 13~15cm, 무게 250g 정도로 조개의 모양이 밥주걱처럼 생겼다고 해 일명 「밥-조개」. 전복과 같은 조개류면서도 비리지 않고 담백한 맛 때문에 영양식으로 제격인 가리비는 현재 강원 동해안에서 어촌 고소득 양식사업으로 육성하기 위해 대량양식을 위한 기술개발이 한창이다….

생산량이 적다 보니 현재는 가격이 비싸 패 한 개에 생산가가 1천5백 원, 소비자가격이 5천 원이지만 양산할 수 있게 되면 개당 생산가를 2백 원까지 낮출 수 있어 경쟁력을 가질 것으로 기대하고 있다. [17]

▼ 정평군 경계인 함흥의 자랑 마전해수욕장

17) 「중앙일보」 1992.4.19

[가리비 밥조개]

가리비는 북한식 표현으로 밥조개이예요. 함경남도 이원군 등 동해의 기슭 바다에 서식하는 특산물이랍니다. 주로 함경남도의 이원군, 신포시, 영광군 앞바다와 함경북도의 나선시, 무수단, 김책시, 어대진 앞바다에 서식하고 있어요.

가리비는 살이 많고 맛이 좋은 고급조개로서 예로부터 널리 알려져 있고요. 불룩한 오른쪽 조가비(조개껍데기)는 민간에서 밥주걱으로 써왔다고 해요. 살은 생선으로, 특히 횟감으로 많이 이용하여 말려 먹기도 합니다. 조가비는 양식장들에서 팻감으로, 공예품의 원료로 사용합니다.

가리비는 잠수나 망으로 주로 3~5월에 많이 잡아요. 양식은 주로 뗏목식으로 진행하는데 새끼는 자연적으로 많이 발생한 곳에서 얻거나 인공적으로 길러 얻는다고 합니다. 가리비가 잘 모여 사는 곳에서는 놓아 기르기도 하는데, 이때에는 가리비를 잡아먹는 불가사리, 문어 등의 피해를 받지 않도록 잘 살펴야 한다고 해요. 「북한지역정보넷」

▲ 가리비 밥조개, 가리비는 북한식 표현으로 밥조개이예요

3) 화도(花島)

"동해의 보배 섬"

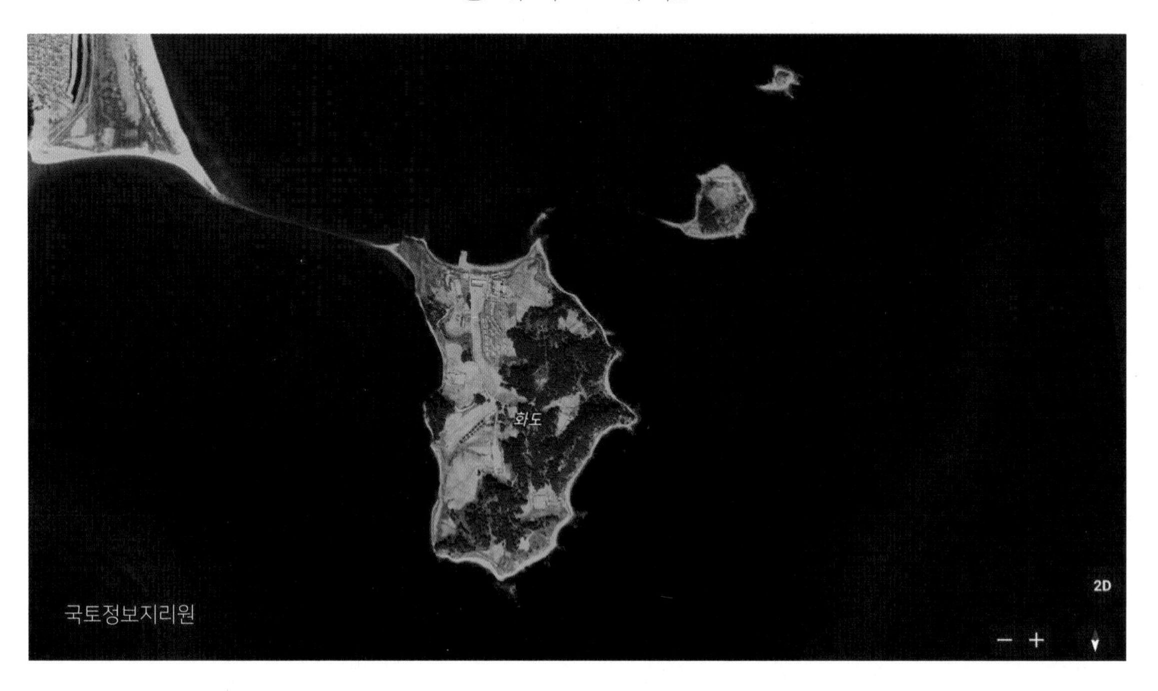

【개괄】 화도(花島)는 함경남도 정평군에 속한 섬으로, 섬둘레 5, 10km, 면적 0,810㎢, 산 높이 57m, 경도 127° 34', 위도 39° 45'에 위치한다. 육지와의 거리는 약 600m에 불과해, 물이 빠지면 걸어서 들어갈 수 있다. 지금은 군사시설로 인해 길이 생겨서 섬이지만, 사실상 육지처럼 편안하게 살 수 있다. 화도 건너편에는 선덕비행장이 있으며, 해안 사구가 길게 뻗어 있다. 해안선은 단조로우며, 화도의 앞바다인 함흥만에는 화도를 비롯하여 소화도, 세 섬, 형제바위 등 작은 섬들이 산재하여 있다. 기반암은 화강편마암·화강암이며, 토양은 갈색산림토·충적토로 이루어져 있다. 18)

18) 「한국민족문화대백과사전」

원산~흥남 사이의 뱃길

일이다. 이 뱃길은 호도반도 남쪽을 돌아서 소흥진끝, 광성곶, 갈곶, 백안단, 영어단, 동하끝을 지나 함흥만에 들어서며 화도 동쪽을 지나 흥남항에 이른다. 이 뱃길에는 원산시에 속하는 송천, 문천군에 속하는 광풍, 문천, 문평, 고암, 문천항, 방구미, 답촌, 삼일, 금야군에 속하는 호도, 독구미, 가진항, 청백, 백안, 정평군에 속하는 동하, 중하, 신덕, 삼도 등 작은 포구들과 항들이 있다. 19)

양질의 자연 어장과 양식장을 갖춘 함흥만

화도에서 함흥만 흥남항까지는 직선으로 약 10km 거리이다. 동해안은 아주 단조로운 편인데, 동해안에서 가장 큰 만입(灣入)인 동한 만에는 함흥만과 같은 크고 작은 아주 많다. 함흥만은 어귀의 너비가 24.5km, 해안선의 길이가 56.3km 규모이고 가장 깊은 곳은 32m이다. 만안에 화도, 대진도(大陣島), 소진도(小陣島)와 같은 섬이 있으며 해안선의 굴곡이 심하지 않다.

함흥만 북단의 서호진에는 등대가 있으며 여기서 내호항(內湖港)까지가 흥남 공업단지이다. 함흥시, 함주군, 정평군 해안을 포괄하는 함흥만으로 금진강(金津江)·광포강(廣浦江)·여위천(汝渭川)·성천강(城川江)·동성천강(東城川江)이 흘러든다. 이들은 하구에 다량의 토사를 공급하여 넓은 모래 해안을 이룩해 놓았다. 함흥만은 좋은 자연 어장과 양식장을 갖추고 있다. 명태, 청어, 대구, 꽁치, 낙지 등 수산자원이 풍부하며 다시마, 미역, 조개류 등의 양식도 성하다. 20)

▼ 동해의 고기 풍년

19) 「북한지리정보」, 운수지리 1988
20) 「한국민족문화대백과사전」

[<대담> 1-4 후퇴 당시 머물렀던 섬 화도]

함주군 연포면 출신으로 13살 때 한국전쟁이 발발했다. 1·4 후퇴 당시 폭격을 피해 선덕으로 나왔다가 남쪽으로 갈 수도 없어, 배를 타고 화도로 피난했다. 1950년 12월에서 이듬해 2월까지 추운 겨울을 화도에서 보냈다. 아버지는 포목상을 하셨는데, 사업 때문에 미리 남한으로 가 계셨다.

당시 어머니와 동생, 고모와 화도에서 피난 생활을 했는데, 집 뒤에 공동묘지가 있어서 밤에는 무서웠다. 화도에는 한센인 수용소도 있었는데, 당시에는 다른 곳으로 이동한 상태였다. 거기서 나무를 뜯어다가 그 나무로 불을 지펴서 밥을 해 먹었다. 3월에 날씨가 조금 풀리자 목선을 타고 포항으로 나왔다. 여비는 포목으로 충당했다. 나올 때는 바다가 너무 잔잔하여 무사히 나왔다. 이후 여수에서 중학교 2학년까지 다니고, 서울에서 공업고등학교를 졸업했다. 동생은 카톨릭 의대를 졸업해서 이화여대 의대를 졸업한 여자와 결혼해 미국에서 같이 의사로 일하고 있다, 지금은 귀가 멀다. 미국 동생이 북한에 있는 누나를 만나서 하룻밤 자고 왔다.

[대담자] 김현일(86세), 2022년 6월 22일

화도가 아니라 송도라시며

민주 조선 2019, 3, 12 본사 기자

2014년 6월 김정은 지도자는 화도방어대를 현지 시찰할 때이다. 이날 섬을 뒤덮은 수림과 병영을 감싸고 있는 갖가지 과일나무들을 보시며 만족을 금치 못하였다. 김정은 '나무가 꽉 찼소, 소나무가 울창하니 화도가 아니라 송도라고 해야 할 것 같오'라고 정은 담아 불러주시며 당의 의도대로 수림화, 원림화, 과수원 화가 실현되었다고 높이 평가하시었다. 뭍에서 멀리 떨어진 섬에 있어도 조국에 대한 열렬한 사랑으로 가슴 불태우며 푸른 숲을 가꾸어 온 이곳 방어대 군인들의 애국심을 그토록 값 높이 내세워주시는 김정은 지도자는 이날 자기 초소를 제집처럼 사랑하는 마음이 이런 희한한 풍경을 펼쳐 놓았다고 하시며 다시금 이곳 방어대 군인들의 애국 마음을 뜨겁게 헤아려 주시였다. 김정은 지도자는 정답게 불러주신 송도, 정녕 그 부름은 우리 병사들의 애국심에 대한 가장 값비싼 평가였다.

05. 홍원군

▼ 대섬 천연기념물 신의대 군락지

1) 대섬·竹島

"천연기념물 신의대 군락지"

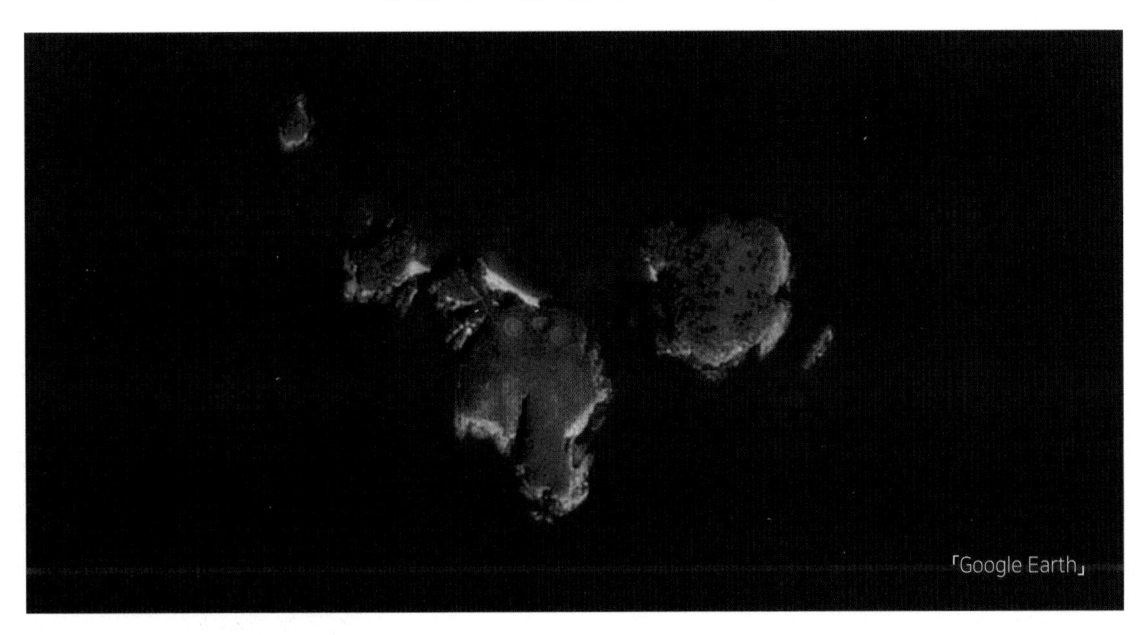

【개괄】 홍원군은 함경남도에 동쪽 동해에 접해있는 군이다. 해안선의 길이는 굴곡이 비교적 심하다. 앞바다에는 송도, 까치섬, 솔섬, 대섬 등 작은 섬들이 있다. 홍원군에서 가장 활기를 띠는 산업은 수산업이다. 연안 일대는 한난해류(寒暖海流)가 만나는 곳이 되어 명태 ·대구 ·정어리 ·가자미 ·고등어 ·은어 ·게 등 각종 어족 외에 패류(貝類) ·미역 ·천초(天草) 등도 많다. 주요 어항은 전진 ·송잠 ·돌성 ·삼호 ·무계 등인데, 명란 공장을 비롯하여 수산물 가공 공장이 있다. 이성계가 조선 건국 전에 원나라 장수 나하추와 싸워 이겼던 홍원군 달단동 전적지가 있다.

대섬은 보통 대나무가 있다는 뜻을 가져서 竹島(대나무섬)이고 은근 흔한 이름이다. 동해에는 죽도가 6개밖에 없지만 서해, 남해에는 섬이 많다 보니 송도처럼 많이 있는 이름이 죽도이다. 우리말로는 대섬이고 죽도는 대섬, 대섬은 죽도로도 불린다. 크기를 나타내는 대·중·소를 앞에 붙여서 대죽도, 중죽도, 소죽도가 되기도 한다. 홍원군 대섬의 면적은 4정보 정도이며 호남리에서 약 8km 거리에 있다.

천연기념물 신의대 군락지

호남리는 동부의 바닷가 연안에 조그마한 평야가 전개되어 있고 앞바다에는 대섬이 있다. 이 대섬에는 천연기념물로 지정된 신의대가 자라고 있다. 대섬의 또 다른 이름은 죽도 또는 참대섬이라고도 한다. 섬의 면적은 4정보 정도이며 호남리에서 약 8km 거리에 있다. 이 대섬에 특이하게 무리를 이루고 자라는 신의대는 학술 연구상 가치가 크므로 1980년 1월 국가 자연보호연맹에 의해 천연기념물 제283호로 지정되어 보호 관리되고 있다.

신의대는 섬의 정점으로부터 동남쪽 경사면을 따라 군락을 이루고 있으며 그 면적은 700~800㎡다. 여기에는 소나무가 성기게 자라고 그 아래에 진달래, 싸리나무, 사철쑥, 새초류 등이 섞여 자라고 있다. 신의대가 있는 반대쪽 경사면에는 여러 가지 초본식물이 자라고 있으며 소나무는 섬의 전반에 분포되어 있다. 지질은 차돌 바위로 되어있고 토양의 기계적 조성은 참흙이며 누기는 보통 정도이다. 이 지대의 연평균기온은 8.8℃이고 10℃ 이상 적산온도는 3,140℃이며 연평균강수량은 813.3mm이다.

신의대는 북한의 특산종으로서 높이 25~80cm에 이르는 상록수이다. 대섬 신의대는 2m까지 자라는 것도 있다. 지하근경(地下根莖)은 얼기설기 엉키면서 뻗어 있고 마디에서 뿌리가 내리며 가지가 돋아난다. 끝이 뾰족한 긴 원형의 잎은 줄기 끝에 5~8개가 호생해 있고 변두리는 자상(刺狀)의 털이 좀좀하게 나 있으며 껄껄하다. 잎의 윗면은 윤기가 나는 청색이며 뒷면은 담녹색이다. 줄기는 4년 정도 사는데 두 번째 해부터 윗부분에서 가지를 치며 잎은 2

년생 줄기에서 나오는 것이 가장 크고 다음 해부터 점차 작아진다. 꽃은 3~4년 자란 숙지(宿枝)에서 피며 열매는 겨까지와 비슷하다. 대섬 신의대는 원림 관상용으로 심으며 잎은 위병을 치료하는 약으로 쓰인다. 대섬 신의대는 섬에 분포된 학술적으로 의의가 있는 귀중한 식물이다.

전설에 의하면 조선시대까지 대 섬에 참대가 무성하여 중요한 진상품으로 되었다. 그런데 이 지역의 기온이 차서 한 번 베어내면 다시 돋지 않는 참대를 계속 진상품으로 바치자니 딱한 일이었다. 그리하여 마을 사람들은 방책을 의논한 끝에 고양이를 잡아 대 뿌리에 묻고 제를 지내면 참대가 없어진다는 말을 듣고 젊은이들을 시켜 그렇게 하였다. 과연 그 후부터 참대는 한 대도 나지 않고 그 대신 신의대가 자라났다 한다….[21)]

2) 솔섬·松島

"절벽 위에는 수백 그루 소나무가 푸르싱싱 자라고"

21) 「조선 향토대백과」, 평화문제연구소 2008

【개괄】 홍원읍의 주요 관광지로는 천도·주을도·절부암·번가호·송도 등이 있으며, 해상 경관이 아름다워 절경을 이룬다. 근처의 죽도는 기암괴석이 육지를 향하여 줄지어 있는 것이 특색이다. 송도는 전진만을 두 개의 지역으로 분리하는 것 같은 지형을 이루며, 노송이 울창한 3개의 섬으로 되어있어 경치가 뛰어나고, 육지와 연 이어져 바다와 육지에 걸친 대공원을 이룬다. 해수욕장도 발달해 있어 관북 지역의 관광지·명승지로 널리 알려져 있다.

송도 근해에서는 수산업이 활발하며, 명태·고등어·정어리 등의 어획이 풍부하다. 명란·간유 등을 비롯한 각종 수산 가공업과 이에 따른 상업과 운수업도 이루어지며, 전진항은 어업의 근거지이다. 연근해에서는 수산업이 활발하여 명태·고등어·가자미 등의 어획이 풍부하다. 명란·간유 등을 비롯한 각종 수산 가공업이 발달하여 있으며, 삼호항은 어항으로 유명하다.

명승지로 홍원 송도(솔섬) 북한 천연기념물 제279호

홍원 솔선(洪原松島)은 함경남도 홍원군 홍원읍에 있는 북한 천연기념물 제279호다. 홍원역으로부터 약 2km 떨어진 바닷가에 동서 방향으로 줄지어 있는 3개의 섬을 통칭하여 홍 원 솔섬이라고 한다. 읍에서 바다와 가까운 곳에 바위 줄기가 용처럼 꿈틀거리며 기어오다가 바다로 들어간 모양의 3개의 조그마한 바위섬이 있다. 이 섬에 자연적으로 소나무가 많이 자라고 있어 송도(松島) 또는 솔섬이라고 부른다. 홍원 송도는 명승지로는 소나무숲으로 우거진 3개 바위섬으로 홍월 송도(솔섬) (북한 천연기념물 제279호)과 바닷물의 해식 작용으로 형성된 청도해식굴(북한 천연기념물 제280호), 운포노동자구의 운포동굴(북한 천연기념물 제281호) 등이 알려져 있다.

지각운동과 그 변화를 직관적으로 보여주는 육지 섬으로서 학술적 의의가 크며 동해에서 풍치상 의의가 있어 1980년 1월 국가 자연보호연맹에 의해 천연기념물 제279호로 지정되어 보호 관리되고 있다. 송도 동쪽의 섬은 면적이 0.004㎢로서 가장 크고 가운데 섬이 가장 작다. 섬의 높이는 15~30m이며 가운데 섬이 약 30m, 동쪽 섬이 약 24m, 서쪽 섬이 약 16m이다. 동쪽에 있는 첫째 섬과 셋째 섬은 거의 타원형이며 둘째 섬은 사각 모양이다. 첫째 섬과 둘째 섬과의 거리는 약 12m 정도, 둘째 섬과 셋째 섬 사이 거리는 18m 정도, 첫째 섬과 셋째 섬 끝까지의 거리는 340m 정도이다.

홍원 솔선은 신생대 제3기 동해 지역이 침강될 때 낮은 언덕이 바다에 잠기면서 형성되었고 지질은 화강편마암으로 되었으며 해안침식 작용에 의하여 깎아지른 듯한 절벽으로 되어있다. 흙깊이는 보통 정도이며 수백 그루의 소나무가 푸를 싱싱 자라고 있다. 섬 주변의 바다에는 어류, 해초, 조개류가 많이 분포되어 있다. [22]

영화 촬영장으로 유명한 송도

송도는 3개의 섬이 하나로 연결되었는데 많은 사람이 휴식을 취하고 즐기는 곳이다. 여기서 '종군기자의 수기'(1982)란 영화를 촬영하였는데, 여배우 오미란이 혜경 역을 맡아 주연을 하였다. 이 섬에 소나무 형상에 특이하여 대단한 가치를 지녔지만 1990년대 북한의 고난의 행군 시절, 춥고 배가 너무 고팠다. 해군 대령 출신의 탈북민 조 모 씨는, "추운 겨울을 보내기 위해서 주민들은 이 섬에 들어와 소나무를 마구 베어가 땔감으로 사용하였다."라고 아쉬워했다. 이 영화는, 1951년 6월 초 56호 해구에서 기뢰를 부설할 임무를 받은 해병들과 떠난 후 돌아오지 못한 인민군 이야기에 대한 수기와 사진을 신문사 여기자가 발견하고 이를 영화로 만든 것이었다.

북한의 내부 사정을 전혀 알 같이 없는데 북한 해군 대령 출신인 조00님은 군함이나 잠수함을 타고 동해안을 누비고 다녔기 때문에 섬에 상륙도 하고 섬들의 실정을 어느 정도 알고 있었다. 원산 앞바다 신도는 공군 비행사들의 휴양지로 4층 건물이며 김정일 특각이 있고 낚시가 잘 된다고 하였다. 잠수함

22) 「조선향토대백과」, 평화문제연구소 2008

을 수리하기 위하여 보통 2-3개월 정도 마양도에 머물면서 함흥에 있는 집을 오고 갔다고 하였다. 신포와의 교통은 하루에 두 번 배가 오가기 때문에 교통이 불편하였다고 회고하였다.

▼ 홍원솔섬의 풍경들,「평화문제연구소」

Island in North Korea

함경북도의 섬

1. 라선시 2. 화대군

<표> 함경북도주요섬 23)

번호	섬이름	섬의 크기			번호	섬이름	섬의 크기		
		둘레(㎞)	면적(㎢)	높이(m)			둘레(㎞)	면적(㎢)	높이(m)
1	**알섬(란도)**	3.26	0.166	66	32	**너에바위**	0.59	0.004	-
2		0.47	0.005	15	33	**인지섬**	0.56	0.017	28
3	**동숙근(새섬)**	0.26	0.005	11	34	**안썩근**	0.26	0.022	13
4	**서숙근(마섬)**	0.18	0.003	8	35		0.50	0.011	-
5	**문치암**	0.20	0.003	25	36		0.21	0.003	-
6	**초근도**	0.08	0.001	8	37		0.23	0.003	9
7	**붉은섬(적도)**	1.95	0.101	61	38	**해주도**	1.48	0.049	54
8	**돌섬**	0.42	0.008	22	39		0.22	0.002	-
9		0.30	0.005	11	40		0.25	0.005	-
10		0.26	0.003	6	41	**매바위**	0.2	0.002	18
11	**비파도**	4.30	0.236	42	42	**솔바위**	0.49	0.008	23
12	**작도**	0.12	0.001	-	43	**솔섬**	0.35	0.009	34
13	**솔섬**	0.59	0.014	31	44	**줄바위**	0.19	0.001	-
14	**패암도**	0.59	0.018	32	45	**앞섬(후암**	0.18	0.002	8
15	**소초도**	3.47	0.364	67	46	**뒤섬(전석근)**	0.24	0.003	7
16	**작도(까치섬)**	0.25	0.005	-	47	**대바위**	0.27	0.006	21
17		0.23	0.003	-	48	**작은대바위**	0.15	0.001	-
18	**장지도**	0.42	0.014	11	49		0.24	0.002	17

23) 「북한 지리정보원」 우리나라의 바다 : 자연지리, 1990

19	솔섬	0.58	0.011	26	52	소금바위	0.25	0.005	5
20	대초도	10.54	0.160	233	53	형제섬	0.35	0.009	26
21	까치섬(작도)	0.42	0.003	16	54		0.25	0.005	18
22	피도	2.69	0.136	48	55	독섬(멸치바위)	0.38	0.005	6
23	촉대바위	0.30	0.078	29	56	양도	3.55	0.414	67
24	대도	1.87	0.006	50	57		2.17	0.153	44
25	소도(작은섬)	1.63	0.001	51	58	강후이도	2.19	0.175	114
26	의지개섬	0.31	0.005	12	59	알섬	1.89	0.071	54
27	우도	0.14	0.004	-	60		0.36	0.005	19
28	차돌바위	0.43	0.001	-	61		0.54	0.010	26
29	쪽바위	0.34	0.004	28	62		0.22	0.003	11
30	룡섬	0.11		18		삼근바위	0.30	0.005	23
31	계염	0.28		28		고암	0.37	0.006	42

01. 라선시

하현동
Unggi
굴포리
굴포리
적도
관곡동
비파도
우암리
신해동
라진구역
알섬
라진
Najin-dong
대초도
국토정보지리원

1) 대초도·大草島

"국제무역항 나선의 위상을 높이는 대초도"

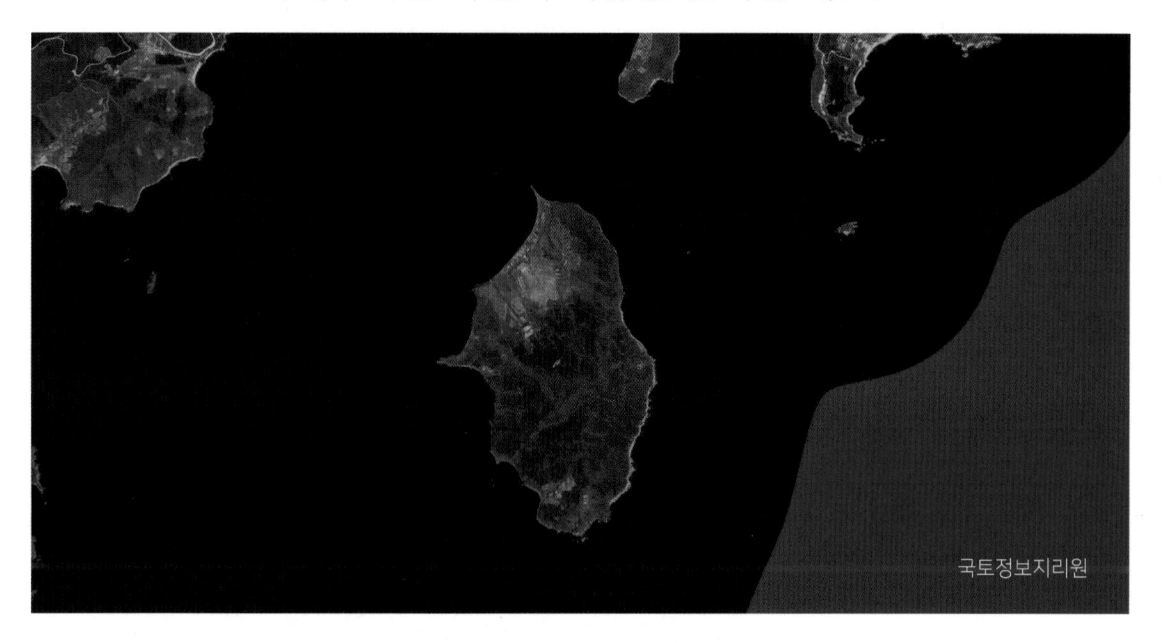

【개괄】 대초도(大草島)는 함경북도 나선시 초도동에 속한 섬이다. 섬 둘레 10.54km, 면적 4.342㎢로, 산 높이 233m, 이다. 섬 전체는 남북축이 긴 달걀 모양을 하고 북쪽의 소초도(小草島), 북동쪽의 성정단(城亭端)과 함께 나진항을 감싸는 자연 방파제 역할을 하고 있다. 나진항이 북한 3항으로, 현재는 나진·선봉 자유 경제무역지대의 중심 항으로 발전하게 하는 데 큰 힘이 되었다.

대초도는 북한 어장의 중심부에 있으므로 연어·송어·대구·명태·정어리·청어·고등어·가자미·게 등의 어획량이 많다. 섬은 화강암류(花崗岩類) 지층을 이루고 있으며, 소나무·참나무 잎갈나무 등이 많이 있다. 이 섬은 해조류 번식지로 그분(糞)으로 섬 전체가 희게 보일 정도이다.

해양관광자원 나선은 북한의 대외개

방 전초기지이면서 중국·러시아의 동해 출로 전략상 주목받아 왔다. 나진항은 전면에 대초도와 소초도가 천혜의 방파제 역할을 하고 있어 태풍과 해일의 영향을 받지 않는 천혜의 부동항이다. 1990년대부터 자유 경제무역지대로 지정되어 외국인이 많이 출입하고 중국 등의 투자로 수산·섬유 등의 위탁가공을 하는 지역이다. 이러한 특성상 중국인 관광객이 많이 방문하고 있는 것으로 알려진다.

대초도와 소초도는 나진의 '두 눈알'

대초도와 소초도는 나진의 '두 개 눈알'이라 할 수 있다. 옛말에 '몸이 천금이면 눈이 팔백 금'이란 말이 있듯이, 대초도와 소초도는 나진만을 종단 항으로 만드는 데 결정적으로 이바지하고 있다. 등대와 관측소를 설치하기에도 알맞고, 해전(海戰) 발생 시 천연의 요새인 이 두 곳에서 미리 방어선을 펼 수 있다. 무엇보다 겨울의 거센 파도와 여름철 거친 태풍을 막아주는 천연의 방파제 역할을 한다는 점이다.

대초도의 구성 암석은 편마암, 현무암, 화강암, 점판암이다. 섬 가운데 솟은 초도 산을 중심으로 북쪽 고부진단까지, 남쪽 끝단까지에는 능선이 길게 이루어져 있다. 이 능을 분수령으로 하여 동쪽 경사면은 물매가 급하고 서쪽 경사면은 물매가 느리다. 북서쪽 해안은 거의 평지대로 되어 있고 남쪽, 남서쪽, 남동쪽 기슭은 먼바다에서 밀려드는 파도의 영향을 강하게 받아 높이 5~30m의 절벽 해안으로 되어있다.[24]

소나무, 참나무, 떡갈나무, 싸리나무 등이 많이 분포되어 있다. 주변 바다는 수산자원이 풍부하여 좋은 어장을 이루며, 비교적 물결이 잔잔한 대초도의 북쪽 나진 만에서는 다시마 생산을 기본으로 하는 바닷가 양식이 대대적으로 진행되고 있다. 이 섬은 해조류 번식지인데, 새들의 똥(糞)으로 섬 전체가 하얗게 덮일 정도이다.

24) 「KBS-1TV」 '통일로 가는 길 타박타박 북녘땅 기행', 2014.9

바다엔 문어풍년

굉장한 능력을 가진 랭동기계실

신선한 물고기가 가공처리되는 수산물가공공장

물고기풍년이 들었다.

▲ 동해에 물고기 풍년

[나선시 개명사(改名史)]

나진시(1993년) → 나선직할시(2001년, 나진시+선봉군)
→ 나선시(2004년) → 나선특별시(2010)

해방 전에는 함경북도에 시가 둘 있었는데, 청진시와 나진시였다. 1993년 나진(라진), 선봉시로 개편하였다가 2001년에 나선직할시로 변경되었다. 나진시와 선봉군(웅기군)을 합하여 '나선(라선)'이란 이름을 붙인 것이다.

2004년 1월 나선직할시가 폐지되고, 지역 전체가 함경북도에 소속되면서 나선시로 개편되었다. 2010년 1월 4일 최고인민위원회 상임위원회 결정에 따라 나선특별시로 승격되어 오늘에 이르고 있다.

대초도·소초도가 천혜의 방파제 역할, 나진항의 국제무역항 위상 높여

나진항은 전면에 대초도와 소초도가 방파제 역할을 하고 있어 태풍과 해일의 영향을 받지 않는 천혜의 부동항이다. 대초도 밖의 최고 파도 높이는 6m이고 평균 파도 높이는 2.1m이지만 항만의 파도 높이는 제로(0)에 불과하다.

나진항은 일제가 중국 동북지방을 강점한 이후에 식민지 약탈의 수요에 따라 건설되었다. 1932년 축항 공사를 하여 중계 무역항으로서의 구실을 하였다. 광복 후 나진항은 여러 차례의 확장공사를 통하여 세계적인 수준을 자랑하는 항구로 거듭나게 되었으며 1973년부터는 국제무역항으로 되었다.

항구에는 현대적인 상하선 설비, 선박수리기지를 비롯한 물질 기술적 장비가 튼튼히 갖추어져 나라의 해상운수 발전에서 큰 역할을 하고 있다. 항의 총 부지면적은 38만㎡, 현재 화물 통과 능력은 300만 톤, 화물 보관능력은 10만 톤이다. 25)

1990년대부터 자유 경제무역지대로 지정되어 외국인이 많이 출입하고 중국 등의 투자로 수산·섬유 등의 위탁가공을 하는 지역이다. 이러한 특성상 중국인 관광객이 많이 방문하고 있는 것으로 알려진다.

나진항의 개항은 일제 강점기였던 1935년이다. 청진항보다 27년 늦게 개항했다. 2023년, 개항 85주년을 맞이하게 된다. 나진항은 북한과 중국, 러시아와 국경을 이루면서 동해와 맞닿아 주목받는 도시가 되었다. 여기는 탈북자들이 많이 나올 가능성이 많은 도시이기 때문에 당에 대한 충성도와 공산주의 사상이 투철한 자만이 살 수 있는 도시이다.

[까마득한 옛날에도 여기에 사람들이 살았구나!]

대초도에서 청동기시대와 철기시대 초기의 유물들이 발굴되었다. 여러 개의 집터와 옛 무덤이 발굴되었는데 청동기시대와 철기시대의 문화층이 뚜렷이 구분되어 있지 않았으며, 집터 바닥도 그 윤곽이 명백하지 않았다. 비교적 잘 남아있는 집터 하나는 길이 4.5m, 너비 3.4m 정도의 장방형으로 바닥에는 얇게 진흙을 깔았다. 바닥 동남쪽과 서북쪽 변두리에 각각 3개씩의 기둥구멍이 줄지어 있었고 바닥 한쪽 구석에 7개의 돌을 네모지게 돌려놓은 화덕 터가 있었다.

괭이, 도끼, 활촉, 뼈 숟가락 등 수많은 유물이 나왔다. 그 밖에 한 지점에서는 청동으로 만든 방울과 원판 형기, 가락지, 장식품 등이 나왔으며

25) 「조선향토대백과」, 평화문제연구소 2008

또 다른 한 지점에서는 쇳조각과 녹아 엉킨 쇳덩어리도 나왔다. 질그릇도 나왔는데 종류가 다양하다. 질그릇에는 그어서 새긴 기하학적 무늬와 반원통형의 덧무늬가 새겨져 있다. 유적에서는 굽혀 묻은 늙은이와 젊은이 그리고 1명의 어린이를 포함하여 모두 14개체분의 사람 뼈도 나왔다.

사슴, 노루를 비롯한 산짐승과 개, 돼지, 소 등 가축의 뼈도 나왔고 방어, 명태, 상어, 가자미 등 물고기 뼈와 섭, 가리비, 굴 등 수많은 조개껍질이 나왔다. 초도 유적의 유물 갖춤세는 두만강 유역의 청동기시대와 철기시대 초기의 문화를 연구하는 데 의의가 크다.

「KBS-1TV」 '통일로 가는 길 타박타박 북녘땅 기행', 2014.9

나선에서 대초도·소초도·비파도 해수욕장으로, 철도 타고 하산 통과, 사할린과 녹둔도로, 낭만적인 여행길을 꿈꾸며….

지금은 갈 수 없는 곳이지만, 북한이 개방되거나 통일이 되면 내가 가장 먼저 달려가고 싶은 여행지가 나선이다. 지금은 특별시로 승격된 나선시 도심을 여행하면서 시내 상점들, 항만 풍경, 대초도, 소초도, 비파도 해수욕장 등을 두루 돌아보고 싶다. 다음 여정으로는 북한과 러시아를 잇는 철도를 통해 하산을 통과하여 사할린과 우리의 옛 섬 녹둔도를 돌아볼 것이다.

나선시에서 차를 타고 중국 훈춘으로 건너가 두만강 유역을 따라서 북한과의 국경 도시 도문과 연길, 이도백하에서 백두산을 통과한 다음, 압록강 변을 달려 고구려의 제2 수도 지인과 벌등도 그리고 수풍 발전소를 지나 압록강의 섬들인 위화도, 비단섬, 황금평 섬들을 구경하면서 신의주 건너편 단둥까지 가야 한다. 이제 그곳에서 배편이나 항공편으로 한국으로 귀국하면 된다. 이 얼마나 멋지고 낭만적인 여행길이 되겠는가!

▼ 백두산 천지연 안영백 제공

외진 섬마을에도 행복의 노래 높이 울린다.

노동신문 1973, 12, 5 최윤근 기자

동해의 수평선에 붉은 햇살이 피어오르는 이른 아침에 우리는 라진항을 떠나 초도로 가는 연락선을 탔다. 여기에 어떤 사람이 초도 고등중학교에 가는 학생들의 실습 기재인 전기 계기, 기구들을 가지고 올랐다. <육지에서 멀리 떨어져 있는 조그만 섬에도 고등중학교가 있으니 정말 좋은 세상입니다> 이렇게 되이 이야기는 초도의 어린이들도 얼마나 행복하게 배우며 자라고 있는가 하는 대로 넘어갔다. 초도로 말하면 라진에서 수십리 떨어져 있으며 약 70세대의 어민들이 살고 있는 조그마한 외진 섬이다. 해방 전에 이 섬 아이들은 사회적으로 버림을 받았다. 그들은 헐벗고 굶주리면서 학교라는 말조차 모르고 살았다. 그때 그들은 아직도 어린 시절이지만 배를 타고 나가 고기를 잡으며 고역, 압박과 착취를 당하였다. 그러나 오늘은 그것이 옛 말이 되었다. 해방 직후 이 섬에는 학교에서 배워야 할 나이의 어린이들이 25명밖에 안되었다. 그런데 비록 인구가 적은 섬이지만 배려 속에 소학교를 세워 주시고 몇 해 전에는 고등중학교도 세워 주었다. 그래서 지금 초도 섬사람들은 육지로 아이들을 유학을 보내지 않고 앉은 자리에서 아이들을 고등중학교까지 보내어 공부를 시키게 되었다. 공부해야 할 나이에 한 명도 낙오자가 없이 모두 다 학교에 다니게 되어 초도는 행복한 섬마을로 변하였다. 지금 이 섬의 고등중학교에는 소학교 학생들까지 합하여 백여 명의 학생들이 각급 학년에서 공부하고 있으며 15명의 교원이 그들을 가르치고 있다. 이런 흐뭇한 이야기를 들으며 푸른 물결 출렁이는 바다를 달리던 우리는 초도 부두에 내렸다. 우리는 곧 초도 고등중학교를 찾았다. 은빛 지붕을 한 아름다운 학교 건물이 한눈에 안겨 왔다. 아침 햇살 눈 부신 드넓은 운동장에서는 학생들이 방송에 맞추어 팔다리를 놀리며 씩씩하게 체조를 하였다. 진달래 빛, 수박빛, 하늘빛 옷을 입은 학생들로 하여 운동장은 꽃밭처럼 아름다웠다. 〈저기에 체조하는 아이들은 7살짜리 이들이지요. 학교에선 올해 일곱 살짜리 아이들을 다 받았지요〉 교무부장 김길룡 동무는 이렇게 말하며 우리를 안내하였다. 이날은 마침 토요 〈소년단원 날〉이어서 학생들의 다채로운 과외 활동을 볼 수 있었다. 자연과학 연구 소조들의 활동도 흥미 있었다. 수백 종의 오류 표본이 즐비한 수산 연구실에 들어가니, 갖가지 배들의 모형을 전시해 놓고 초음파 신호에 의한 물고기잡이 탁상 훈련을 하고 있었다. 생물 실에서는 리호식, 안봉녀 학생들이 섬에 유익한 동식물들을 보호 증식시키기 위한 설계도를 그리면서 정신을 집중하고 있었다.

예전부터 섬은 바람이 세게 불어서 과일나무가 안 된다고 했으나 이들은 과학적으로 문제들을 연구하여 여기에도 과일나무들이 뿌리를 내리는 데 성공하였다. 언덕에 들판에 길가에 늘어선 양벚나무가 바로 여기 어린 원예사들이 심어 놓은 것이라고 하였다. 우리는 이들이 조성한 10여 정보의 참나무숲도 구경하며 어린 조류 학자들이 만든 새집에 붙어서만 사는 여러 가지 희귀한 새들이 깃을 치며 날아드는 것을 보았다. 산에서 내려오니 음악실의 손풍금 소리, 가야금 소리가 우리의 발길을 끌어당겼다. 음악 소조원들은 지난 조국 해방 전쟁 시기 일본으로부터 초도 등대를 지켜 싸운 섬 소년들의 투쟁을 담은 노래 이야기를 연습하고 있었다. 섬마을 아이들도 뭍에 있는 아이들과 똑같이 세상에 부러움이 없이 행복하게 공부하며 지덕체를 겸비한 아이들로 자라고 있었다.

이날 저녁 우리는 여기 학생들과 섬사람들과 함께 광복예술영화 〈우리 동무들〉을 보았다. 불과 70세대밖에 살지 않지만, 발전기를 돌려서 집마다 전깃불이 들어오고, 마을 방송을 듣고, TV와 영화도 보는 것이었다. 집마다 부엌에는 수돗물이 나오고 있었다. 이튿날 아침 우리는 라진으로 가는 여객선에 올랐다. 배에는 도 학생 소년축전에 참여하기 위하여 가는 초도 학생 청소년들이 가득 찼다. 그들의 환한 웃음이 피어난 배는 꽃 배와 같이 아름다웠다. 어선들은 만선의 깃발을 휘날리며 초도 포구로 들어오는 어부들이 손을 흔들어 인사를 나누었다. 우리는 초도 섬의 행복한 어린이들과 함께 배를 타고 아쉬운 마음을 안고 라진항에 도착하였다.

섬마을 학교의 부부 문학 교원,

라선시 초도 중학교 고웅, 김순희 동무
2006, 12, 28, 교육신문

라선시에서 수십이 떨어져 있는 섬마을 학교인 초도 중학교에는 교원, 학생들과 학부모들로부터 〈정열적인 문학 교원〉 으로 존경 받는 부부 교원이 있다. 그들은 바로 오중흡 청진사범대학

어문 학부를 높은 성적으로 졸업하고 섬마을 학교의 교단을 지켜 수십 년 세월 헌신하고 있는 초도 중학교 고웅, 김순히 동무들이다. 20년 전 그들이 가정을 이루었을 때 두 교원의 지향과 목표는 하나였다. 〈섬마을 학교의 학생들을 위해 한평생 이곳에 뿌리를 내리고 문학 창작과 후배들을 한 명이라고 더 키워 내는 것이 내 삶의 목표요〉 〈저도 이생을 학생들을 위해 재능과 열정을 깡그리 다 바쳐가려고 생각하고 있어요〉

그 지향과 목포를 안고 초도 중학교 고웅, 김순히 동무들은 삶의 순간순간을 줄달음쳐 살았다. 학생 수가 얼마 되지 않는 학교의 실정에서도 문학적 재능을 가진 학생들을 찾아내고 그 재능을 꽃피우기 위해 그들을 여러 곳을 찾아 다니면서 도서, 출판물들을 구하여 왔고 창작 지도로 밤을 밝히었다. 그처럼 어려운 〈고난의 행군〉 시기에 생활상 애로로 학교에 나오지 못하는 학생들을 위해 얼마 되지 않는 자기 집의 식량까지 나누어 주었으며 학생들의 안목을 넓혀 주기 위하여 방학 기간이면 뭍에 나와 여러 곳을 참관, 답사하기도 하였다.

그 나날에 고웅, 김순히 동무들은 〈우리 교실 문학상〉 수상자 16명, 〈4, 15 충성의 만경대 창작상〉 수상자 12명을 키웠으며 사회주의 교육 대제 발표 기념 글 작품 현상 모집에도 8명의 교원, 학생들을 당선시켰다. 자기들이 키운 제자들이 훌륭한 창작가, 문필가가 되어 혁명의 필봉으로 받들어 나가는 데서 삶의 보람, 행복을 찾으며 고웅, 김순히 동무들은 더욱 분발하고 있다.

2) 소초도·小草島

"국제무역항 나선의 위상을 높이는 대초도"

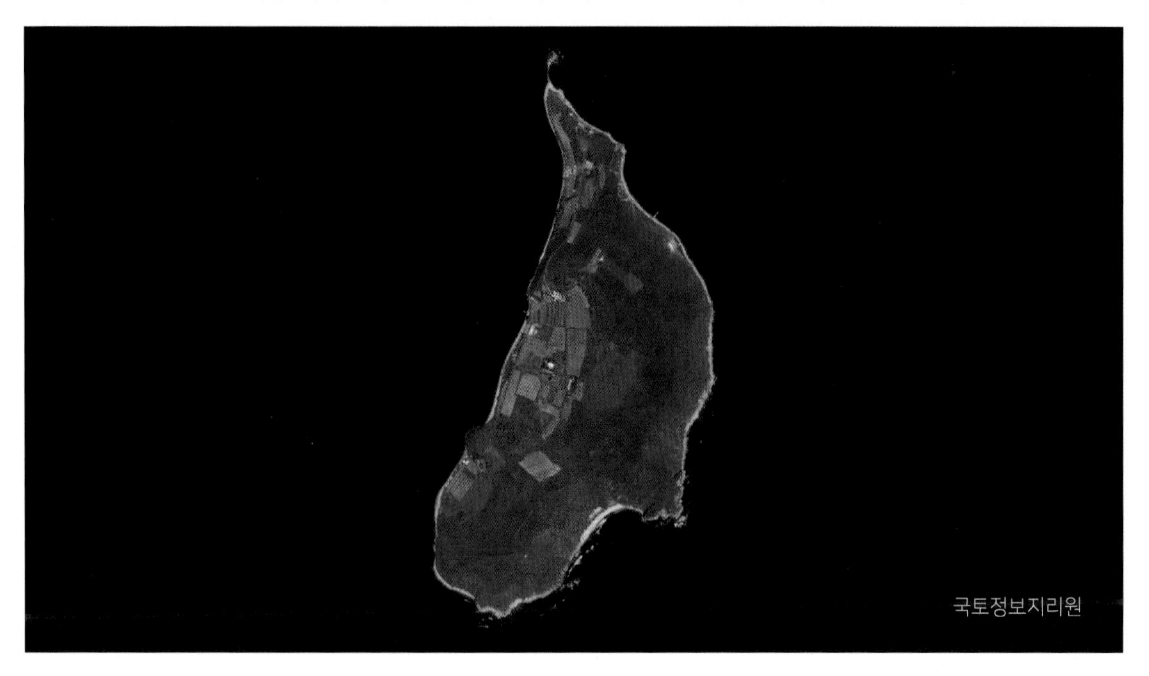

【개괄】 라선시에 소속된 소초도는 섬 둘레 3.47m, 면적 0.364, 산 높이 67m, 경도 130° 17', 위도 42° 11' 에 있다. 원래 나선의 행정구역명은 경흥군 신안면이었고 1931년 말 현재 인구수가 4,520명에 불과한 매우 가난한 어촌에 불과하였다. 바다 끝에 있는 동리 명이 라진동(羅津洞)이었기 때문에 일찍부터 나진항으로 불렸다. 이 나진항은 수심이 깊고 또 만내(灣內)에 있는 두 개의 섬인 대초도, 소초도가 든든한 방파제 역할을 해주었기 때문에 일찍부터 천연의 항구로 지목되었다고 한다.

이곳 소초도와 대초도 바다는 따뜻하다. 북쪽의 한류와 동쪽의 난류가 한데 만나 뒤섞이는 지점이라서 플랑크톤이 풍부한 이곳에 어족 자원이 풍성한 곳이다. 나진항이 다른 항구에 비해 발전의 가능성이 큰 것은 마치 형제처럼 나진 앞바다에 버티고 있기 때문이다.

나진의 두 개의 눈알이라 할 수 있는데, '몸이 천금이면 눈이 팔백 금'이라는 옛말처럼 이곳 소초도와 대초도는 나진만을 종단 항으로 만드는 데 결정적으로 이바지하는 요인이다. 등대와 관측소를 설치하기에도 딱 맞고, 바다에서 전쟁이 나도 천연 요새인 이 두 개의 섬에서 미리 방어선을 펼 수 있는 것이다. 무엇보다 앞에서 겨울의 거센 파도와 여름의 태풍을 막아준다는 점이 바로 그렇다.

나진만의 선사 시대 유적으로 가장 대표적인 곳은 대초도, 소초도 유적(草島遺蹟)이며, 신석기에서 청동기시대에 걸치는 유물·유적이 수습되었다. 1949년 9월부터 발굴, 조사된 이 유적에서는 조개무지·주거지·노지·인골 및 각종 토기와 석기·골각기·청동기가 확인되었다.

영국 함대 기항지, 소초도에 영국군인 묘지

나진은 이미 1899년에 영국 동양함대 12척이 입항한 사실이 있었고, 1904, 5년 러일전쟁 때는 러시아의 블라디보스토크 함대가 이 항구를 근거지로 하여 활약하였고 이를 추격하던 일본함대도 2일간 나진항에 정박한 일도 있었다. 소초도 부근에는 암초가 많이 있어 위험구역으로 되어있다. 1899년 라진항에 입항한 영국 함대 12척 중 1척은 이 부근에 암초에 좌초되어 선체는 파손되었으나 동료 함정의 구조로 인명피해 없이 전원 구조되었다.

이 사고로 함장 'M.암스트롱' 대좌는 책임을 통감한 나머지 소초도 최고봉에 올라 권총으로 자살하여 영국의 혼을 동양의 한 고도에 머물게 한 비극의 섬이기도 하다. 또한, 이때 소초도에서 병으로 사망한 승무원의 기념비가 이 섬 북단에 있으며 '영국 함정 바프로아 승무원 존 스펜서 기념비, 1899년 7월 16일 사망'이라는 비문이 영문으로 새겨져 있다.

「나진시 紙」, 2009년

여수 거문도 영국군 묘지

고종 22년(1885)부터 1887년까지 약 23개월에 걸쳐 영국군이 러시아의 남하를 막는다는 구실로 거문도를 무단 점령했던 '거문도 사건' 과정에서 병이나 사고로 죽은 영국군의 묘지가 있다. 당시에는 사망자 묘지는 총 9기였으나 현재는 2기만 남아있다.

서구식 비문에는 "1886년 3월 알바트로스(Albatross)호의 수병 2명이 우연한 폭발 사고로 죽다. 윌리암 J. 메 레이(William J. Murray)와 17세 소년 찰스 댈리(Charles Dale)"로 새겨져 있고, 십자가에는 "1903년 10월 3일 알비온호 승무원 알렉스 우드(Alex Wood) 잠들다"라고 새겨져 있다.

비록 강제적인 점령이었다고는 하나 머나먼 타향에서 죽어간 외국군들의 아픔마저 보듬어주는 우리의 민족성을 엿볼 수 있다. 비극과 슬픔의 역사를 간직한 영국군묘지에서 바다를 내려다보면 국력이 너무 미약했던 사건 당시의 슬픔을 상기하며 역사의 한 귀퉁이를 체감해 볼 수 있다. 함경북도 나선의 소초도와 전라남도 여수의 거문도는 서로 비슷한 면을 갖추고 있다.

▼ 여수 거문도 전경

▲ 여수 거문도, 학교 뒷산에 있는 영국군 묘지

불꽃 튀는 종단항 쟁탈전 결과는?

1932년 8월 23일, 우가키 가즈시게(宇垣一成) 조선 총독은 담화를 발표했다.

"지난 20여 년간 심혈을 기울여 건설하고 있는 길회선의 종단 항이 오늘로써 결정되었다. 그간 종단항 입지에 대한 다양한 의견이 개진되었다. 청진, 웅기, 나진이 후보지로 경합을 벌였고, 청진과 웅기 두 항구를 병용해야 한다는 의견과 청진을 주항으로 삼고 나진을 보조항으로 사용해야 한다는 의견, 나진과 웅기 두 항구를 병용해야 한다는 의견 등 여러 가지 의견이 많았다. 다양한 의견을 검토하여 총독부와 만철이 숙고한 결과 길회선 종단 항은 나진으로 최종 결정되었다.

오늘부터 만철이 중심이 되어 나진에 대규모의 축하설비를 건설하게 된다. 그러나 나진이 유일한 종단 항이라는 것은 아니다. 장래 북만주의 개발이 진전하여 북만주와 북조선을 연결하는 대규모 산업단지가 구축될 때에는 도저히 현재의 웅기, 청진 두 항만만 가지고는 물자를 처리하기 곤란하다.

길회선이 개통하여 2, 3년간은 웅기, 청진 두 항구를 함께 사용하면 족할지 모르나 10년, 15년 후에는 포화상태에 이를 것이 명백하다. 그때를 대비해 만철은 나진에 대규모 축하공사를 시작하는 것이다. 따라서 나진이 출현한다고 즉시 청진, 웅기 두 항구가 몰락하는 것은 아니다. 나진의 번영은 곧 청진, 웅기의 번영을 의미한다."
"길회선 종단항 나진으로 결정" 「동아일보」 1932.8.25.

역사적으로 살펴보면 나진항은 일제가 중국을 강제로 점령한 다음 식민지 약탈의 수요에 따라 나진항이 건설되었다. 1932년 축항 공사를 통해 중계무역항으로 시작했고 비로소 1973년부터 국제무역항이 되었다. 21세기를 맞이하여 요동치는 동북아 상황에서 나진항은 동북아 지역의 물류의 허브로 부상했다.

바닷길 길잡이 소초도 등대

함경북도 나진만의 입구인 대초도 북쪽에 있는 높이 61m의 소초도는 정상부는 둥근 모양이다. 이 섬을 남동쪽에서 바라보면 말안장처럼 비슷한 모양으로 동쪽은 높은 암벽해안이고, 북쪽과 서쪽은 완만한 동고서저의 지형을 이루고 있다. 이 섬의 남쪽에 있는 소초도 등대는 소초도 남방의 대초도 등대의 보조적 역할을 하는 등대이다. 배는 24시간 항해를 계속하는 특성상 야간 항해는 기본이다. 등대는 배들이 야간 항해를 할 때 바다에서 배들의 길잡이 역할을 하는 아주 중요한 장소가 된다….

▲ 한국 통영 소매물도 등대. 소초도 등대도 이런 모습일 것이다.

3) 비파도·琵琶島

"한 번 들어서면 나오고 싶지 않은 비파도 해수욕장"

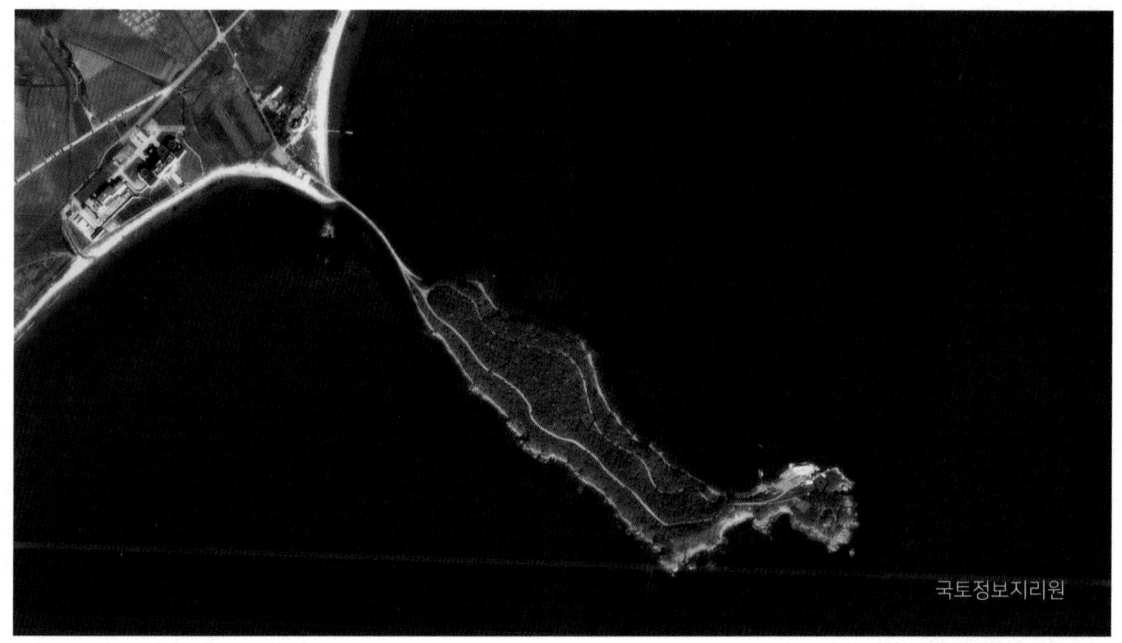

▲ 함경북도 나선시의 최대 관광지 비파도

【개괄 비파도(琵琶島)는 함경북도 나선시 앞바다 조산 만에 있는 섬으로, 면적 0.236㎢, 둘레 4.3km, 해발 42m이다. 비파섬이라고도 한다. 구성 암석은 화강암이다. 섬의 등마루는 해발 42m 되는 봉우리를 비롯한 4개의 봉우리가 연결된 산릉선으로 되어있다.

남쪽 해안과 동쪽 기슭에는 바닷물의 작용으로 이루어진 벼랑이 있는데, 그 높이는 5~15m이다. 소나무, 참나무, 오리나무, 싸리나무 등이 기본 수종을 이루고 있으며 이밖에 한해살이 식물도 많이 분포되어 있다. 뭍과 섬 사이에는 다리가 놓여 있으며 다리로부터 능선을 따라 도로가 뻗어 있다.

비파도 해수욕장은 나선시 신해동에 있는 해수욕장이다. 나선시 중심에서 동쪽으로 13km 떨어진 비파도를 앞에 두고 남쪽으로 전개되어 있는데, 천연 자원 그대로 풍치가 수려하고 물이 유난히 맑아 한번 들어서면 나오고 싶지 않다는 곳이다. 백사장과 구름다리로 연결된 비파 섬은 동서 방향으로 길게 누워 있어 얼핏 보면 육지와 연결된 반도 같기도 하다. 26)

비파도 해수욕장은 나선시를 대표하는 해수욕장으로 고운 백사장과 맑은 물로 유명하다. 해수욕장으로 한 번 들어서면 나오고 싶지 않을 정도로 수려한 풍경을 지닌 명승지이다. 특히 러시아, 중국과 가까운 곳에 있어 북한 현지 주민들보다는 외국인들이 많이 찾는 해수욕장이라고 한다.

"나선시 비파도는 물범 서식지, 이채로운 풍경"

2020년 1월 13일, 북한의 매체들은 "나선시 비파도는 물범 서식지, 이채로운 풍경"이란 제목을 달고 국제무역항으로 변신 중인 나선시 앞바다 비파도 수역의 물범 풍경을 보도했다.

북한의 대외용 선전 매체인 「오늘의 조선」은, "환경오염으로 인해 물범들의 생활영역은 점점 좁아지고 개체 수도 현저하게 줄어들고 있는 가운데 조산만 비파도에는 커다란 바위에 까만 점이 다문다문 박힌 물범들이 한가로이 누워 있다"라고 소개했다.

이어서 "육지와 연결된 길지 않은 다리를 건너 비파도 섬에 도착하면 마치 깊은 산속에 들어온 것 같은 감을 안겨준다."라며 "물범들이 절구통 같은 몸뚱이를 흔들어대며 바위를 기어가다가는 썰매 타듯 물속으로 쑥 미끄러져 내려 파도를 헤가르며 기운차게 나아가는 모습을 볼 수 있다"라고 설명했다.

이 지역 사람들은 "영리하고 민첩한 물범은 신선한 물고기만을 먹고 사는데 생태환경이 깨끗한 이곳이야말로 그것들의 더없는 요람"이라고 말했다. 27)

---

26) 「KBS-1TV」 '통일로 가는 길 타박타박 북녘땅 기행', 2014.9
27) 「오늘의 조선」 2020.1.13.

▲ 비파도의 물범

[비파도 해수욕장에 있는 5성급 엠페러 오락호텔]

엠페러 오락호텔은 비파도 해수욕장 뒷산 기슭에 있는 특급호텔이다. 나진시 당국이 자랑하는 비파섬 일대는 그동안 땅만 확보해 놓고 관망만 하던 홍콩인 투자가들이 본격적으로 호텔신축 공사에 들어갔다.

비파도가 내려다보이는 가장 전망이 좋은 곳을 위치한 이 호텔은 비파도 일대의 관광자원을 높게 평가한 홍콩의 엠페러호 그룹이 1억8,000만 달러를 투자하여 1998년에 지었다. 북한의 최고급 호텔로서 홍콩 엠페러호 그룹의 한자명을 따라 영황(英皇) 호텔이라고도 한다.

중국인과 러시아인 등 주로 외국인을 대상으로 하는 시설이다. 풍치가 수려한 바다 풍경에 면하고 있으며 특히 해수욕장까지 끼고 있어 커다란 주목을 받고 있다. 호텔 건물은 별장을 방불케 하는 3개 동을 중심으로 5개 동과 부속 건물로 이루어져 있는데, 총건평은 8,200㎡이다.

「조선향토대백과」, 평화문제연구소 2008

▼ 엠페러오락호텔 정면. 안영백 제공

미교포 허봉호의 북한 나진 비파도 방문기

『라선시의 거리는 새마을운동이 한창이던 1970년대의 한국을 연상하게 하였다. 라선 거리에서는 한가하게 오가는 사람은 거의 보이지 않았다. 많은 건물이 신축되고 있어 한눈에 경기가 좋아지고 있다고 보였다. 조그마한 섬은 해외 관광객 유치를 위해 상당한 공을 들이고 있었다.

이미 많은 중국인이 버스나 승용차로 여행을 오고 있었으며 홍콩 자본이 1억불 이상을 투자하여 세운 5성급 카지노 호텔은 자체 발전기를 사용하여서 전기가 부족한 북한에서도 불야성을 이루고 있었다. (중략)이 카지노 출입은 외국인만 허용이 된다는데 내가 본 모든 출입객은 중국 사람이었다.

2004년 중국 연변 자치구의 모 공무원이 미화 25만 달러가 넘는 정부 돈을 이 호텔 카지노에서 탕진한 이후 약 1년간 폐쇄되었다가 영업이 재개되었으나, 중국 정부의 관리 감독이 심하여 예전만큼 성황을 누리지 못한다고 설명했다.

숙소는 카지노 건너편에 있었다. '비파 민속여관'으로 향하여 가는 도로변에 중국인이 운영하는 전당포도 있었는데 카지노에서 돈을 탕진하고 나면 이곳을 이용한다고 한다. 민속여관은 전통 한옥으로 운치 있게 디자인되어 있으나 방에는 온돌 대신 일인용 침대 3개가 있었다.』

「한국일보」 2014.2.21

4) 알섬

"철새들의 낙원, 한반도 최북단 섬"

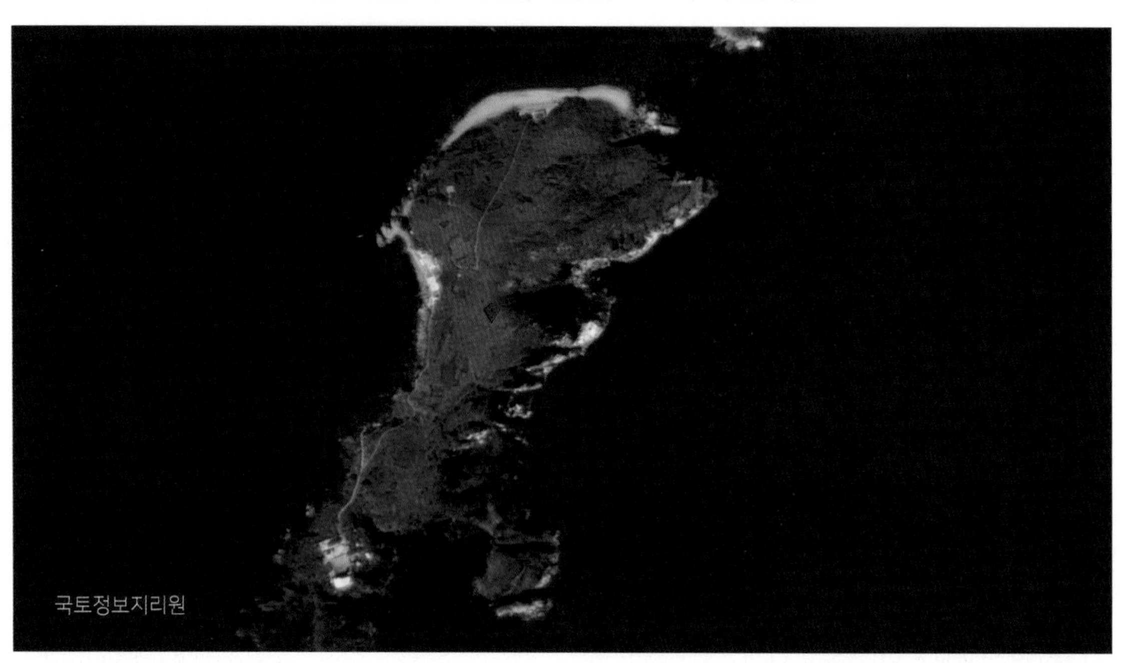

【개괄】 알섬은 나선시 우암리(우암각) 앞바다에서 남서쪽으로 5km, 선봉항에서 15km 떨어진 바다 가운데 있는 등대섬이다. 면적 0.166㎢, 섬둘레는 약 3.26km, 산 높이 66m이다. 섬의 길이는 남북으로 약 900m, 너비는 500m 정도이다. 섬이 너무 작아서 사람들의 관심을 끌지 못하다가, 1970년대에 들어와서야 세상에 알려지게 되었다. 북동부는 깎아지른 벼랑으로 되어있고 남서부로도 경사진 지형이다. 벼랑에는 수천 마리의 갈매기들이 모여들어 둥지를 틀고 서쪽 비탈면에는 땅 구멍을 파고 뿔 주둥이가 차지하며 바위벼랑 중턱에는 칼새, 바다가마우지, 작은 바다오리, 바다오리들이 둥지를 튼다. 그리하여 새들이 섬을 입체적으로 잘 이용하고 있다.

알섬은 바닷새들의 보호구로 지정돼 있는데, 북한 갈매기들 가운데서 수가 가장 많은 괭이갈매기를 비롯하여 흰 수염 바다오리, 가마우지, 붉은발바다오리, 바다오리 등 여러 종류의 바닷새들이 무리를 지어 모여든다. 특히 번식기인 5~6월에는 '새의 섬'을 이룬다….
「조선향토대백과」, 평화문제연구소 2008

선봉알선 바닷새 번식지는 우리나라 동물상의 다양성과 풍부성에 대한 학술연구와 나라의 풍치를 더 아름답게 하여주므로 철저히 보호하여야 한다. 1976년 10월 정무원 결정 55호에 의하여 바닷새 번식보호구로 설정되었다.섬 기슭에는 해당화가 많이 분포되어 있다. 옛날에 바다에서 외국의 침략과 위급한 상황이 발생하면 봉화를 올려 신호를 전했던 알섬 봉수가 있었고, 현재는 알섬 등대로 바뀌었다.

바닷새의 천국…. 라선시 `알섬'

북한의 월간잡지 「오늘의 조선(Korea Today)」 4월호에 따르면 동해안 최북단에 있는 알섬 바닷새 번식보호구는 천혜의 자연조건을 갖추고 있어 갈매기, 갈버지, 호구니 등 여러 종류의 바닷새들이 서식하고 있다. 여름철에만 번식하는 갈매기는 각종 풀로 둥지를 만들고 여기에 한 번에 2~3개씩 알을 낳는다. 해마다 6월 말이 되면 알에서 깨어난 새끼 갈매기들이 둥지를 박차고 나와 비상을 시작한다. 갈버지는 바다오리과에 속하는 조류로 붉은발 바다오리라고도 불린다. (중략) 호구니는 머리, 목, 날개가 검은색이지만 복부는 흰색이다. 겨울이 되면 머리 측면과 목 앞쪽이 복부처럼 흰색으로 변하는 것이 특징이다. 주로 여름에 번식하는데 몇천 마리씩 떼를 지어 알섬의 절벽 위에 알을 낳는다. 새끼들은 알에서 부화한 지 3~5주일이면 바다에서 헤엄을 칠 수 있을 정도로 빠르게 성장한다.

「연합뉴스」 2005.5.2

선봉군의 천연기념물'

라선시에는 알섬바다새번식지 외에도 천연기념물로 지정된 우암산 벚나무군락, 우암 물개가 있다. 우암산 벚나무군락은 선봉군 우암리에 있다. 이 산벚나무군락의 산벚나무 평균 높이는 7~10m이고 가슴높이 지름은 10~20㎝이며 나무갓의 너비는 4~6m이다. 이 군락은 우리나라에서 산벚나무의 가장 전형적인 자연군락으로서 그 분포상태와 군락적 특성을 해명하면서 중요한 의의가 있다. 우암 물개는 우암리 소재지로부터 동북쪽으로 12㎞ 떨어진 두만강에 가의 토리동에 그 알림 말뚝이 있다. 초가을과 봄에 많은 물개가 두만강 어구와 우암 앞바다에서 산다. 이곳은 우리나라에서 제일 큰 물개살이 터로 되고 있다. 물개는 그 생활습성이 특이하여 학술상 의의가 클 뿐 아니라 가죽을 비롯하여 경제적으로 매우 유익한 가치를 가지고 있는 짐승이다. 「북한지리정보」, 함경북도 1990

▲ 알섬의 다양한 생태계 사진들, (02) 북한 천연기념물 제340호로 지정된 알섬 바닷새 번식지. (03~04) 북한에 서식하는 갈매기 중 수가 가장 많은 괭이갈매기와 그 알둥지. (05~06) 우암리 앞바다의 바닷속 모습. 섬 주변에 전복, 조개, 멍게 등 갑각류가 많아 문어(05)가 서식하기 좋은 조건을 갖고 있고, 요오드 성분이 많은 다시마(06)는 알섬의 특산물로 유명하다. (07~09) 알섬에는 물범들이 사계절 내내 집단 서식하고 있다. 물범들은 휴식을 취하거나 먹이를 먹기 위해 바위에 걸터앉는다. (10) 우암리 앞바다의 석양 11 알섬의 북동쪽에는 깎아 지르는 벼랑이 장관을 이룬다. 「통일의 길」 2005년 9월호

[北 알섬분교, 섬 위의 '교육혁명'?]

아이들의 꿈과 희망이 자라는 곳, 바로 학교인데요. 북한에도 두메산골이나 섬 아이들을 위한 분교가 많다고 합니다. 특히 북한 사람들도 잘 모른다는 북한의 '알섬'에서는 단 한 명의 아이를 위한 수업이 진행되고 있는데요. 알섬 분교로 함께 가 보시죠.

〈녹취〉 리호국(알섬분교 4학년) "(우리 알섬은 어디에 있습니까?) 우리가 사는 이 알섬은 우리나라 제일 북쪽 한끝에 자리 잡고 있어요."

북한에서도 최북단에 위치해 잘 알려지지 않은 '알섬', 오늘도 어김없이 '알섬 분교'의 수업 종이 울립니다. 하지만 교실에는 단 한 명의 학생뿐, 다른 학생들은 어딜 간 걸까요?〈녹취〉 조선중앙TV : "이곳 선봉소학교 알선분교에서는 4학년생인 리호국 학생이 공부하고 있습니다. 평범한 등대원의 자식인 그가 분교의 유일한 학생입니다."

알섬에는 등대를 지키는 등대원 네 가족이 살고 있는데요. 이곳 분교는 등대원들의 가족을 위한 학교라고 합니다. '알섬 분교'의 전교생은 단 한 명뿐, 15년 동안 배출한 졸업생도 여섯 명이 전부인데요. 학생 수는 적지만 전자피아노는 물론 노트북 등 최신식 교육 자재들이 갖춰지어 있고, 답답한 교실을 벗어나 즐기는 체육수업과 현장학습까지. 육지의 학교 수업에 뒤처지지 않습니다.〈녹취〉 리은향(알섬분교 졸업생/라선시 선봉지구 선봉 초급중학교) : "저는 여기 섬 분교를 졸업하고 뭍에서 중학교에 다니고 있습니다. 봉사 배가 매일 드나드니 일요일에 집에 오는데, 그리고 섬마을 학생이라고 장학금까지 받으며 공부하고 있습니다."

현재 북한의 분교는 총 1,800여 개, 북한은 '교육혁명'의 목적으로 분교를 늘리고 있는데요. 김정은의 대표적 교육정책인 '12년제의무교육'의 성과로 업적 쌓기에 주력하는 모습입니다. 지금까지 '요즘 북한은'이었습니다.

「KBS」 "요즘 북한은"

북한 언론 속의 「알섬」

한 명의 학생을 위한 분교

- 라선시 선봉 알섬에서 -

「민주 조선」 2004.01.05. 특파기자

조국의 최동북단 바다에 있는 작은 바위섬인 라선시 선봉 알섬에 선봉소학교 알섬분교가 있다. 이 학교에서는 지금 한 명의 학생이 공부하고 있다.

선봉 알섬 등대는 1974년 10월 3일에 당국이 등대원들의 생활을 구체적으로 알아보고 난 다음 대책을 세운 곳이다. 알섬 등대 대원들과 가족들의 생활에서 조그마한 애로사항, 특히 섬 아이들이 공부를 어떻게 하는가 알려지게 되었다. 그래서 뭍에 나가 공부하는 알섬분교 학생들에게 장학금을 주어 공부하도록 하였다. 그때로부터 등대섬 아이들은 유학생이 되어 뭍에 있는 선봉소학교에 다니면서 마음껏 공부하며 자라나 자기의 희망을 꽃피웠다.

1990년대 말, 나라가 어려움을 겪고 있던 시기였지만 알섬분교에

▲ 알섬 분교와 등대

는 교육 자재들과 비품 수백 점들을 갖추어진 아담한 교사가 마련되어 소학교 전 과정을 마음껏 배우게 되었다. (중략)

행복이 넘치는 배움의 창가에서 공부하던 아이들이 몇 년이 지나 소학교 과정 안을 마치고 뭍에 있는 중학교로 유학을 떠나게 되었다. 그 결과 오늘은 등대장 이홍길의 아들인 일곱 살 리효성 학생만이 남아 소학교 1학년생으로 공부하게 되었다. 2년 전 이 분교를 최우등으로 졸업한 그의 누이인 이옥경 학생도 지금은 선봉 제일중학교에 나가 소문난 인재로서 등대섬의 자랑을 더 해 주고 있다.

그렇다! 이 세상 그 어디에 외진 등대섬에 한 명의 학생을 위해 수업 종을 울리는 나라가 있으랴! 이런 희한한 현실은 내 나라, 내 조국에서만 찾아볼 수 있는 숭고한 교육이며 또 하나의 선진 건설인 것이다.

▲【출처】통일부「북한 정보 포털」에 수록된「민주 조선」2004.01.05일 자 보도내용 재구성

알섬에 넘친 농구 열풍

「노동신문」 2004.07.11

망망한 바다 위에 우뚝 솟은 알섬에서 폭풍 같은 응원 소리가 터져 올랐다. 알선방어대 군인들의 농구 경기가 한창 고조를 이루었다. 능숙한 먼 거리 던져 넣기로 점수를 올리는 선수들이며 1대1 대인 방어로 상대방의 공격 기도를 좌절시키는 선수들, 빠른 발로 순식간에 달려들어 가 골 넣기를 성공시키는 선수들. 그뿐이 아니었다. 응

원자들도 선수들과 함께 경기장에서 뛰는 심정으로 열광적으로 손뼉 치며 응원에 열을 올리고 있었다.

바로 이날 김정은 동지가 알섬 방어대 군인들의 농구 경기를 몸소 보아주고 계시었다. 김정은은 만면에 환한 웃음을 지으시고 훌륭한 득점 장면이 펼쳐질 때마다 손뼉을 쳐 주시였다. 기쁜 마음으로 경기를 보아주신 김정은은 일꾼들에게 인민군대에서 농구를 계속 장려해야 한다고 하시면서 전 사회적으로 농구를 널리 보급해야 하며 응원하는 방법도 가르쳐주어야 한다고 말씀하시었다. 인민군 군인들이 펼친 하나의 경기를 보시면서도 온 나라에 농구 열풍을 안아오실 원대한 구상에 군인들은 이에 화답하여 열심히 농구를 즐겼다.
(후략)

▲【출처】통일부「북한 정보 포털」에 수록된「노동신문」2004.07.11일 자 보도내용 재구성

5) 적도(붉은 섬)

"이성계의 선조가 움막 생활하던 비석 앞에서"

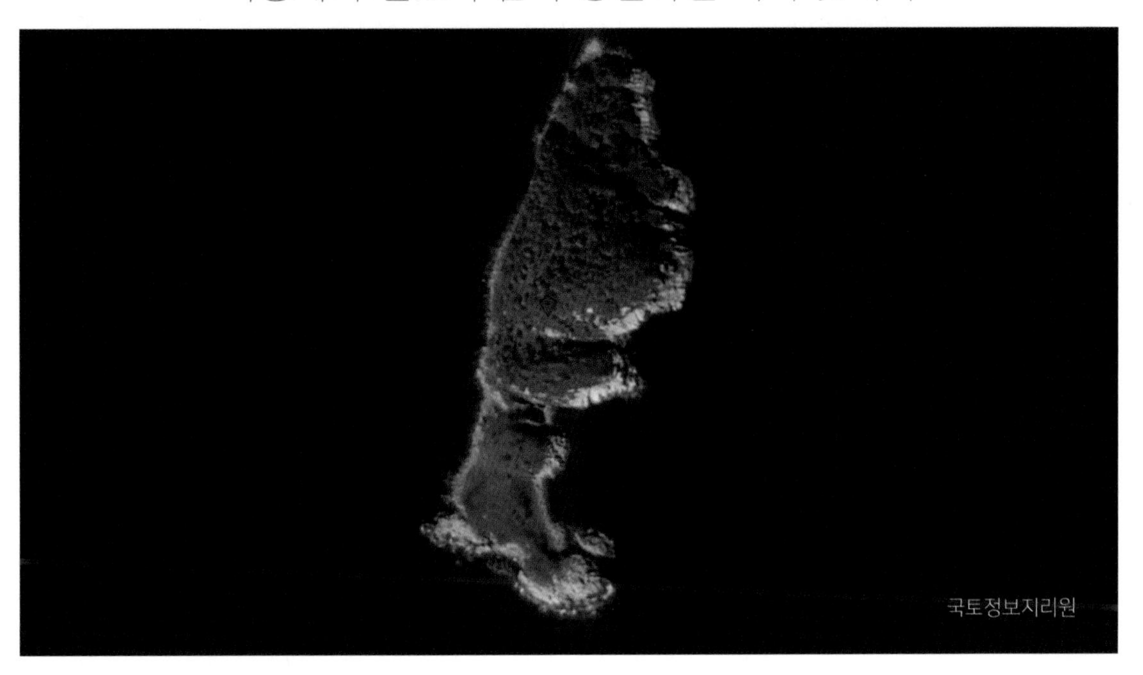

【개괄】 적도는 함경북도 나선시 굴포리 앞바다 조산 만에 있는 섬이다. 섬을 이루고 있는 암석이 붉은색을 띤 화강암이며 그것이 섬 아랫부분에서 드러나 있어 붉게 보이므로 붉은 섬 또는 적도라고 한다. 면적 0.107㎢, 둘레 1.95km, 해발 61m이다. 뭍에서 약 700m 정도 떨어져 있는 이 섬은 남북으로 길게 놓여 있으며 북부에서 남쪽과 동쪽으로 가면서 점차 낮아졌다. 섬 변두리는 굴곡이 심하며 바닷물결의 작용을 받아 바위들이 드러나 있을 뿐 아니라 절벽으로 되어있다. 섬에는 소나무와 참나무 그리고 약간의 세초(억새)들이 자라고 있다.

섬 기슭에서는 여러 가지 바다나물들이 자라며 주변 바다에는 청어, 임연수어, 오징어, 가자미, 섭, 성게, 미역 등 수산자원이 풍부하다. 섬 주변 바다에서 바닷가 양식이 대대적으로 진행되면서 붉은 섬은 세소어업의 기지로 이용되고 있다. 북한의 섬들은 그 이름들이 '붉은 섬'처럼 순우리말로 된 것들이 많다. 알섬, 붉은 섬, 비파도, 안섬, 큰돌섬, 꽃섬, 솔섬, 큰 섬, 괴도, 쌍섬 등이다. 이 섬에는 이성계의 선조 익조(翼祖)가 여진족에게 쫓기어 이 섬의 움막집에서 생활한 일이 있다는 사적을 새긴 어제기적비(御製紀蹟碑)가 있다. [28)]

굴포리 북한 최고의 자연호수 동번포, 서번포

나선직할시 선봉군 남동부에 있는 마을이다. 북쪽은 조산리, 부포리, 동쪽은 우암리, 서쪽은 홍의리와 접하며, 남부는 동해에 면한다. 지명은 예로부터 굴개라고 불리던 데에서 유래하였다. 북쪽에는 해발고도 200m가량의 산들이 솟아 있으며, 남쪽에는 충적평야가 펼쳐져 있다. 북한의 자연호수 중에서 가장 큰 서번포와 동번포, 만포가 있는데, 이곳에서 담수 양어 및 굴 양식이 이루어진다. 앞바다에는 붉은 섬(둘레 1.91㎞)이 있다. 경작지 중에서 밭이 98%를 차지하며, 주요 농산물은 옥수수·콩·감자 등이다. 이 지역에서 1960년대 초에 선사 시대 유적인 굴포리 서포항유적이 발굴되었다. 고등중학교·인민학교·병원이 있으며, 선봉읍까지의 거리는 20km이다. [29)]

한반도 육지에서 가장 동쪽에 있는 마을 우암리

굴포리에서 4km 정도 가면 우암리가 나온다. 동쪽은 두만강을 사이에 두고 러시아 연해주 지방과 접해있으며 서부와 남부는 동해에 면해 있다. 1981년에 웅기군이 선봉군으로 개칭될 때 웅기군 서수라리를 우암령이 있는 마을이라 하여 우암리라고 개칭하였다. 1993년에 나진-선봉시 선봉군 우암리로 되었고, 2000년에 나진-선봉시가 나선시로 개편되면서 나선시 우암리로 되었다.

28) 赤島陶穴 今人猶視 王業艱難 允也如此 붉은 섬 안에 움(움집)을 지금에도 뵈옵나니, 임금되는 일의 어려움이 참으로 이와 같으시니 [용비어천가 권제1 제5장]
29) 「두산백과」 두피디아

▲ 고장 난 북한의 목탄차

우암리는 북한에서 섬을 제외하고 육지 상으로 가장 동쪽에 있는 지역으로서 대부분 구릉성 산지와 벌로 되어있다. 남부와 동부지역에는 가축사육에 유리한 넓은 초지가 전개되어 있다. 해안에는 수산업발전에 유리한 포구가 여러 곳에 분포되어 있다. 두만강 어구에는 큰 섬과 녹둔도가 있는데, 큰 섬은 이 지역의 주요 곡물 생산지의 하나로 되어있다. 이 지역의 앞바다는 수산자원이 풍부하여 좋은 어장을 이루고 있다. 농경지에서 밭이 95%를 차지하고 있으며, 주로 옥수수, 콩, 감자 등과 가축 사료들을 재배하고 있다. 특히 축산업이 발달하여 있는데, 북한에서 젖소 사육량이 가장 많은 지역의 하나로 되어있다. 수산업에서는 물고기류와 다시마, 미역, 섭 생산이 큰 의의가 고 있다. 주요 업체로는 우암 젖소목장, 선봉 종합농장 우암 분장 등이 있다. 교통은 해안을 따라 원산~우암 간 1급 도로가 통과하고 있다.

한반도 육지에서 가장 동쪽 원래 섬이었던 우암리 오포단

▲우암리 농장

오포단은 함경북도 나선시 우암리에 있는 곶으로 바다로 뻗어 나간 우암 반도의 끝부분이다. 우암각이라고도 한다. 오포단은 원래 섬이던 것이 오랜 세월 두만강의 물길변화와 연안류의 퇴적작용 때문에 운반된 흙모래가 쌓여서 결국 육지와 연결된 전형적인 육계도의 곶을 이루게 되었다. 기반암은 화강암으로 되어있다. 오포단에서 육지 쪽으로 들어오면 해발 97m 되는 산이 있다.

단의 변두리는 파도의 작용을 받아 바위들이 드러나 벼랑을 이룬 곳이 많다. 오포단의 남서쪽 해상에는 등대섬으로 널리 알려진 알섬이 있다. 오포단 일대에서는 겨울철에 북서풍이 강하게 불고 여름철에는 동풍 또는 남동풍이 분다. 오포단은 조산만으로 항행하는 배들의 좋은 목표물로 이용되고 있다. 오포단을 통과하여 두만강을 거슬러 중국 훈춘 항으로 들어가고 사할린으로 가는 배들도 이곳을 통과하면서 반가운 등대를 만난다…. 31)

31) 「조선향토대백과」, 평화문제연구소 2008

02. 화대군

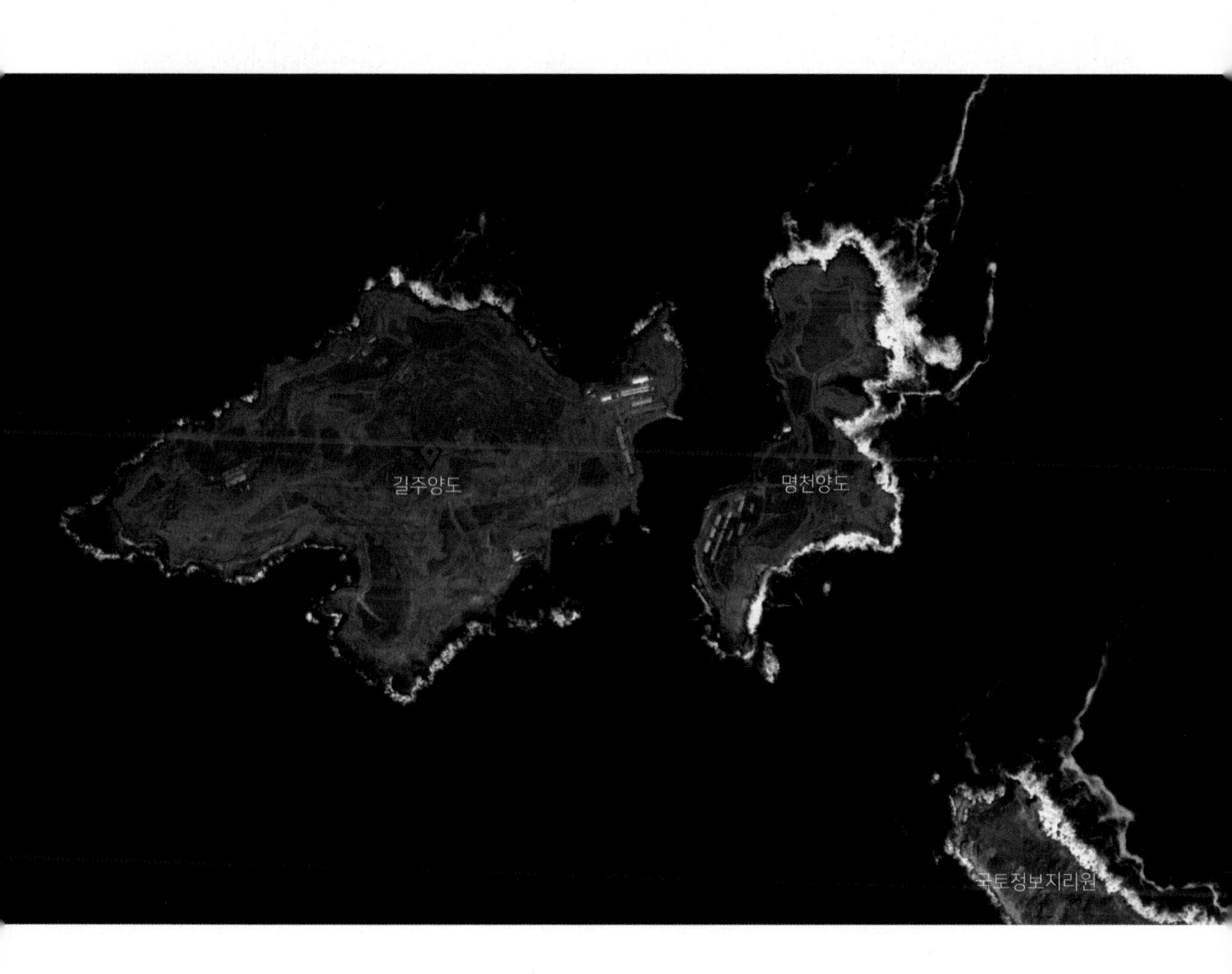

1) 길주 양도

"전략도서 확보를 위한 해병 대 양도 상륙작전"

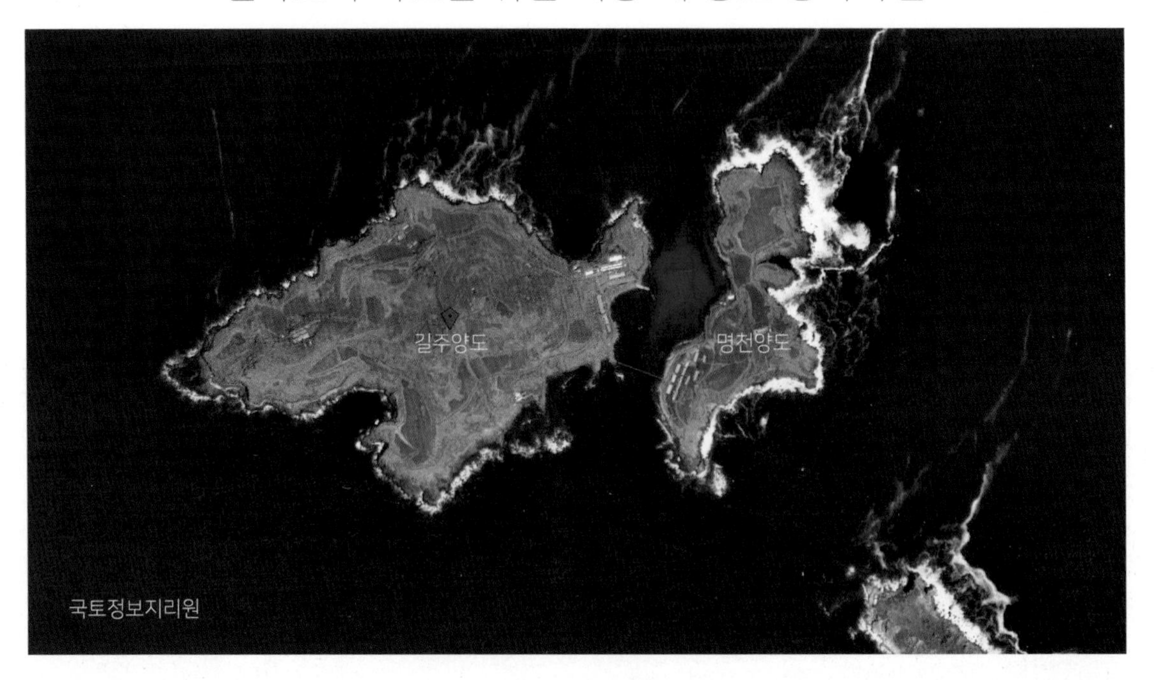

【개괄】 길주 양도는 해방 당시 행정구역상 함경북도 길주군 동해면 앞바다에 있던 섬으로, 길주 양도·명천 양도·강후이도 등 세 개의 섬으로 이루어져 있다. 길주 양도는 길주군, 명천 양도와 강후이도는 명천군에 속해 있었다. 현재 북한의 행정상으로는 모두 화대군에 속한다.

강후이도는 암석으로 된 무인도로, 전략적 가치는 떨어지나 상당한 해산물이 생산되는 곳이다. 본토에서 7km가량 떨어져 있는데, 양도 2개 섬의 면적은 1.2㎢, 강후이도의 면적은 0.175㎢이다. 인공위성 사진으로 세 개의 섬을 보면 삼 형제처럼 사이좋게 떠 있다. 비록 규모가 작은 섬이지만 주민들이 생활할 수 있는 이유는, 섬 안에 물 사정이 양호하고, 섬과 섬 사이에 천혜의 양항을 이루는 지형적 장점으로 마음 놓고 배를 댈 수 있기 때문이다. 강후이도는 비록 무인도이지만 바다 생물들과 생태계에 중요한 역할을 하고 있다.

바다에 사는 물고기들은 섬이 자기네들의 터전이요 집이요 밭이요 놀이터다. 주민들은 철 따라 이 섬에서 전복, 해삼, 미역, 돌김, 우무, 천초, 가사리 등을 채취하고 홍합과 고동을 잡는다. 그리고 바다에서 낚시와 그물로 고기를 잡아서 그것들을 내다 팔기도 하고 말려서 곡식과 생필품과 물물 교환을 하면서 살아갔다.

해병대 독립 43중대의 양도 작전

한국전쟁 시기인 1952~1953년 사이에 남한의 해병대가 길주 양도와 명천 양도에 주둔했다. 이 섬을 근거지로 해서 정보전과 유격 전사들이 게릴라전을 수행했을 만큼, 군사적으로 중요한 섬이었다. 동해에서 가장 북쪽에 있는 이 섬을 2년 동안 한국군이 점령했던 사실은 해병대 역사에서 매우 중요하다. 인천상륙작전 이후 해병대가 서해안의 주요 도서를 점령하며 제해권을 완전히 장악해 가고 있을 때, 해병대 독립 43중대는 함경북도 양도에 상륙했다. 제해권과 해상권을 완전히 장악하고 있는 것은 한국전쟁을 유리하게 이끌 수 있는 절호의 기회였다.

이 양도 작전을 통해, 동해상 전략도서들을 확보함으로써 해안 봉쇄선을 지키고 적의 후방 위협으로부터 벗어날 수 있었다. 양도 상륙작전은 한국전쟁 당시 해병대가 상륙했던 동해와 서해의 여러 도서 가운데 대승을 거둔 해병대의 7대 작전 중 하나로 알려져 있다. 양도에 주둔한 해병대는 정전협정 때까지 전략도서 확보 작전 임무를 충실히 수행하였다. 이 같은 활약은 북한과 인접한 서해5도인 백령도·대청도·소청도·연평도·우도가 한국군이 통제하는 밑거름이 됐다.

해병대 독립 43중대의 양도 작전 휴전 이후 양도를 포기할 수밖에 없었던 지리적 조건

한국전쟁이 시작된 이래 휴전까지 함

경북도인 양도를 비롯하여 서해안과 38선 근처의 황해도 도서 지역에서 북한군과 대치 중에 아군의 손해도 누적 결산해보면 상당했다. 이런 인적 물적 피해에도 불구하고 양도 등의 섬을 지킨 이유는, 일단 전선에 북한군과 중국군이 병력을 집중하지 못하고 각 섬의 대안에 분산하도록 유도함으로써 전력 낭비를 불러오려는 이유도 있었지만, 휴전 시 협상 과정에서 이득을 얻기 위한 측면이 컸다.

하지만 실제 휴전회담이 마무리되면서 사정이 달라졌다. 전시라면 몰라도 평시 상황에서 바닷길로만 속초에서 287km 떨어진 함경북도 양도에 군사 물자와 식량을 보급하는 것이 큰 문제로 대두되었다. 북한이 곳곳에 기뢰를 부설하여 수시로 보급선의 차단을 일삼았고, 고립된 섬에 병력을 계속 유지하는 것이 사실상 어려워지면서 서해5도를 제외한 섬에서 철수하기로 했고, 양도 역시 휴전 이후 북한령이 되고 만다….

▼ 한국전쟁 당시 바다에서 작전 중인 미국 군함

▲ 양도 상륙작전의 주인공인 해병대 독립 43중대 최청송 중령(좌측 네 번째)

▲ 2017년 6월 6일, 현충일을 맞이하여 이낙연 국무총리가 6·25전쟁에서 유격대원으로 활동하던 중 다친 김몽익 옹의 가정을 방문해 환담했다. 올해 96세인 김몽익 옹은 1951년 5월 전투 중 포탄 파편에 상처를 입었으나 치료 후에도 함경북도 양도 섬 상륙작전에 참여하는 등 특수작전을 수행하다 휴전 후 1953년 10월 전역했다. 김몽익 참전용사는 군번도 계급도 없는 비정규전 부대인 켈로부대(KLO:Korea Liaison Office)원으로 활동했으며, 파편을 우측 다리에 지니고 살면서도 6·25참전 사실을 인정받지 못하다가 46년의 세월이 흐른 1996년에야 정부로부터 참전 및 부상 사실을 인정받고 국가유공자로 등록됐다.「이북5도민신문」

▲ 세 번 군대 복무, 계급은 자랑스러운 '육군 일등병', 김봉림

▲ 남들은 요리조리 피할 궁리만 하던 군대를 세 번씩이나 간 사람, 그렇지만 그가 마지막으로 부여받은 계급은 '육군 일등병'. 김봉림(金鳳林) KLO 동지 회원의 파란만장한 인생역정이다. 10대 소년 시절, 홀로 월남한 후 KLO부대를 자원해 '군번 없는 용사'로 종횡무진 활약했으나, 전쟁이 끝나자 냉정한 사회는 '계급과 군번'이 없다고 그를 기피자로 낙인찍고 어두운 황야로 내몰았다. 뒤늦게 인정받고 정부에서 발급받은 <참전용사증서>는 무엇과도 바꿀 수 없는 가보(家寶)이고 잃어버린 청춘의 자랑스러운 발자취로 남았다.

섬 분교 학생들을 믿음직한 주인공으로

- 하대군. 사포소학교 양도분교 교사 최난숙 -

「교육신문」 2019.9.12.

제가 교사로 일하고 있는 양도는 지도에 저점으로 표시된 동해의 작은 섬입니다. 섬 분교에 진출하여 13년 간 교원 생활을 하였지만 가르쳐준 학생은 24명, 졸업시킨 제자는 불과 2명뿐입니다. 그런데도 당국은 두 해 전 9월 섬 분교와 최전방지대, 산골 학교들에 자원 진출한 전국의 교사들과 함께 저도 평양으로 불러 주시어 이 모임에 참석하게 되었습니다.

제가 섬 분교에서 교사 생활을 하는 과정에 얻은 경험은 우선 우리 교사들이 당국에서 바라는 곳에 깨끗한 양심을 가지고 언제나 변함없이 교단을 지키는 것입니다. 김정숙 교원대학을 졸업하고 배치받으러 갔을 때 저는 분교에 있던 교사가 뭍으로 시집을 가다 보니 섬 학생들이 공부를 못한다는 것을 알게 되었습니다. 생각에 생각을 거듭하던 저는 다음 날 담당 부서를 찾아가 섬 분교에 보내 줄 것을 요청하였습니다. 이렇게 되어 섬 분교에서 교사 생활을 시작하였지만, 그 과정은 절대 순탄치 않았습니다.

일부 학부모들은 19살 처녀 교사가 섬에 올 때는 무엇인가 목적이 있을 것이라고도 하였고, 또 어떤 사람들은 때가 되면 날아가는 철새일 것이라고 하면서 손님처럼 대하였습니다. 그럴 때마다 저는 흔들리는 마음을 다잡았습니다. 비록 평양과 멀리 떨어져 있어 외로워도 섬마을 아이들이기에 나라의 훌륭한 기둥감들로 키우는 것이 바로 저의 마땅한 도리라고 생각하고 섬 방어대 군관과 결혼하여 일생을 같이할 것을 결심하였습니다.

경험은 또한 분교에 실정에 맞는 새 교수 방법을 탐구하기 위하여 꾸준히 사색하고 노력할 때 학생들의 실력을 높일 수 있다는 것을 알았습니다. 우리 분교는 학생 수가 적어서 교사가 한 교실에서 각각 학년이 다른 학생들을 대상으로 복식수업을 진행해야 하였습니다. 그런 것만큼 교사가 높은 교육자적 자질 특히 능란한 교수 방법이 없이는 전 과정에서 응당한 성과를 거둘 수 없었습니다.

저는 평양 교원대학에서 공부하면서 서로 다른 학년의 학생들을 한 교실에서 동시에 가르치는 복식교수 방법에 흥미를 느끼고 그 방법을 터득하였습니다. 저는 과목들의 특성을 하나하나 따져 보면서 정해진 시간에 과목별 교수 목표를 원만히 달성할 수 있도록 낮은 학년이 국어 수업을 하면 높은 학년은 도화 공작수업을 하고 높은 학년이 수학 수업을 하면 낮은 학년은 사회주의 도덕을 가르쳐 주는 것으로 시간표를 작성하였습니다. 그리고 한 학년이 칠판을 이용할 때는 다른 학년은 교편물을 이용하여 새 지식을 체득하거나 이미 배운 내용을 활용하면서 실천 실기를 해 보도록 하였습니다.

이러한 교수 방법을 도입하는 과정에 수업 밀도를 보장하여 교수 목표를 얼마든지 달성할 수 있었으며 더욱이 학생들이 주동적으로 학습 능력 탐구 능력을 높여 나갈 수 있게 되었습니다. 저는 몸은 비록 외진 섬에 있어도 마음은 언제나 섬 분교 학생 모두를 나라의 믿음직한 주인공들로 키워나가겠다는 것을 굳게 결의합니다.

▲【출처】통일부 「북한정보포털」에 수록된 「교육신문」 2019.9.12일 자 보도내용 재구성

2) 명천 양도

"적진 한복판에 한국 해병대가 주둔한 이유"

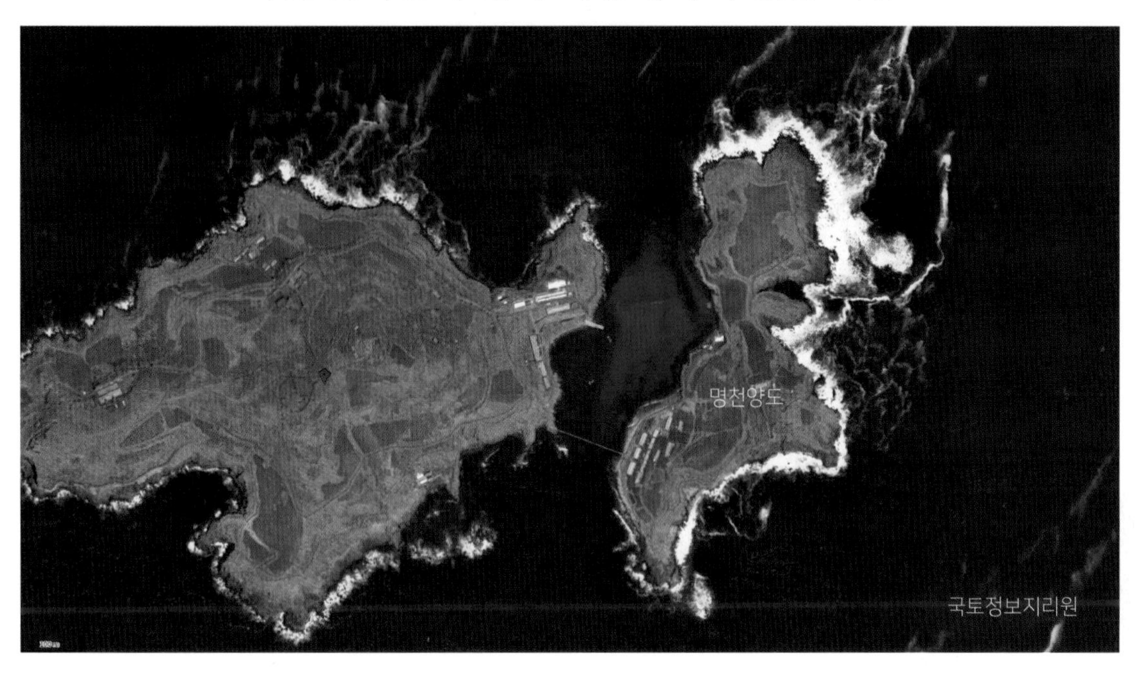

【개괄】 명천 양도는 해방 당시 행정구역상 함경북도 길주군 동해면(東海面) 앞바다에 있던 섬이다. 명천 양도는 길주 양도보다 약간 적다. 본토에서 7km가량 떨어져 있는데, 양도의 2개 섬의 면적은 1.2㎢, 강후이도의 면적은 0.175㎢이다. 길주 양도는 길주군, 명천 양도와 강후이도는 명천군에 속해 있었다. 현재 북한의 행정상으로는 모두 화대군에 속한다.

한국전쟁 당시 명천 양도의 전략적 가치

명천 양도는 한국전쟁 당시인 1952~1953년 사이에 대한민국 해병대가 주둔했던 의미 있는 섬이다. 한반도의 38선 근방에 있는 당시의 전선과는 달리 속초 북쪽으로 직선거리가

287km 거리에 있다. 이렇게 거리가 멀리 떨어진 적군의 한가운데 섬인 길주 양도와 명도 양도에 한국 해병대가 위험을 무릅쓰고 주둔한 이유가 있다.

북한 해군이 마음만 먹으면 상륙작전을 감행해서라도 이들 두 개의 섬을 점령했을 것이다. 이것은 그만큼 북한 해군력과 제공권이 빈약함을 스스로 드러내는 처사였다. 당시 UN군이 제해권을 완전히 쥐고 있었기 때문에 북한 지역의 깊숙이에 있는 섬 중 상당수를 장악할 수 있었다.

북한 해군은 전쟁 시작 당시부터 상대적으로 약했는데 미국 해군 전함들과 몇 차례 교전한 끝에 상당수의 군함이나 선박을 잃어버렸기 때문에 더욱 전력이 약화한 상태였다. 그래서 이들은 해상에서 UN군과 한국 해군과 싸우기보다는 연안에 기뢰를 부설하여 유엔군과 한국 군함을 파괴하는데 불과한 소극적인 대응을 할 수밖에 없었다. 북한은 해군력이 거의 손실되었지만 육지와 불과 7km 정도의 사이에 둔 양도 섬이었기에 북한 처지에서 보면 치욕스러운 일이요, 북한 처지에서 보면 함경북도 해안의 연해 길목을 차단당하는 것과 다름없었다.

비록 이들 부대의 도서작전은 전술적인 측면에서 중대 규모가 펼친 작은 규모의 후방작전에 불과할지 모르지만, 눈엣가시처럼 적에게 끼친 전략적인 효과는 엄청나게 컸다. 독립 43중대는 이 섬을 근거지로 삼고 정보전과 유격군의 활동을 돕는 전략적인 도서였다. 그래서 수시로 사령부에 날씨 각종 정보와 북한군의 움직임을 파악하여 보고하였다. 그래서 배가 아픈 북한은 딱 한 번 1952년 2월 20일 심야에 탈환하려는 공세를 취하였으나 한국 해병대가 치열한 공방전이 벌여서 이를 격퇴하였다.

전쟁이 시작된 이래 휴전까지 함경북도인 양도를 비롯하여 서해안 섬들과 38선 근처의 황해도 섬 지역에서 북한군과 대치 중에 아군의 손해도 누적 결산해보면 상당했다. 이런 손해를 무릅쓰고 양도 등의 섬을 지킨 이유는, 일단 전선에 북한군과 중국군이 병력을 집중하지 못하고 각 섬의 대안에 방위목적으로 분산하도록 해서 병력의 낭비를 부르게 하려는 이유도 있었으며, 휴전될 경우 협상 과정에서 이득을 얻기 위한 측면이 컸다.

그러나, 휴전회담이 마무리되면서 전시라면 몰라도 평시 상황에서 바다로만 속초에서 287km 떨어진 함경북도 양도에 군사 물자와 식량을 보급해야 하는 것은 문제가 많았다. 북한이 곳곳에 기뢰를 부설하여 수시로 보급선의 차단을 일삼았기 때문이다. 적중에 홀로 고립된 섬에 방위병력을 지속해서 유지하기 힘든 문제점이 있어서 북방한계선을 설정되었고 서해5도를 제외한 섬에서 철수하기로 하면서 양도도 휴전 이후에 북한령이 되고 만다.

만일 육지처럼 해상도 점령지인 원산만과 영흥만, 양도 일대에 NLL이 설정되었다면 적들이 느낄 곤혹감은 대단하였을 것이다. 원산만과 영흥만의 경우는 말할 필요조차 없지만, 함경북도 양도는 현재 북한의 미사일 기지로 유명한 무수단리 및 핵 실험 장소 부근이다. 그런데 아쉽게도 이러한 전과가 그동안 소홀하게 취급됐던 것도 사실이다. 아마도 휴전과 동시에 이들 요충지 섬들을 포기하고 철수하여 기억에서 사라져 버렸기 때문이 아닌지도 모르겠다. 만일 이 섬들을 아직 우리가 장악하고 있고 이곳까지 NLL이 선포되었다면 과연 어떠했을까? 서해5도가 현재 대한민국 안보에서 차지하는 전략적 위치를 고려한다면 쉽게 답이 나올 만한 이슈가 아닌가 생각된다.

해병대의 명인 기인 전

초대 독립 43중대장을 역임한 최청송 대령은 자신의 고향인 함경북도 명천 앞바다 양도에서 대승을 거두어 그 용맹을 고향과 해병대에 떨친 인물이다. 또한, 20세를 전후해서 전조선 스키대회에 출전하여 입상한 경력이 있었던 그는 자신이 해병대사령부 감찰관으로 있을 때 북한 출신의 후배 스키선수들로 해병대 스키팀을 창설하여 전국 체전에서 11년 연패의 대기록을 세우게 한 스키계의 대부격인 인물이다.

1920년 함경북도 명천에서 태어나 어릴 적부터 산골의 눈 덮인 산골을 누비며 스키를 탔던 최 씨는, 한국전쟁 당시 해병대 3대대 정보장교로 임명되어 인천상륙작전에도 참가했다. 그 후 사령부 보임과장으로 근무하다가 1951년 8월에 편성된 양도부대(독립 43중대)의 초대 부대장으로 임명되어 명천 양 도와 길주 양도에서 양도 작전을 성공리에 수행했다.

이에 혁혁한 전과를 거둔 양도부대 최청송 중위와 박격포반장 정진영 하사에게 을지 훈장과 미국 은성훈장, 1소대장 이영덕 상사에겐 을지 훈장, 선임 장교 황병호 소위에겐 미국 동성훈장이 수여되고 40명의 나머지 유공자 중 10명에게 충무, 30명에겐 화랑 훈장이 수여되었다. 양도 작전에 용맹을 떨쳤던 최청송 대위는 승진하여 해군부대 헌병대 차감(대장 김태숙)으로 발령을 받아 일했다. 예편 뒤에 극동건설 비상 기획관으로 근무했던 그는 지병으로 타계했다.

예비역 해병 중령 정채호, 「해병대 명인 기인 전」

[전투상황도로 보는 한국전쟁 해병대 주요 작전] 31)

대한민국이 위기의 순간에 놓였던 71년 전, 대한민국 해병대는 조국 수호와 국토 방위를 위해 분연히 일어나 수많은 전투에 참여, 피와 땀으로 이 땅을 지켜냈다. 선배 해병들이 전쟁과 치열한 전투 속에서 어떻게 대한민국을 지켜냈는지 주요 전투상황도와 함께 되돌아본다.

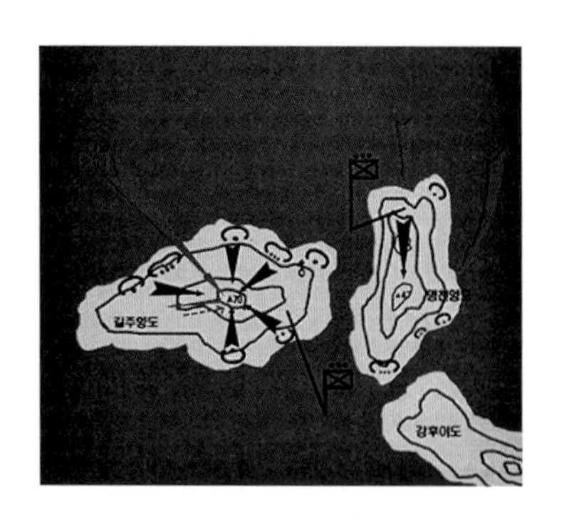

1. 통영 상륙작전(1950.8.17~9.22)
2. 인천상륙작전(1950.9.15.)
3. 도솔산 지구작전(1951.6.4.~20.)
4. 김일성·모택동 고지 작전(1951.8.30.~9.3.)
5. 함경북도 화대군 양도 작전(1952.2.20.~21.)

31) 「해병대신문」 2021.6.15.

▶ 작전 배경

대한민국 해병대는 동해안의 요충지 원산항을 제압하기 위해 여도를 위시한 각 도서에 이미 상륙했고, 서해안 주요 도서를 점령해 제해권을 완전히 제압하고 있었다. 독립 41·42중대가 동해·서해 도서로 발진하게 되자 이에 대한 보완책으로 신편 된 부대가 독립 43중대였다. 독립 43중대는 해안 봉쇄선을 연장하고자 하는 해군의 요청과 적의 후방을 위협하는 동시에 첩보 공작을 실시해 차기 작전에 대비하고자 1951년 8월 28일 양도를 무혈 점령했다.

▶ 참가 부대

- 아군 : 독립 43중대(중대장 최청송 중위)
- 적군 : 북한군 총사령부 직속 독립 63보병연대 특별대대

▶ 작전 경과

1952년 2월 20일 북한군은 목선(어선) 52척, 발동선 2척으로 길주 양도, 명천 양도에 기습 상륙을 시도했다. 독립 43중대 1소대(명천 양도)는 적 발동선 2척을 격침했다. 적 주력은 길주 양도 70고지 및 명천 양도 47고지를 점령했다. 해병대는 고지를 둘러싼 섬 주변 호 속에 포진해 진지를 사수했다. 적이 명천 양도 출신 첩보원 안내로 해병대 진지를 공격하자, 해병대는 집중 응사로 적을 고지에 집결시켰다. 적이 소기 목적을 포기하고 범선으로 도주 시작하자, 해병대는 집중사격으로 적 선박을 격침하며 적을 섬멸하고, 육박전 끝에 길주 양도 70고지도 탈환했다.

▶ 작전 의의

양도 작전은 중대장(소대장)의 탁월한 독단 지휘 능력으로 적 대대 상륙을 유인, 기습 공격으로 격멸한 뜻 깊은 작전이었다. 이 작전으로 동해상 전략 도서를 확보, 해안 봉쇄선 연장 및 적의 후방을 위협하는 효과를 가져왔다. 독립 43중대는 이후 부대개편 계획에 따라 양도부대로 개칭됐다.

▶ 작전 결과

- 전과 : 적 사살 83명, 익사 73명, 포로 14명, 15척 선박 격침
- 피해 : 전사 8명, 실종 2명
- 상훈 : 미국 은상·동성무공훈장(각 1명), 을지·충무·화랑무공훈장(41명)

3) 알섬

"북한 미사일 시험 발사 단골 섬으로 몸살"

【개괄】 알섬은 함경북도 화대군에 있는 섬이다. 면적은 0.071㎢, 섬 둘레 1.89km, 높이 54m, 경도 129° 33', 위도 40° 39'에 위치한 아주 작은 바위 섬이다. 쓸모없는 섬 같지만 지금 전 세계적으로 주목받고 있는 섬이 되었다. 육지와 불과 18k 떨어진 이 섬은 2022년 새해 들어서 6차례나 미사일 시험 발사를 하면서 거의 매주 미사일을 얻어맞은 불행한 섬이 되었다.

북한 노동당 기관지 「노동신문」은

22년 1월 28일 자 신문에서 북한 국방과학원이 앞서 장거리 순항미사일(25일) 및 지대지 전술유도탄(27일) 시험발사 현장 사진을 공개했다. 북한이 평양 순안비행장 일대에서 발사한 전술유도탄(KN -24 단거리 탄도미사일)과 이보다 앞선 15일 평안북도 철도 기동미사일연대 사격훈련 때 쏜 미사일(KN-23)도 모두 "조선(북한) 동해상의 섬 목표", 즉 '알섬'을 표적으로 삼았다. 노동신문은 "(27일 시험에서) 발사된 2발의 전술 유도탄들은 목표 섬을 정밀 타격했다"라고 보도했다.

미사일의 최종 타격 지점

21일 한국 정부의 소식통에 따르면 군은 함경북도 화대군 앞바다 알섬에 만들어진 돔형의 구조물이 올해 두 차례, 네 발의 단거리 탄도미사일 폭격에도 파괴되지 않은 것으로 보고 있다. 북한은 2020년 이곳에 가로와 세로, 높이가 10m인 콘크리트 구조물을 설치했다. 이 구조물에는 돔형 지붕이 얹혀있는데 당시 한미 정보당국은 북한이 통상 지어온 모형들과 달리 콘크리트 벽이 두껍다는 점에 주목했다. 미사일의 관통력을 향상한 테스트하기 위한 용도일 수 있다. 그러나 이달에 두 차례 발사된 단거리 탄도미사일이 이 구조물을 정밀 타격하는 데 실패한 것 아니냐는 관측도 제기된다.

북한이 특정 섬인 알섬을 미사일 발사 시험 때 목표로 설정하는 이유는 '실용적'이고 '효과적'이기 때문이다. 육지 해안에서 18km 떨어진 그리 멀지 않은 '알섬'의 경우 미사일의 파괴력을 바로 확인할 수 있고, 파편 등을 수거하기도 수월하다.

▲ (평양 노동신문=뉴스1) = 북한이 지난 27일 지대지 전술유도탄(KN-23 단거리 탄도미사일)을 시험 발사했다. 발사된 유도탄은 동해상의 해상 표적인 '알섬'을 타격했다. [국내에서만 사용 가능. 재배포 금지. DB 금지. For Use Only in the Republic of Korea. Redistribution Prohibited]

'배 잃은 어부 3명 절해고도에서 아사'

"정어리 떼를 쫓아서 강릉에서 함경도 성진까지 갔다가 조난해 무인도에서 1년 만에 시신으로 발견된 한 맺힌 소식도 있다. 강릉 납동에 살면서 정어리 떼를 따라 함경도까지 배를 타고 이동한 황경화(55)와 장남 팔룡(23) 부자 등 3명은 성진에 도착해 어획물을 내리고 돌아오던 중 폭풍을 만나 앞바다 '알섬(卵島)'으로 떠밀려갔다.

「동아일보」 1925.5.25

1925년 5월 25일 자 동아일보에 보도된 '배 잃은 어부 3명 절해고도에서 아사' 기사에 따르면 알섬은 원래 바다 물새 이외에는 아무것도 없는 곳. 비록 생명은 구했

▲ 북한이 17일 평양 순안공항 일대에서 발사한 단거리 탄도미사일 KN -24. 북한 조선중앙통신은 18일 "17일 동해상의 섬 목표를 정밀 타격하는 전술유도탄의 검수 사격시험이 진행됐다"라며 KN -24 발사 장면을 공개했다. 조선중앙TV 캡처

지만 먹을 것은 아무것도 없고 오직 새소리만 들리는 곳이었다. 배가 폭풍으로 파선되어 필사적으로 높은 파도 속에 상륙을 시도하여 성공하였으나 추위와 배고픔 때문에 사망하였다.

그 앞을 수천 수백 척의 범선과 기선이 지나며 왕래했지만, 이곳에서 굶주려 죽어가는 이들의 존재조차 알지 못하다가 이듬해 5월 20일에서야 바위 위에 나란히 얹힌 시신으로 발견돼 황씨 차남에게 인계됐다는 안타까운 소식이다. 그 당시 동해에 정어리가 매년 풍년이었다. 1930년대 중반, 어촌에서는 정어리를 잡는 어부들과 잡은 정어리를 손질하기 위하여 남성은 물론 여성, 노인들까지 노동 일당을 벌고자 이른 새벽부터 항구로 몰려들었다.

한편, 1935년 12월 12일 자 조선중앙일보 보도로는 영하 25도의 한겨울 추위에 일하는 여성 노동자들의 모습이 실렸다. 밤새도록 바다에서 배들이 정어리를 잡아 올 때를 기다리는 남녀노소 인파가 새벽 5시부터 항구에 와 있다. 매일 1원여를 벌기 위하여 품팔이하는 중이라는 기사와 '영하 25도의 속초항의 부인 노동군'제목 사진은 고단한 하루의 시작을 전한다.

폭풍에 밀려 죽을 줄 알고 제사 중에 본인 생환, 3주일이 지나도 소식이 없다가 돌아와

성진 - 성진군 학산면 은호동 김봉순(41세), 지난 11월 9일 오후 조그마한 목선에 홀로 몸을 싣고 싸룡 근해에서 고기잡이하던 중 일어난 폭풍에 밀려서 3주야를 알섬 난도 부근에서 표류하던 중에 때마침 그 부근을 지나던 수산 선에 발견되어 무사히 집으로 돌아왔는데 그의 집에서는 죽을 줄만 알고 사당을 만들어 제사를 지내는 중 뜻밖에 3주일이 되는 저녁에 돌아와 가족과 주민들은 꿈이 아닌가 하고 아연했다고 한다. 한편 사당을 부수고 제사에 마련한 음식으로 마을 잔치를 베풀었다는 재미있는 한 희극이 전개되었다고 한다.

「동아일보 1934.11.19.

Island in North Korea

두만강의 섬

1. 녹둔도 2.류다섬 3.매기섬 4.사회섬 5.온성섬 6.큰섬

두만강 유역과 두만강의 하중도

▲ 한반도의 북동부, 중국의 둥베이(東北) 및 러시아의 연해주(沿海州)와의 국경을 흐르는 강. 함경 서부선의 남양역에서 중국 간도의 투먼(도문)으로 이어지는 국제철도인 두만강 철교. 백두산 남동쪽 사면에서 발원하여 나진선봉직할시 선봉군 우암리에서 동해로 흐르는 두만강.

두만강의 길이는 547.8km, 유역면적 32,920㎢며 한국, 중국, 러시아의 국경을 흐른다. 두만강은 압록강(791㎞)에 이어 우리나라에서 두 번째로 긴 강이며, 두만강 유역에는 길이 5㎞ 이상 되는 하천이 150여 개가 있다. 한반도 북동부에서 한반도 최북단 강변 도시 무산, 회령, 종성, 온성, 경원 등을 거치며 중국과의 국경을 따라 흐른다. 두만강 상류에서 유선까지는 북동 방향, 유선에서 온성까지는 남북방향, 온성에서 어구까지는 남동 방향으로 흐르면서

동해에 이른다.[32)]

두만강 하류는 북한과 러시아를 사이에 두고 불과 약 16.9km 정도 국경을 서로 맞대고 있다. 러시아와 중국의 국경은 3,645km, 중국과 북한이 맞대고 있는 국경선의 길이는 1,416km이다. 이에 비교하면 북한과 러시아를 연결하는 두만강 유역은 짧고 좁지만 말 그대로 전략적이며 경제적인 요충지다. 3국이 마주치는 이 지역은 북한 나진, 중국 훈춘, 러시아 하산으로 대륙에서 두만강을 통하여 바다로 나오는 출구이자, 동해에서 대륙으로 들어가는 관문이기 때문이다.

■ 두만강의 단교

투먼과 온성은 두만강을 사이에 두고 건설된 도시이다. 온성군 국경 다리에서 하류로 20km 정도 내려가면 량수이진과 온성읍을 연결했던 끊어진 다리가 나타난다. 이 다리는 일본이 1937년 건설되었으며 다리의 길이는 525m이다. 1945년 8월 소련군의 추격을 막기 위해 일본군이 남하하면서 폭파하였다. 단교에서 하류로 조금 더 내려가면 훈춘 슈아이이완즈와 경원군 훈용리가 나타난다. 이곳에 또 하나의 끊어진 다리가 있다. 이 단교는 1938년 건설된 다리로 1945년 8월 소련군이 일본군 퇴로를 차단하기 위해 폭파하였다. 공교롭게도 두만강에는 해방 직전 단교 2개, 압록강에는 6·25 때 폭파한 단교가 2개가 있다.

두만강의 두 번째 단교에서 하류로 조금 더 내려가면 류다도라는 섬이 나타난다. 이 섬은 두만강의 퇴적작용으로 중국과 거의 붙어버린 것이다. 중국 땅으로 보이는데 실제 소유는 북한인 것이다. 두만강 하류의 녹둔도, 압록강 하류의 황금평 섬과 유사한 곳이다. 북한과 중국은 류다도를 경제개발구로 지정하였으며 북한과 중국은 호시무역구라는 공동시장 건설을 추진한 바 있다. 이는 오지 중의 오지에 있는 관계로 북한이 주민들의 접근을 막고 통제하기 쉬운 지역으로 알려져서 대외 개방지로 선호한다는 사실을 짐작게 한다.

---

32) 「북한지리정보」, 운수 지리 1988

류다도에서 하류로 조금 더 내려가게 되면 나선시 원정리와 훈춘시 취안허에 도착한다. 이곳이 북한과 중국을 연결하는 마지막 국경 대교가 두 개 있다. 하나는 1937년 건설되었고, 하나는 2015년 신설된 다리를 신두만강대교라 부른다. 이 다리는 북한의 경제특구인 나진 선봉으로 들어가는 길목이기 때문에 물자와 사람들의 통행이 잦은 곳이다.

신두만강대교에서 조금 더 내려가면 북한 중국 러시아 접경지점이 나온다. 북·중·러 접경 지역에 두만강 철교가 있다. 이 철교는 1951년에 건설되었으며 북한에서 러시아로 가는 국제열차가 이곳을 통과한다. 이 두만강 철교에서 17km를 더 진행하면 북한과 러시아의 국경이 끝나고 동해의 녹둔도와 큰 섬이 나타난다. 백두산 천지에서 발원하는 두만강은 동해에 도착하면서 그 여정을 마치게 된다.

■ 북한·러시아 국경조약

북한과 중국, 북한과 러시아의 국경조약은 서로 다른 것을 볼 수 있다. 1985년 4월 17일 체결된 북한과 러시아의 두만강 하류 17km의 구간 국경선은 두만강의 주 수로의 중간을 따라 하구까지 정해졌다. 북한과 중국 국경조약 압록강과 두만강의 수면의 너비로 결정과는 다르게 나타난다.

북한과 중국이 1962년 체결한 국경조약을 보면 "국경 하천은 두 나라가 공유하며, 공동으로 관리하고 이용하며 항행, 고기잡이, 강물의 사용 같은 것도 마찬가지이다."라고 되어있다. 국제적인 기준을 보면 하천 구간의 일반적인 국경 획정은 "주된 수로의 중앙선을 국경선으로 한다."라는 것이다. 이 원칙은 탈베크의 원칙이라고 하며 19세기 초에 확립된 개념이다. 그러나 북한과 중국은 압록강의 국경선을 획정하면서 이 원칙을 따르지 않았다. "수로의 중심을 지나는 선" 대신 "수면의 너비"를 기분으로 하고 국경 하천은 공유한다고 규정하였다. 러시아는 탈베크의 원칙을 따르는 것을 볼 수 있다.

■ 두만강의 하중도

두만강 상류에는 압록강처럼 경사가 급하며 여울과 폭포가 많다. 중류에서부터 완만하게 흐르면서 기슭에는 낮은 단구들과 침수지들이 있다. 두만강은 물길변화와 퇴적작용 때문에 이루어진 온성섬, 류다섬, 메기섬, 사회섬 외에 은계섬(隱溪-), 벽신포섬(闢新浦-), 증산섬(甑山-), 큰섬, 녹둔도를 비롯하여 크고 작은 모래섬이 있으며 어귀에는 삼각주가 형성돼 있다.

두만강에 있는 섬 중에 137개가 북한에 109개는 중국에 속한다. 참고로 압록강과 두만강에는 모두 451개의 섬과 모래톱이 있다.

「연합뉴스」 2008.11.28.일 자에 의하면 압록강에 205개, 두만강에 246개 섬이 있는데 조중변계조약 자료를 분석한 결과 압록강에 있는 섬과 모래톱 중 127개가 북한에 속하고, 78개가 중국에 속한다. 두만강의 섬과 모래톱 중 137개가 북한에, 109개가 중국에 속한다. 북한이 더 많은 섬과 모래톱을 차지한 것은 북한 주민들이 섬에서 농사를 짓거나 거주했기 때문이라고 국경조약에 나와 있다.

북한에 귀속된 압록강 섬은 11개 두만강 섬은 한 개에서 거주민이 있는 것으로 나타났다. 중국은 압록강에 두 개 섬, 두만강에 한 개 섬이 중국령으로 거주민이 있다. 두만강 유역 일대는 산림의 94%가 성숙림이다. 상류 지역은 분비나무·가문비나무·전나무·잎갈나무 등의 침엽수림, 중·하류 지역은 잎갈무·소나무·참나무·오리나무·사시나무 등의 혼합림으로 되어있다. 어종으로는 두만강 고유종인 두만강 야레를 비롯하여 산천어·연어·송어·황어·잉어·붕어 등이 많다.

■ 오염된 두만강

두만강 상류의 무산(茂山)지역은 철광석, 중류의 회령군과 하류의 아오지는 갈탄 산지가 있어 이 지역은 북한에서 손꼽히는 지하자원 지대를 이룬다. 또한, 수량 자원도 풍부하여 무산에서 회령에 이르는 중류부는 뗏목 수송에, 하구에서 85km까지의 하류부는 수운에 이용되고 있다. 압록강처럼 11월 하순부터 3월 말까지 추운 겨울로 결빙하여 뗏목은 그사이를 피하여 봄까지 기다렸다가 운송되었는데, 지금은 무산선·백무선(白茂線) 등 삼림철도의 개통으로 불편을 덜게 되었다. 우리에게 친숙한 추억의 두만강은 어느 가수의 노랫말처럼 '눈물 젖은 두만강'에는 푸른 물에 노 젓는 뱃사공이 있었다.

가고 싶어도 더 갈 수 없는 두만강은 한민족의 반만년 역사와 눈물과 아픔을 그대로 담고 있는 강이 바로 두만강이다. 그러나 이제는 두만강 유역에서 북한의 공업화로 인한 오염으로 두만강에 더 푸른 물은 볼 수 없다. 두만강에서 각종 물고기를 잡아서 반찬과 생계를 이어가던 어부들도 사라진 지 너무나 오래다.

2001 두만강 녹색 순례 최종보고서

한국과 중국의 민간환경단체인 녹색연합과 연변록색연합회는 2001년 6월 18일부터 24일(6박 7일)까지 두만강을 답사하는 '2001 두만강 천리 녹색 순례'를 진행했다.

❶ 개산툰 화학 섬유펄프 공장과 하류에 있는 석현 종이공장과 더불어 중국에서 두만강에 흘러드는 산업폐수의 90%를 차지하고 있다. 중국 정부가 2000년까지 정화시설을 갖추지 못한 공장에 대해 폐쇄 명령을 내려, 실제 연변과 두만강 유역의 소규모 화학, 제지 공장이 속속 문을 닫았다. 수질 개선을 위해 공장을 폐쇄를 고집하면 당장 1만 명이 굶어 죽을 판이다. '환경'에 대한 고려와 먹고사는 '생존'의 문제가 부딪히는 지점이다.

❷ 무산 철광이 흐르는 두만강은 마치 연탄 몇 트럭 분을 강물에 부어 휘저어 놓은 것 같은 잿빛이다. 아시아 최대의 철광 산지는 한 해 생산능력

이 5백만 톤인데, 철 함량도 높아 100kg의 암석을 채굴하면 65kg의 철을 얻을 정도다. 인수동에서 만난 김일룡(53)씨에 따르면 두만강에 돌가루 물이 내려오기 시작한 것은 1969년부터라고 한다. 그때 당시 두만강은 천지만큼이나 새파랬고, 말십조개와 뱀장어가 강바닥에 깔린 자갈만큼이나 많았다고 한다. 조개는 1973년 이후로 완전히 자취를 감췄다.

❸ 개간과 벌목으로 인한 토사 유출

북한의 다락 밭은 쳐다보기만 해도 아찔하다. 산꼭대기까지 벌목하고 밭을 일구었다. 도대체 저렇게 높은 곳에서 어떻게 농사를 짓나 싶을 정도이다. 아직도 벌목을 하고 있고, 이젠 거의 다락밭들이 산림을 야금야금 갉아먹어서 더 이상 개간을 할 곳도 없어 보인다. 대소8대에서는 북한에서 화전을 일구기 위해 난 불이 두만강을 넘어와 중국 쪽의 마을과 산을 태웠다. 그래서 현재 집을 잃은 사람들을 위해 중국 정부가 임시텐트를 지어준 상황이었다. 다락 밭에서 유출된 토사가 강바닥을 높이고, 토사가 강 하구에 퇴적됨으로써 해양 생태계 파괴도 가속화되고 있다. 큰비라도 온다면 산사태와 토사 유출이 심각할 것으로 보인다.

세계의 모든 강의 하류에는 하중도가 있는데 특히 북한은 개간과 벌목으로 인한 토사 유출로 인하여 압록강과 두만강 하류에 수많은 하중도가 생겨났다. 특히 압록강의 황금평은 중국과 완전히 붙어버렸다. 북한의 비단섬도 점차로 중국 쪽으로 붙어가고 있다. 두만강 하류의 녹둔도 역시 퇴적작용 때문에 러시아로 붙어서 지금 러시아 땅으로 변해 버렸다. 두만강 하류에 있는 류다섬, 온성섬은 개발을 위하여 계획 단계까지 왔지만, 지금은 소식이 감감하다. 그 이유 중 하나는 관광지 개발과 공업 단지를 개발하는데 푸른 강과 맑은 물이 두만강의 오염으로 사실상 무산 위기에 빠진 것이 아닌가 한다.

두만강은 우리 민족 역사의 발원지였으며 불과 1백여 년 전만 해도 간도 지역이 우리 영토에 속했으며 일제 강점기에는 독립운동의 중심지였다. 두만강 유역은 우리 민족의 생활 터전으로 한반도의 지정학적 위치에서 특수한 위치를 점하고 있다. 이 지역은 한반도 전역과 만주와 러시아 연해주를 포함하는 동북아시아의 온대림 중심부로서 식물 자원의 공급지이자 생태계의 보고인 셈이다.

두만강을 중심으로 반경 500km 원내에서 자라는 한국 소나무와 활엽수 중심의 원시림은 울창한 열대 우림에 비교되는 세계적인 생물 다양성 지역이다. 두만강은 천연의 풍경과 역사의 고적지이며 잠재력이 크다. 두만강의 관광자원은 상류의 기암과 깊은 골짜기, 울창한 산림이 우거져 있어 삼림욕과 함께 곳곳에 있는 성곽, 전적비, 요새, 퇴적으로 이루어진 자연이 섭리인 온성섬, 류다섬, 큰섬, 녹둔도 등 모두 것이 우리에게 교육의 장이 되기도 한다.

2001 「두만강 녹색 순례 보고서」

▲ 중국 도문 북한 국경선

▲ 중국 북한 러시아 국경 도시

1) 녹둔도(鹿屯島). 러시아 영토

"피땀 흘려 개척했던 선조들의 눈물만 남아"

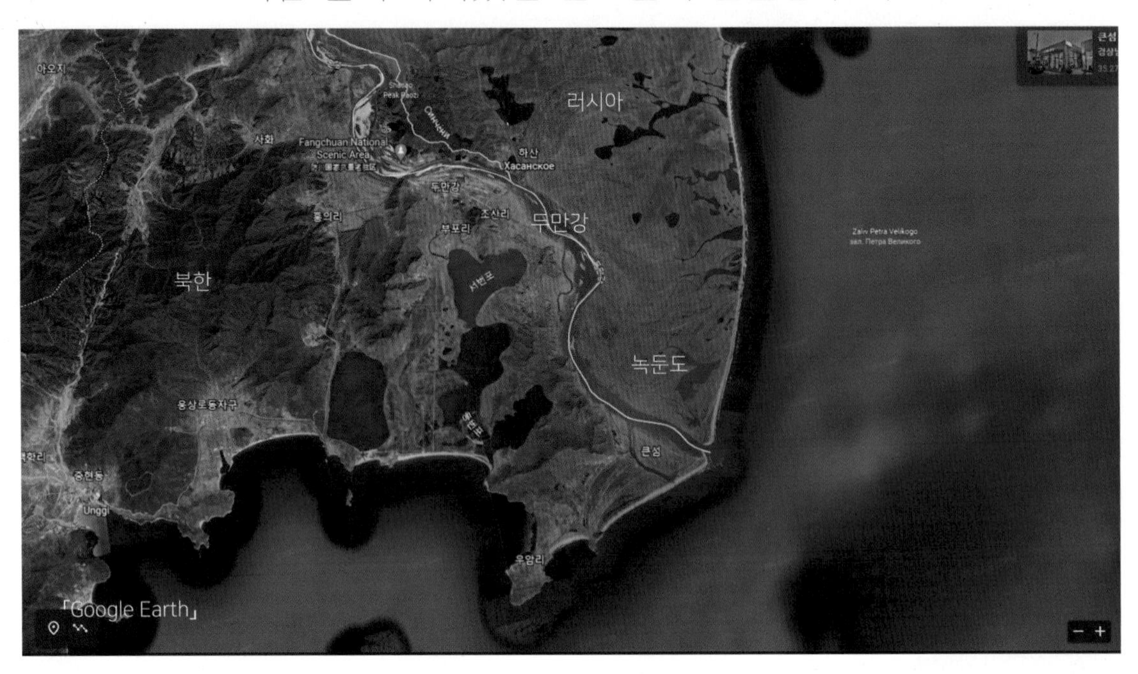

녹둔도(鹿屯島)는 조선 시대에 경흥부 소속 두만강 하구에 존재했던 섬이다. 본래 이름은 사차도였다. 퇴적토로 이루어진 섬이었으나, 두만강의 퇴적작용으로 인해 땅덩어리가 연해주 쪽 방향으로 붙어버렸다. 퇴적작용으로 연륙 되었다는 점은 압록강 하구의 황금평과 비슷하다. 녹둔도는 둘레가 8km 남짓 되고 면적은 약 4㎢이었던 것으로 추정된다.

녹둔도는 조선 태조가 개척한 이래 400여 년간 조선의 영토였으나 영·정조 시대 이후 두만강의 퇴적작용으로 녹둔도의 북쪽이 연해주와 연결되고 1860년(철종 11년) 청나라가 러시아와 베이징 조약을 맺으면서 러시아에 넘겨진 후 현재까지 러시아의 영토로 남아있는 땅이다. 조선 말 혼란한 조정 상태로 제대로 된 관리가 이뤄지지 않아 파악되지 못하다가, 뒤늦게 이 사실을 알게 된 고종이 1889년 청나라에 항의하면서 반환을 요구했지만 이뤄지지 않았다.녹둔도는 1984년 11월 북한과 소련 당국자 사이의 국경회담에서 다시 관심을 모았지만, 미해결 상태로 남았다. 이후 한국이 1990년 러시아 측에 섬의 반환을 요구하였지만 성사되지 못하였고, 당시 북한이 구소련과 국경조약을 체결하면서 베이징 조약을 그대로 이어받음으로써 녹둔도가 러시아 영토임을 인정해 준 셈이 돼 버렸다. 이후 러시아는 2004년 북한 접경의 국경 강화를 이유로 녹둔도 남쪽에다 제방을 쌓아 이 섬에 대한 실효적 지배를 유지하고 있고, 지금은 러시아 군사기지가 이곳에 자리 잡고 있다. [33]

두만강 하구 녹둔도의 위치 비정(批正)에 관한 연구 <요약>

기록에 의하면 조선조까지 녹둔도는 두만강 하구에 있는 섬으로 북방 방어의 전초기지였으며 경흥 지방의 주민들이 개척한 경작지가 넓어 선조 때 일시 둔전도 설치되었던 우리의 영토였다. 조선 후기 러시아로의 連陸과 북경조약으로 인해 부당하게 러시아 영토로 귀속되었지만, 스탈린에 의한 강제이주가 있기까지 녹둔도 일대는 여전히 우리 선조들의 삶의 터전이었고 실질적인 우리의 영역이었다.

지금은 두만강의 범람과 퇴적작용으로 하구의 지형이 크게 바뀌어 녹둔도 본래의 모습을 알 수 없으나, 옛 기록을 근거로 한 현장 탐구 결과, 논밭의 이랑, 집터, 연자방아 등 우리 선조들의 자취를 확인할 수 있었다. 특히 조선 초기에 구축된 토성으로 추정되는 구조물을 확인함으로써 초기 녹둔도의 정확한 위치를 가늠해 볼 수 있을 것이다.
이옥희, “두만강 하류 지역의 자연경관 생태와 토지이용 연구”, 2003

한반도 밖에도 영토가 존재한다?

대부분 한반도의 최북단을 떠올리면 ‘압록강’과 ‘두만강’을 떠올리게 되는

33) 「시사상식사전」, 지식엔진연구소

데, 실제 두 강을 경계로 중국과 러시아의 국경을 이루고 있기에 원론적으로 보자면 우리 헌법의 영토 조항인 한반도와 그 부속 도서를 한다는 말은 일면 타당하다고 할 수 있다. 하지만 시간이 흐르면서, 퇴적층의 변화와 함께 우리의 영토가 중국 쪽에 붙어버리는 상황이 발생하게 된다. 바로 '비단섬'과 '황금평'의 사례다.

중국과 북한이 맺은 '조중변계조약(1962)'에 따라 압록강과 두만강을 경계로, 강에 있는 '하중도' 역시 그 소유가 명확하게 구분되었다. 이때 북한의 소유였던 곳이 바로 '비단섬'과 '황금평'으로, 그 위치는 중국 단둥시의 아래, 서해에서 압록강으로 들어서는 입구다. 그런데 조약을 맺을 당시만 해도 섬이었던 이곳은 시간이 지나며 점차 퇴적층이 쌓이다 중국 쪽으로 붙어버리게 된다. 그런데도 조약에 따라 '비단섬'과 '황금평'은 북한의 땅으로 인정되고 있어, 향후 통일 과정에서 '비단섬'과 '황금평' 등 중국 쪽에 붙은 영토에 관한 관심이 필요하다.

이와는 반대로 우리의 영토였지만 러시아의 영토로 변해버린 사례가 있는데, 바로 두만강 하구에 있는 '녹둔도'다. 흔히 녹둔도라고 하면 이순신과 녹둔도 전투를 떠올릴 만큼 우리에게는 익숙한 곳으로, 1586년 조산보 만호로 임명된 이순신은 이듬해 녹도 둔전 사의를 겸직하기도 했다. 또 녹둔도는 조선 때 제작된 지도에서도 어렵지 않게 찾을 수 있는데, 〈해동지도〉를 비롯해 〈대동여지도〉 등에서 찾을 수 있다.

하지만 '녹둔도'로 퇴적층이 쌓이면서 연해주 쪽으로 붙어버렸다는 점에서 흡사 '비단섬'이나 '황금평'과 유사한 사례라고 할 수 있다. 그런데 문제는 청나라와 러시아 간 베이징 조약(1860)에 의해 연해주가 러시아 땅으로 귀속되고, 이때 '녹둔도' 역시 러시아로 넘어가 버렸다. 당사자가 아닌 타국이 마음대로 우리 영토를 줘버린 사례로, 우리로서는 억울할 만한 내용이다.

「오피니언타임스」 김희태 2018.9.10.

역사학자 이이화, 압록강에서 두만

강까지 34)

세계화·정보화 시대에 국가 간 경계는 엷어지고 있다. 통합을 가속하고 있는 유럽연합은 내년 초 단일헌법 채택을 앞두고 있다. 반면 아시아는 '분쟁' 중이다. 인도와 중국은 육지 국경선을 놓고 신경전을 벌이고 있으며 남중국해에서는 인접 국가 간 해상 영토 싸움이 한창이다. 한반도의 변경은 어떨까. 최근 '백두산 탐방단'을 이끌고 압록강에서 두만강까지 둘러본 역사학자 이이화 씨의 국경 답사기를 싣는다.

(중략) 우리의 첫 탐방길인 압록강 왼쪽에는 압록강 입구에 있는 비단섬에서부터 호산산성 아래, 수풍댐 옆, 린장과 장백조선족자치현 언저리(건너편 북한의 혜산진과 보천보)에 이르기까지 철조망이 새로 처져 있었다. 못이 드문드문 박힌 철조망은 너무나 맑은 압록수와 기묘한 대조를 이루고 있었다.

게다가 천지의 남파와 서파에도 철조망을 쳐놓고 출입 엄금의 푯말을 세워놓았다. 2007년부터 시작돼 금년 봄에 마무리했다는데 탈북자를 막으려는 것인지, 앞으로 벌어질 국경분쟁을 사전에 막으려는 조치인지 알 길이 없다.

이 대목에서 북한과 중국의 조·중 국경 문제를 간단히 살펴보자. 1712년 청나라는 정복 전쟁을 서남쪽으로 활발하게 전개하면서 백두산 경계 문제를 들고나왔다. 그리하여 백두산 남쪽에 정계비를 세웠다. (중략) 1908년 청은 멋대로 백두산정계비보다 훨씬 남쪽을 국경으로 긋고 1909년 일본과 이 국경선에 따라 간도 신협약을 맺었다. 그래서 삼지연 바로 위쪽까지 국경선이 되었다. 일제 당국은 그 대가로 남만주철도 부설권과 푸순 탄광 개발권을 거머쥐면서 아무런 이의를 제기하지 않았다. 1962년 북한과 중국은 정식으로 국경조약을 맺었다. 그 결과 국경선 1369㎞를 확정했고 강기슭의 섬과 모래섬은 육지와 가까운 곳과 거주 주민의 비율에 따라 각기 자국의 영토를 결정짓기로 하고 국경의 강은 공동으로 관리하기로 합의했다. 6개월 동안 실측 조사를 한 끝에 백두산 천지는 북

34) "못 박힌 철조망 앞에서 간도·녹둔도를 기억하다", 「경향신문」 창간특집, 2009.10.5.

한 영유 54.5%, 중국 영유 45.5%로 갈랐고 모두 451개의 섬 중에 중국 영유 187개, 북한 영유 264개로 확정했는데 면적으로는 북한이 6배 정도를 확보했다. 또 요소에 국제 배를 세우고 출입국 관리소는 15곳을 두게 했다. 여기에서는 토문강 논쟁은 접어두고 두만강 상류로 국경을 확정했다.

간도의 룽징을 가로질러 흐르는 해란강은 투먼에서 두만강으로 합류한다. 투먼은 북한의 온성군 남양을 통하는 다리가 있고 다리 양쪽에 15곳 중의 하나인 출입국 관리소가 있는 곳이다. 현재 이곳은 두만강 지역에서 가장 많은 사람과 물자가 왕래하고 있다. (중략) 두만강 상류로 올라가는 작은 도시인 경신에는 북한과 통하는 출입국 관리소가 있으나 역시 초라했다. 길가에 근래 안중근 의사가 거처하면서 동지를 모았던 고가가 복원되어 눈길을 끌 뿐이다.

경신을 지나 중국의 변경인 방천으로 다가가자 새로운 철조망이 펼쳐져 있었다. 바로 중국과 러시아의 국경을 표시하는 표식이었다. 방천의 전망대로 올라갔다. 전망대 언저리에는 1860년 러시아에 영토를 내준 역사적 사실, 토계 비를 중심으로 국경에 대한 설명 등 돌비들이 늘어서 있다. 중국인의 경각심을 불러일으키려는 의지가 엿보였다. 거대한 세계의 제국 중국이 열강에 시달린 끝에 종이 한 장에, 유럽의 다뉴브강 주변보다 더 큰 영토를 내주었으니 너무나 안타까운 일이었을 것이다. 오늘날의 연해주를 포함한 러시아 동남부 시베리아 영역이다. 그래서인지 우리 일행의 비디오 촬영을 금지하는 감시 군인의 눈초리와 손짓은 매서웠다.

두만강 철교 바깥에 아스라이 절벽과 동해가 보였는데 바로 그곳이 녹둔도가 위치한 지점이다. 녹둔도는 삼각주로 이루어진 섬으로, 옛 기록에는 섬 둘레 2리, 수면에서 10자쯤 되는 섬이라 했다. 여의도의 두 배쯤 된다는 기록도 보인다. 세종 시기 6진을 개척한 뒤 녹둔도라 부르면서 군사를 주둔시켜 전진기지로 삼았다. 처음에는 군사를 주둔시켜 여진의 침입을 막으면서 주민은 낮에 농사를 짓고 밤에 돌아오게 했는데 차츰 주민을 이주시켜 19세기에는 민가 110여 호에 인구 822명이 살았다.

이곳 주민들은 농사와 어업과 소금 제조로 생계를 이었다. 1860년 청은 북경조약을 맺으면서 녹둔도마저 러시아에 넘겨주었다. 1990년에는 북한과 러시아가 새 국경조약을 맺었고 2008년에는 국경선 협상을 벌이기도 했다고 한다. 현재 러시아에서는 핫산 언저리 32㎢를 군사지역으로 설정하고 출입을 통제하면서 제방을 쌓고 있다 한다. 우리의 진로는 여기에서 막혔다. 녹둔도를 먼발치에서도 바라볼 수 없었다. 녹둔도를 절대 잊지 않겠다는 다짐으로 만족하며 발길을 돌릴 수밖에 없었다.

녹둔도를 아십니까?

▲ 분단의 비극 속에 녹둔도에 대한 기억이 사라져 가고 있다. 1990년 대한민국 서울 주재 러시아 대사관에 녹둔도 반환을 건의해 보았지만 거부당했다. 북한 지역의 영토라서 대한민국이 영향력을 발휘하기 어려운 상황이다. 하지만 분명한 것은 언젠가는 되찾아야 할 우리의 땅이다. 불의한 힘에 밀려 빼앗긴 영토와 주권, 안타깝게도 한반도는 아직 분단국가이기에 그 아픔의 소용돌이 속에서 회복시키지 못한 역사의 슬픔이 여전히 남아있다. 이 모든 아픔과 슬픔을 당당히 털어낼 수 있는 그 날이 빨리 찾아오기를 기원해 본다..

「시민사회신문」, 2018.11.30.

녹둔도 승전대 비석

녹둔도는 이순신 장군도 왔던 곳인데, 두만강의 퇴적작용으로 러시아와 닿으면서 지금은 러시아 땅이 돼 버린 모래섬이다. 이순신 장군이 무단으로 침입한 여진족을 물리치면서 세운 승전대비라는 비석이 녹둔도 건너편인 나선시 조산리에 있다. 승전대비는 애국 명장 이순신 장군이 일찍이 북쪽 국경선의 조산만호 겸 녹둔도 둔전관으로 있을 때 성 방비를 강화하고 침입해 오는 여진족들을 물리쳐 나라의 국경을 믿음직하게 지켜낸 사적을 적은 비석이다.

1586년 조산만호로 임명된 이순신 장군은 성을 굳게 방비하였는데, 이듬해 가을 대다수 주민이 녹둔도 둔전의 가

▲ 우리 선조들은 피땀을 흘리며 땅을 개척해 녹둔도에 터를 잡았다. 현재 옛 녹둔도로 추정되는 평원의 갈대숲과 모래톱은 황무지로 퇴적되면서 넓은 육지가 돼 버렸다. 늦가을 방문했을 때 주변의 호숫가는 앙상하게 말라버린 연잎과 갈대들로 무성했다.

「박재완의 기찬 여행」 함경도 녹둔도 탐방, 2014.12.12

을 추수를 나간 사이 여진족들의 기습이 있었다. 이때 불과 10여 명의 군사가 용감히 싸워 과감히 물리치고, 이어 적진의 소굴로 쳐들어가 적들을 소탕하여 다시는 침범하지 못하게 하였다. 후세에 이곳 녹둔도 주민들은 여기에 기념탑을 세우고 그와 인접한 산봉우리를 승전봉이라고 하였다.

그 후에 이순신 장군의 5대 후손인 이관상이 관북지방 절도사로 부임해 와서 이 탑을 없애고 그 자리에 이 비를 세웠다. 비는 너비 1.18m의 장방형 받침돌 위에 높이 약 1.6m의 대리석 비몸을 세우고 그 위에 합각지붕의 비머리를 올린 것이다. 비의 앞면에는 '승전대'라고 쓰고 뒷면에는 이순신 장군의 당시 공적과 이 비를 세우게 된 내력을 적었다.

▲ 녹둔도사건[鹿屯島事件] 비석 1587년, 여진족이 두만강 하구의 녹둔도를 공격하다. 1587년(선조

새별군

SHUAIWANZI VILLAGE
G12
QIHUDONG
Ying'an Shazhou
英安沙洲
Ying'andao
英安岛
LAOHUDONG
FUMIN 3 TEAM
富民三队
YINGXIN VILLAGE
英新村
Guangming Residential District Office
光明街道办事处
YING'AN TOWN
英安镇
WANGJIATUOZITUN
王家坨子屯
82nd Shangshazhou
八二上沙洲
FUMIN VILLAGE
富民村
BAERZHONGSHAZHOU
八二中沙洲
FUMINER TEAM
富民二队
BAER VILLAGE
八二村
82 Xiashazhou
八二下沙洲
「Google Earth」
동상

2) 류다섬·柳多島

"버들 우거진 두만강가에 낚싯대 띄우고"

류다섬(柳多島)은 함경북도 새별군 류다섬리(옛 안농리, 해방 당시 경원군 안농면 금희동과 신개동)의 동부에 있는 두만강의 하중도이다. 35) 북한의 우리 민족 강단에 소개된 유다섬은 1.854㎢, (559,625평) 섬 둘레 8km, 동서의 너비는 2.1km, 남북의 길이는 2.4km이다. 경도 130° 13', 위도 42° 46' 에 있다. 두만강 본류의 동쪽에 있으므로, 섬의 동쪽 둘레가 중국의 영토에 둘러싸여 있다. 북한과 중국 접경 지역인 두만강과 압록강은 우기에 많은 양의 비가 오면 섬과 사주(모래톱)가 계속해서 지형 변화를 일으킨다. 이 두 지역의 섬 귀속 문제가 양국 간 고질적인 갈등 요소가 되고 있다. 대표적인 예로 압록강 하구의 섬인 황금평이 오랜 퇴적으로 중국과 국경이 맞붙어버렸다.

35) 하중도(河中島)는 하천에 있는 섬으로, 강의 유속이 느려지면서 퇴적물이 쌓여 강 가운데에 만들어진 섬을 말한다.

두만강 하구에서도 류다섬의 일부 지역이 두만강을 사이에 두고 중국 국경과 맞대어 붙어있다. 북한이 경원 경제개발구로 지정한 경원군 류다섬은 중국이 개발을 제안하였으나, 아직은 소식이 잠잠하다.

[북한에서 소개하는 류다섬]

함경북도 새별군 동부리에 있는 리. 북부는 경원읍, 서부는 성내리, 남부는 랍동리와 맞닿아 있으며 동부는 두만강을 사이에 두고 중국 훈춘 현과 마주하고 있다. 류다섬리에는 항일혁명 투쟁 시기 위대한 수령 김일성 동지께서 국내에 진하시어 불멸의 업적을 남기신 류다섬 혁명 사적지가 있다.

류다섬은 남쪽은 좁고 동서가 길며 서부는 물매가 느린 구릉지대로 중부는 벌로, 동부는 섬으로 되어있다. 동부로는 중국과 국경을 이루는 두만강이 흐른다. 이 지역에서 두만강은 두 갈래로 갈라져 흐르다가 다시 합쳐져 흐르며 그사이에는 예로부터 버들이 많은 곳이라고 하여 류다섬으로 불려온 섬이 이루어져 있다. 이 섬은 두만강의 물길변화 퇴적작용 때문에 이루어진 섬으로서 둘레는 8km, 동서의 너비는 2.1km, 남북의 길이는 2.4km이다. 산림은 없고 90% 이상이 부침 땅으로 되었다. 그 가운데서 논이 41% 밭이 56%, 과일밭이 15%를 차지한다. 주요 농산물은 벼, 강냉이, 남새, 담배 등이다. 벼는 중국 벌지대에서, 강냉이, 담배, 과일은 서부 지역에서 많이 난다. 동부 류다섬에도 강냉이와 남세를 많이 심는다.

리에는 중학교, 소학교, 병원이 있다. 리 가운데로는 함북선 철길과 온성-경원-경흥사이 자동차 길이 지나며 동쪽으로 중국 훈춘 현으로 가는 자동차 길이 있다. 군 소재지 경원까지는 3km이다.

「우리 민족 강단」

▲ 북한 류다도 혁명 사적지

류다 섬과 중국 훈춘

녹둔도는 이순신 장군도 왔던 곳인데, 두만강의 퇴적작용으로 러시아와 닿으면서 지금은 러시아 땅이 돼 버린 모래섬이다. 이순신 장군이 무단으로 침입한 여진족을 물리치면서 세운 승전대비라는 비석이 녹둔도 건너편인 나선시 조산리에 있다. 승전대비는 애국 명장 이순신 장군이 일찍이 북쪽 국경선의 조산만호 겸 녹둔도 둔전관으로 있을 때 성 방비를 강화하고 침입해 오는 여진족들을 물리쳐 나라의 국경을 믿음직하게 지켜낸 사적을 적은 비석이다.

1586년 조산만호로 임명된 이순신 장군은 성을 굳게 방비하였는데, 이듬해 가을 대다수 주민이 녹둔도 둔전의 가을 추수를 나간 사이 여진족들의 기습이 있었다. 이때 불과 10여 명의 군사가 용감히 싸워 과감히 물리치고, 이어 적진의 소굴로 쳐들어가 적들을 소탕하여 다시는 침범하지 못하게 하였다. 후세에 이곳 녹둔도 주민들은 여기에 기념탑을 세우고 그와 인접한 산봉우리를 승전봉이라고 하였다.

그 후에 이순신 장군의 5대 후손인 이관상이 관북지방 절도사로 부임해 와서 이 탑을 없애고 그 자리에 이 비를 세웠다. 비는 너비 1.18m의 장방형 받침돌 위에 높이 약 1.6m의 대리석 비몸을 세우고 그 위에 합각지붕의 비머리를 올린 것이다. 비의 앞면에는 '승전대'라고 쓰고 뒷면에는 이순신 장군의 당시 공적과 이 비를 세우게 된 내력을 적었다.

▲ 중국 훈춘항

▲ 사타자통상구의 중조국경다리 류다도교 / 자료사진

훈춘 사타자통상구를 거쳐 조선 류다도로 산책 관광을 할 수 있게 되었다. 관광팀은 훈춘시 중심과 14km 떨어진 사타자통상구의 류다도교를 거쳐 조선 경내에 들어섰다. 류다도교는 1936년에 건설, 425m 길이에 너비가 6m 되는데 오랜 세월 속에서 교면은 이미 자갈들이 노출되여있다. 관광팀은 20분가량 걸어 조선 경원통상구 검사청사에 도착했다.

거기서 절차를 마친 관광팀은 조선 칠보산 여행사 분사의 가이드를 따라 서쪽을 향해 걸었다. 아스팔트 길을 따라 양옆으로 보이는 옥수수밭, 콩밭, 잎담배 밭과 건물을 지나 약 500m 되는 로정을 걸어 버드나무, 소나무, 홰나무 등 큰 나무들이 우거진 숲속에 도착했다. 숲속의 공기가 유난히 청신하다. 어떤 백양나무는 지름이 1.5m 정도 된다…. 소개에 따르면 류다도 행정구역은 조선 함경북도 경원군 류다도리에 속한다. 통상구에서 1000m 떨어진 류다도는 두만강이 강골을 바꾸면서 조선국토 내로 진입해 흘러 원 강골과의 사이에서 2.43㎢ 정도로 생성한 섬인데 버드나무가 유난히 많아 류다도(柳多島)라 이름 지어졌다고 한다.

류다도에는 1933년 3월, 김일성이 유격 전투를 지휘하고 생활하던 유적지인 《류다도혁명사적지》 및 유격대 숙영지가 있다. 관광팀은 유적지를 돌아보고 조선 민가도 참관할 수 있다. 혁명사적 밀림처에서 서쪽으로 500m 나가면 두만강 언제에 닿는데 관광객들은 두만강 낚시터에서 잠깐 낚시체험도 할 수 있다. 점심을 마치고 관광팀은 조선 소년 아동들의 문예 공연을 관람하고 귀로에 오른다. 홀가분하고 즐거운 이국 산책 관광이었다.

「길림신문」 2015.7.28.

국경도시 훈춘 (1) 사타자통상구-조선 류다도「관광記」

훈춘 사타자통상구를 거쳐 조선 류다도로 산책 관광을 할 수 있게 되었다. 관광팀은 훈춘시 중심과 14km 떨어진 사타자통상구의 류다도교를 거쳐 조선 경내에 들어섰다. 류다도교는 1936년에 건설, 425m 길이에 너비가 6m 되는

데 오랜 세월 속에서 교면은 이미 자갈들이 노출되여있다. 관광팀은 20분가량 걸어 조선 경원통상구 검사청사에 도착했다.

거기서 절차를 마친 관광팀은 조선 칠보산 여행사 분사의 가이드를 따라 서쪽을 향해 걸었다. 아스팔트 길을 따라 양옆으로 보이는 옥수수밭, 콩밭, 잎담배 밭과 건물을 지나 약 500m 되는 로정을 걸어 버드나무, 소나무, 홰나무 등 큰 나무들이 우거진 숲속에 도착했다. 숲속의 공기가 유난히 청신하다. 어떤 백양나무는 지름이 1.5m 정도 된다…. 소개에 따르면 류다도 행정구역은 조선 함경북도 경원군 류다도리에 속한다. 통상구에서 1000m 떨어진 류다도는 두만강이 강골을 바꾸면서 조선국토 내로 진입해 흘러 원 강골과의 사이에서 2.43㎢ 정도로 생성한 섬인데 버드나무가 유난히 많아 류다도(柳多島)라 이름 지어졌다고 한다.

류다도에는 1933년 3월, 김일성이 유격 전투를 지휘하고 생활하던 유적지인 《류다도혁명사적지》 및 유격대 숙영지가 있다. 관광팀은 유적지를 돌아보고 조선 민가도 참관할 수 있다. 혁명사적 밀림처에서 서쪽으로 500m 나가면 두만강 언제에 닿는데 관광객들은 두만강 낚시터에서 잠깐 낚시체험도 할 수 있다. 점심을 마치고 관광팀은 조선 소년 아동들의 문예 공연을 관람하고 귀로에 오른다. 홀가분하고 즐거운 이국 산책 관광이었다.

「길림신문」 2015.7.28.

국경 도시 훈춘 (2) - 훈춘서 1시간 만에 중국인 관광객에 북한 통행증 발급

국경 도시 훈춘 (3) - 훈춘, 단둥보다 더 열심히 대북경협 거점으로 개발 중

중국 훈춘이 새로운 대북 교역 중심지로 떠오르고 있다. 훈춘시는 올해도 북한과의 경제협력을 위한 기반 사업을 활발히 진행하면서, 함경북도 경원군 류다도에 호시무역구 건설 사업을 시작했다.

류다도는 버들이 많은 섬이란 뜻이다.

▲ 중국 지린성 연변조선족자치주 훈춘시의 취안허통상구. 중국 「두만강 일보」에 따르면 지린(吉林)성 공안청 출입경 관리국은 중국인의 북한 관광 관련 절차를 지원하기 위해 연변조선족자치주 훈춘(琿春)시의 취안허(圈河)통상구에 출장소를 운영키로 했다. 이에 따라 중국인 여행객들은 이곳에서 신분증만으로 일회용 국경 통행증을 발급받아 북한에 입국, 관광을 즐길 수 있게 됐다. 훈춘시는 국경관광 활성화를 위해 북한 1일~3일 관광상품을 포함해 훈춘~북한 류다섬(함경북도 경원군), 훈춘~북한 자가용 관광 등 다양한 관광상품을 개발해 선보이고 있다.

▲ 중국 훈춘시 팡찬 전망대에 들어선 북·중·러 3개국 국기모형, 「연합뉴스」, 2018.6.8

3일 미국의소리(VOA) 방송에 따르면 중국 훈춘시는 최근 인터넷 홈페이지에 현재 진행 또는 추진 중인 물류 기반시설 구축 사업을 공개했는데 먼저 류다도 호시무역구 건설 사업을 이달 초부터 시작한다고 밝혔다. 두산백과에 따르면 호시무역은 쌍무무역이라고도 하는데 상대국의 생산품을 사주는 동시에, 그에 상당하는 자국 생산품을 파는 무역으로 일반적으로 서로가 무역을 확대균형으로 이끌어 가기 위하여 연간 품목별 수출입액을 정하고, 그 범위 내에서 제한 없이 수입허가를 하며, 일정 지불기일에 결제하는 청산계정 방식을 취한다.

무역자유화의 관점에서는 과도기적 방법으로 취급된다. 북 행정구역상 함경북도 경원군에 속하는 류다도는 섬 대부분이 북의 영토인데 북측과는 넓은 두만강을 끼고 있고 중국과는 좁은 두만강을 사이에 두고 있다.

류다도는 훈춘시 중심부에서 가깝고 현재 중국에서 섬으로 가려면 중국 사타자 세관을 거쳐야 한다. 중국에서 북의 영토인 류다도로 들어가는 다리와 류다도에서 북 육지로 넘어가는 다리가 연결되어 있다. 또 두만강변 북-중간 물류 이동의 중심지인 중국 취안허 세관 내 종합검사소와 부속시설을 세우기 위한 설계가 끝나고 시공사 입찰이 3월 말 진행된다….

「자주시보」, 2017.3.4.

국경 도시 훈춘 (4) - '한 뼘의 땅'에서 막힌 중국의 꿈

인류가 벌인 참혹한 전쟁의 역사는 한 뼘의 땅을 서로 차지하려던 작은 분쟁에서 비롯된 경우가 많다. 대한민국과 같이 상대적으로 좁은 영토에서 사는 사람들은 "단 한 뼘의 땅도 소중하지 않은 곳이 없다"라는 말을 자주 입에 올린다. 이처럼 영토 수호에 대한 결연한 의지를 다지거나, 국토의 소중함을 일깨울 때 쓰는 관용구인 '한 뼘의 영토'가 실제로 존재한다. 한반도에서 엎어지면 코 닿을 거리에 있는 중국 지린(吉林)성의 조선족 자치주에 그런 곳이 있다.

지린성 훈춘(琿春)시 중심가에서 차

를 전세해 40~50분쯤 달렸을 무렵, 운전기사가 길 양편을 가리키며 이렇게 말했다. "이 도로 왼쪽은 러시아 땅이고, 오른쪽은 북한 땅입니다." 아닌 게 아니라 철조망이 쳐진 경계선들이 좁은 도로의 양쪽으로 한눈에 들어왔다. 왼쪽 철조망은 중국과 러시아의 국경선이었다.

오른쪽 철조망 너머로 덤불이 우거진 강기슭에는 두만강 푸른 물이 굽이져 흐른다. 백두산에서 발원한 두만강의 물길은 북한과 중국의 영토를 가르며 동쪽으로 흘러간다. 이곳은 동해로 들어가기 직전의 하류여서 상류에 비하면 강폭이 상당히 넓지만, 맞은편 북한 나선(나진·선봉)시의 노동자 구역이 빤히 건너다보였다.

북·중 국경선은 두만강의 중심을 따라 그어졌지만 그건 지도상의 표시일 뿐, 실제로는 강변에 쳐진 철조망이 국경선 노릇을 하고 있었다. 직접 찾아가 본 북·중·러 세 나라 접경지대의 국경선 모양은 이처럼 기묘했다. 양쪽 철조망 사이에 뚫린 한 뼘의 도로, 정확하게는 폭 8m가량의 도로가 러시아와 북한 영토 사이에 뾰족하게 삐져나온 채 "여기는 중국 땅"이라고 소리치고 있다. 휴대전화를 꺼내 지도를 보니 훈춘시 팡촨(防川)촌 양관핑(洋馆坪) 인근이란 표시가 떴다.

두만강은 발원지에서부터 줄곧 북한과 중국 사이의 국경선 역할을 하다 동해로 흘러들기 15㎞ 전부터 북한과 러시아와의 국경선으로 바뀐다. 중국으로선, 자국 영토가 동해를 지척에 두고 더 뻗어 나가지 못한다는 사실은 대단히 안타까운 일이다. 동해로 나가는 길이 봉쇄돼 있음을 뜻하기 때문이다.

두만강 하구는 입지 조건으로 볼 때 대단한 요충지라 할 수 있다. 한반도와 중국 동북지방, 러시아 연해주가 맞닿아 있는 곳으로 한국의 부산과는 750㎞, 일본 니가타(新潟)와는 850㎞ 거리에 있다. 중국이 말하는 출해권(出海權)은 바로 이 두만강 하구를 통해 동해로, 더 나아가 태평양으로 나가는 권리를 말한다….

이 출해권이야말로 중국이 오래도록 갈망해온 꿈이다. 중국은 애초부터 동해와 인연이 없었던 것일까? 중국은 그

▲ 중국 지린성 훈춘시 팡찬촌 양관 핑 인근 폭 8m가량의 도로는 '한 뼘의 땅'으로 불리는 중국과 북한, 러시아의 영토가 만나는 꼭짓점으로 이어진다.'한 뼘의 땅'은 줄잡아 1㎞가량 계속 이어졌다. 자동차를 계속 달리니 국경선이 이 도로에서 점점 더 멀어져 갔다. 중국 영토가 한 뼘의 도로에서 조금씩 넓어지기 시작한 것이다. 그러다 어느 순간 더 이상 접근할 수 없는 막힌 곳이 나타난다. 그곳이 바로 중국과 러시아, 북한 세 나라의 영토가 만나는 꼭짓점이다. 하지만 실제론 3국의 접점에 다다르기 전에 사람과 차량 통행이 더 허용되지 않았다.

렇지 않다고 주장한다. 19세기 이전에는 연해주까지 중국 영토 혹은 활동 영역에 포함돼 있었기 때문에 직접 동해로 나갈 수 있었다는 것이다. 그래서 중국은 출해권 '획득'이 아닌 출해권 '회복'을 주장하고 있다.

중국의 출해권 회복에 대한 갈망을 실물로 보여주는 증거물을 현장에서 목격할 수 있었다. 훈춘에서 국경지대인 팡촨으로 들어서 차를 달리다 보면 토자비 약간 못 미치는 곳의 도로변 언덕에 거대한 석상이 서 있다. 석상의 주인공은 청나라 말기의 관리 우다청(吳大澂, 1835~1902년)이다. 하단에는 "한 뼘의 국토에도 온 마음을 쏟는다(一寸國土盡寸心)"는 뜻의 글귀가 쓰인 팻말이 있다. 이 석상은 19세기 말에서 20세기 초에 걸친 시기, 한때나마 중국이 출해권을 누리는 데 결정적 공헌을 한 우다청의 업적을 기리기 위해 세운 것이다.

중국은 1990년대부터 본격적으로 항

▲ 청나라 말기에 세워진 중·러 국경 표지석인 토자비(오른쪽). 왼쪽은 러시아가 별도로 세운 표지석. 2. 소련과 일본 간의 국경분쟁인 장고봉 사건은 5500여 명의 사상자를 냈을 정도로 치열한 싸움이었다. 기념관에 전시된 당시 전투 사진들. 3. 청나라 말기의 관리 우다청의 석상.

구를 빌리기 위한 외교적 노력을 기울였다. 그 결과물 중의 하나가 러시아의 자루비노 항구다. 훈춘에서 육로로 연결되는 자루비노를 사용할 수 있게 됨으로써 2000년대에 훈춘-자루비노-속초간 육·해상 복합항로가 개통됐다.

하지만 중국이 훨씬 더 공을 들이는 항구는 북한의 나진항이다. 자연조건이나 입지 조건 등 항구로서의 경쟁력이 월등하기 때문이다. 나진항은 수심이 깊어 대형 선박의 접안이 가능하고 겨울에도 얼지 않는다. 훈춘에서 나진항까지 육로로 이동한 뒤 동해로 나가면 동북아의 중심 항구인 부산을 비롯한 풍부한 자원을 바탕으로 급속히 개발되고 있는 블라디보스토크와 일본의 니가타항까지 뱃길을 열 수 있다.

중국은 50년 동안 나진항 1호 부두를 사용할 수 있는 권리를 확보한 것으로 알려져 있다. 더 나아가 새로이 개발 중인 5호 부두와 6호 부두의 사용권을 따는 방안도 추진 중이다. 중국은 나진항

▲ 훈춘에서 바라본 두만강 건너편의 북한 나진-선봉 노동자구역 전경.

의 활용도를 높이기 위한 인프라 구축에도 투자를 아끼지 않았다. 나진항으로 이어지는 철도와 고속도로 건설도 추진 중이다.

자국의 항구가 아닌 나진항을 빌려 중국 동북지방의 거점 항구로 삼으려는 전략은 2009년 발표된 '창지투 개발계획'과도 밀접한 연관이 있다. 또 훈춘지역에는 2016년까지 대규모의 동북아 변경 무역센터를 건설키로 했다. 러시아 연해주, 나아가 한국과 일본까지 이어지는 새로운 경제권역을 창출하고 여기서 중국이 주도적 역할을 하겠다는 원대한 계획이다. 하지만 모든 사정이 중국의 뜻대로만 돌아가는 건 아니다. 북한은 여전히 대외개방에 대해 확고한 입장을 정하지 못한 상태인 데다 중국의 대북 경제 진출에 대해 경계심을 늦추지 않고 있다. 중국의 동해 출해권은 상실-회복-상실의 굴곡을 거쳐 오늘에 이르고 있다. 동해 진출은 중국의 꿈이다. 그 꿈의 실현은 우리에겐 새로운 도전이 될 수 있다. G2로 부상한 중국이 한반도와 외부 세계를 이어주는 통로인 동해로 진입해 들어오면 이 바다를 둘러싼 지형도와 기상도에 큰 변화가 일어날 것이다.

「월간중앙」, 2014.7.3.

▲ 두만강 대교, 북한 러시아 중국 국경이 겹쳐 있다.

▲ 두만강 상류에 있는 중국 도문(투먼시)의 유원지 건너편은 북한 남양

류다섬의 미더운 새 주인들

- 새별군 류다섬 협동농장 청년작업반원 -

「노동신문」 1991.11.9. 조원재 기자

우리나라 북단의 새별군은 감돌아 흐르는 두만강에 자리 잡은 류다섬, 버들이 많다 하여 예로부터 류다섬이라 불려오고 있다. (중략) 이곳은 김일성 주석의 혁명 사적이 깃든 영광의 섬이다. 1933년 3월 20일 항일 유격대의 한 부대를 인솔하시고 류다섬에 진출하신 주석은 두만강 하류 연안 일대에 반 유격군을 창설하는 사업을 비롯하여 전반적 조선 혁명의 일대 아양을 위한 강령적 과업을 밝히셨다. 이 유서 깊은 역사의 땅에는 고등중학교를 졸업하자 자기들의 고향을 더욱 살기 좋은 인민의 낙원으로 꽃피울 일념을 안고 사회주의 농촌에 진출한 새 세대 청년들인 80여 명의 청년작업반원이 있다.

1987년에 영광의 사적지에 진출한 새 세대 청년들은 100정보 기계화 포전을 맡아 다루면서 이악하게 땅을 일구고 영농공정마다 주체 농법의 요구를 철저히 관철하여 해마다 대풍을 이룩하였다.

1987년 가을에 고등중학교를 졸업하고 류다섬 협동농장에 자진하여 진출한 80여 명 청년의 가슴은 크나큰 긍지와 흥분으로 높이 뛰었다. 성격과 취미가 같지 않은 그들이었지만 고등중학교를 졸업하고 사회생활의 첫 자국을 내밀게 되었을 때 그들 모두의 마음은 한곳으로 흘렀다.

그들은 어릴 때부터 김일성 주석의 혁명 사적이 깃든 영광의 고향땅에 대한 긍지와 자부심을 키우며 자라난 청춘들이었다. 마음 준비를 단단히 하고 달라붙은 그들은 첫해의 농사부터 철저히 하였다. 농촌에 진출한 첫해 겨울에 청년작업반원들은 무엇보다 힘을 넣은 것이 거름 생산이었다. 그리고 난 다음 벼와 옥수수를 심었다.

청년작업반원들 모두가 힘과 열정을 다해 일한 결과 해마다 풍작을 이루었다. 60여 년 전에 류다섬은 버들만 우거지고 잡초가 무성한 곳에 오막살이 몇 채만 있던 외진 섬이었다. 그런 곳이 이제는 현대적인 아파트와 문화주택들, 편의 봉사 시설, 화려한 문화회관들이 들어섰다. 고향을 뜨겁게 사랑하는 심정으로 류다섬을 가꾸고 꽃피우는 길에서 청춘의 행복과 이상을 찾는 류다섬의 새 세대 청년들은 얼마나 긍지 높고 자랑스러운지 알 수 있다.

▲【출처】통일부「북한정보포털」에 수록된「노동신문」1991.11.9일 자 보도내용 재구성

두만강 연선 막대한 수해…. 당국의 무대책에 주민 반발

▲ 폭우로 심각한 수해 피해가 발생한 두만강 중류 지역. 2004년 6월 함경북도 무산군 이시마루지로 촬영(아시아프레스)

최근 북한 온성군 남양 노동자구 일대에서 홍수로 인해 많은 인명 피해가 발생했지만, 당국이 제때 대응하지 않아 지역 주민의 원성이 높다고 인근 지역에 사는 복수의 취재협력자가 전했다.

8일 남양 인근에 사는 아시아프레스 취재협력자 A 씨는 피해 상황에 대해 다음과 같이 보고했다. "이번 홍수에 남양 사람들이 많이 죽고 새별군에서도 여섯 명인가 죽었다고 한다. 류다섬(두만강 중류에 있는 섬)에서도 두 명이 죽었다고 하는데 물어보는 사람마다 '많이 죽었다, 많이 행방불명됐다'라고만 말하고 있다"라고 피해 상황을 전했다.

같은 날 피해지역의 다른 인근에 사는 취재협력자 B씨도 통화에서 "군부대 한 개 초소와 군인 일곱 명 정도가 떠내려갔다는데 하류인 온성군 세 곳에서 네 명의 시체를 찾았다. 중국 쪽에서 발견된 시체는 통보해줘 넘겨받지만, 없어진 사람은 많고 찾은 시체는 적다"라고 말한다.

6일 조선중앙통신도 "이번에 발생한 큰물(홍수)로 60명이 사망하고 25명이 행방불명되었다."라고 발표했다. 내부협력자들의 보고와 종합해 볼 때 이번 함경북도의 수해 피해가 심각한 것으로 보인다….

당국은 장마에 의한 큰물 피해로만 보도하지만, 피해지역 주민 사이에서는 당국의 잘못된 대응이 피해를 키웠다는 의견도 있다. 앞서 증언한 협력자 A씨는 "당국이 발전소 댐 보호를 위해 서두수 발전소 수문을 열었기 때문이라는 지역 주민의 견해도 있다. 강둑을 건설하는데 시멘트도 없이 맨돌로 쌓으니 한쪽이 허물어지자 다 무너지면서 싹 밀고 나갔다"라고 설명했다.

※ 서두수는 두만강의 유역에서 제일 큰 하천이며 양강도 대홍단군과 함경북도 무산군 사이에서 두만강에 유입된다.

이례적이지만, 이번 홍수 피해에 중국이 북한인 구출에 적극적으로 나서면서 상반되는 양국의 대응에 주민의 의견도 분분하다. 앞서 언급한 B씨는 "중국은 고속보트로 강가를 수색하는데, 우리 쪽은 막대기를 들고 혹시 기슭에 걸린 사람이 없는가 보고 있다. 주민들은 국경경비대를 찾는 게 아니라 오히려 중국 쪽에 살려달라고 손짓했다"라고 증언한다….

▲【출처】통일부 「북한정보포털」에 수록된 「아시아프레스」 2016.9.9.일자 보도내용 재구성

류다섬에서의 결사전

「민주조선」 2016.10.21

버들이 많은 곳이라 하여 류다섬이라 불려온 최 북변의 섬마을이 이번 큰물 피해 때 결사옹위의 성사, 일심단결의 제방으로 유명해졌다. 김일성 주석의 항쟁기가 어려 있는 류다섬은 주민들의 삶의 터전이기 전에 어떤 역경 속에서도 사수해야 할 고귀한 땅, 조국의 귀중한 부분이다.

지난 7월, 함경북도 지방에 장대비가 내려서 두만강이 범람하였다. 두만강 하류에 있는 류다섬도 이 자연재해를 피해 갈 수 없었다. "물이 들어오기 시작한다!" 정황을 감시하던 누군가가 소리치자 온 섬의 초점이 물가로 집중되었다. 시간이 흐를수록 수위가 계속 높아지고 섬이 물에 잠길 수 있다는 것이 확연해진 시각이었다.

섬을 뜨자는 사람들은 한 명도 없었다. 즉시 제방 쌓기 전투가 벌어졌다. 조직자의 침착한 지휘에 따라 삼차가 쉴 새 없이 가동하고 주민들이 다 떨쳐나서 모래 마대를 나르기 시작했다. 모래땅인 이곳

에 둑 쌓기가 결코 쉬운 일이 아니었다. 달리다 기운이 진해 주저앉으면 기어서 한치한치 둑을 쌓아 나갔다. 쓰러지면 몸과 몸을 합쳐 사람 뚝이 될지언정 절대로 섬이 물에 잠길 수 없다! 낮과 밤을 이어가며 전투를 멈추지 않는 이들의 투쟁은 말 그대로 결사전이었다.

비록 나라의 한끝에 있는 크지 않는 섬마을 이야기였지만 주민들 모두가 일심동체가 되어 섬을 지켜 싸운 결사전은 그대로 일단 유사시 온 나라가 떨쳐나 최후 승리를 이룩하게 될 자랑찬 전민 항전의 축소판이었다.

▲【출처】 통일부 「북한정보포털」에 수록된 「민주조선」 2016.10.21일자 보도내용 재구성

▼ 두만강 건너편 북한 땅

3) 매기도·每基島

"두만강물 푸르른데 노 젓는 뱃사공은 어디 가고"

매기도(每基島)는 함경북도 새별군에 있는 두만강의 하중도이다.

면적은 0.058km2, (17,545평)이다. 경도 130° 15', 위도 42° 51' 에 있다.

매기도는 북한과 중국이 나누어 점유하고 있는 섬이다. 평시에는 양측의 경계가 도랑 수준에 불과해 사실상 하나의 섬과 같으나, 큰비가 내리면 섬이 둘로 확연히 쪼개진다. 이 때문에 경계비가 유실되기도 했다. 중국 측 매기도 부분은 '왕가타자도(王家坨子島)'라고 한다.

두만강 푸른 물에 (1) - 어머니의 강

두만강은 백두산에서 발원하여 중국과 러시아와 국경선을 이루면서 량강도, 함경북도와 라선시의 북쪽 경계를 흐르는 강이다. 강 길이 547.8㎞, 유역면적 32,920㎢이며, 한국·중국·러시아의 국경을 이루며 동해로 흘러가는 강으로 남한에서 가장 긴 낙동강 보다 길다. 두만강 상류에서 유선까지는 북동 방향, 유선에서 온성까지는 남북방향, 온성에서 어구까지는 남동 방향으로 흘러 모인다.

두만강의 대표적인 섬은 류다섬과 온성섬으로 섬이라는 독립 공간에 다리만 놓으면 접근할 수 있어 개발의 대상으로 이미 이름을 올려놓았다. 그러나 매기섬과 사회섬, 큰섬, 그 외에 작은 모래 섬들은 두만강에 있는 섬의 숫자에 불과하다.

두만강의 상류 지역은 현무암으로 된 용암대지 및 화강암, 화강편마암으로 된 무산고원, 중류 지역은 중산성산지, 하류 지역은 낮은 산과 충적평야·모래언덕으로 이루어졌고, 상류에서는 경사가 급하며 여울과 폭포가 많다. 중류에서는 상류보다 완만하며, 기슭에 낮은 단구들과 침수지들이 있다. 하류에서의 경사는 매우 완만하며 퇴적작용에 의해 생긴 온성섬·유다섬(류다섬)·사회섬·큰섬, 녹둔도 등의 섬이 많으며 강 어구에는 삼각주가 형성되어 있다. 두만강에서 서식하는 주요 어종은 다음과 같다. 개구리꺽정이, 곤들매기, 곱사연어, 날망둑, 다묵장어, 두만가시고기, 두만강자그사니 (고유종), 미꾸리, 붕어, 빙어, 산천어, 실고기, 쌀미꾸리, 열목어, 잉어, 참둑중개, 참붕어, 청 가시고기, 칠성장어, 큰납지리, 홍송어, 황어 등이 살아간다. 그러나 안타까운 것은 두만강의 수질오염이 매우 심각하다는 것이다. 중국과 북한의 광산에서 하수처리 없이 흘러 들어가는 폐수가 심각할 정도로 많다고 한다. 가히 죽음의 강이라고 해야 할 정도로 가난한 북한은 환경 보전에 크게 신경 쓰지 못하고 있다.

두만강은 역사적으로 볼 때 조선 시대 국경선이 확정된 지역으로, 6진이 이곳에 설치된 곳이다. 6.25 전쟁 당시 압록강은 잠깐이나마 대한민국 국군이 점령했지만, 두만강은 한 번도 대한민국이 차지해 보지 못했다. 하류 근처에는 한반도 최대의 자연호수인 서번포와 동번포가 있다.

오늘도 말없이 흘러가는 두만강은 그야말로 각종 자원이 풍성한 어머니의 강이다. 철새들은 북한 중국 러시아를 자유롭게 날아 이동하는데 만물의 영장인 인간은 아직도 사상의 장벽에 가로막혀 있다. 최첨단 문화를 이루며 달려가는 21세기에 일어나지 않아야 할 일들이 우리 한반도에서 일어나 안타깝기만 하다. 래프팅하면서 두만강 급류를 타고 싶다. 눈물 젖은 두만강이 아니라 웃음과 희망이 꽃 피는 두만강이 되기를 바라면서 아버지의 강 압록강으로 달려간다..

▼ 한겨울 순찰을 돌고 있는 북한 국경 경비대원들 양승진 기자

두만강 푸른 물에 (2) - 강 따라 길 따라

기자는 4년 전엔 중국 땅으로, 2년 전엔 직접 북한 땅으로 가서 두만강을 만날 기회가 있었다. 그때 취재한 내용과 사진으로 생생한 '두만강 강행'을 떠나 본다….

두만강은 한반도 북동부에서 한반도 최북단 강변 도시 무산, 회령, 종성, 온성, 경원 등을 거치며 중국과의 국경을 따라 흐른다. 이 땅의 5대강 중의 하나이며 길이 547.8㎞로 압록강(791㎞)에 이어 두 번째로 긴 강이며, 유역면적은 압록강과 한강에 이어 세 번째이다. 유역에는 길이 5㎞ 이상 되는 하천이 150여 개가 있다.

두만강은 북한 양강도 삼지연군 무두봉 북동쪽에서 발원하여 처음에는 동쪽으로 흐른다. 그다음 마천령산맥에서 발원하는 소홍단수(82.5㎞)를 합류, 북동류하면서 마천령산맥과 함경산맥에서 발원하는 서두수, 연면수, 성처수 등의 대지류들을 합류한다. 중류에 이르러서는 보을천과 회령천을 합한 후 본류는 북북 동쪽으로 흐른다. 함경북도의 최북단에 이르러 중국의 간도 방면에서 흘러오는 해란강을 합한 후 물길은 급전하여 남동류한다. 하류에서는 다시 간도 지방에서 남서류하는 혼춘강과 북녘땅의 오룡천, 아오지 천 등의 지류를 합한 후 수량과 하폭을 증대하면서 하구 부근의 호소지대를 거쳐 서수라 부근에서 동해로 들어간다….

두만강은 상류와 중류에서는 산악하천의 특성을 띠며 특히 무산~회령 사이에서는 심한 감입곡류를 이룬다. 회령, 종성, 훈융 등에는 소규모 평야가 발달해 있다. 두만강은 은덕을 지나 하류로 내려오면서는 평지하천의 특성을 나타낸다. 온성에서부터 강어귀 사이에는 퇴적작용으로 온성섬, 유다섬, 사회섬, 큰섬 등이 생겼으며, 강어귀에는 전형적인 삼각지가 형성되어 있다.

두만강 유역은 고위도에 자리하고 대륙에 접해있는 데다가 동해상에서 불어오는 따뜻한 바람과 습기가 함경산맥과 개마고원에 막혀서 겨울철에는 몹시 춥고 여름철에는 서늘하며 강수량은 극히 적다. 1월 평균기온 섭씨 영하 20도 안팎, 연 강수량은 500~650mm로 우리나라 최한랭, 최과우지대이다. 벼와 보리농사는 거의 불가능하고 감자, 귀리, 아마 등 잡곡을 많이 재배한다. 생태는 중상류지역에 한대 침엽수림의 원시림이 밀림을 이루며 밀림 속에는 잎갈나무, 분비나무, 가문비나무, 자작나무 등이 빽빽하다. 강물에는 두만강 야레를 비롯하여 산천어, 연어, 송어, 황어, 잉어, 열목어 등 40여 종의 물고기들이 서식하고 있다. 두만강 유역 일대에는 수많은 성지(城址)가 있는데, 이는 예로부터 이 지역이 여진족 등 외적을 막기 위한 동북 방면의 군사적 요충지였기 때문이다. (이하 중략)

「한겨레신문」

두만강 푸른 물에 (3) - 북·중 국경 1,500km 르포

5월 중순…. 북·중 국경 지역 산과 들에도 푸르름이 짙어지면서 빨간 진달래꽃이 남쪽 방문객을 반겼다. '중앙일보 NK 비즈 포럼' 북·중 국경 탐방팀과 동행해 중국 투먼(도문)을 시작으로 국경선을 따라 단둥까지 1500Km를 5일 동안 근접 취재했다.

인천공항에서 중국 연길공항에 도착한 뒤 전용 버스를 이용해 두만강이 인접한 투먼(도문) 시내까지 고속도로를 달렸다. 4년 만에 다시 찾은 옌지도 변화된 모습을 보였다.

북한이 처음 개발한 라선경제무역지대는 벌써 중국의 기업들은 물론 일본 기업들도 합영투자회사를 설립해 가동 중이며, 중국의 주요 은행들이 지점을 개설하고 있다고 현지 안내원이 설명했다. 이를 반영하듯 중국 훈춘과 북한 나진을 연결하는 취안허 세관은 지난 10일부터 자동출입국 심사 시작했다.

중국은 또 두만강과 인접한 함경북도 온성 섬 관광 개발구 개발에도 투자를 합의한 것으로 알려졌다. 지난 2016년 여름 큰 수해를 입은 북한 남양에는 산뜻한 아파트 여러 채가 들어서 우중충한 분위기가 바뀐 모습을 보였다.

중국 당국은 최근 들어 투먼-숭선 다리-무산-회령을 연결하는 국도에는 한국인들의 통행을 차단했다. 한국과 외국 언론들이 대북제재에도 불구하고 함경북도 무산광산의 철광석을 중국으로 대량 수송되고 있다는 보도가 잇따르자 이러한 조처를 내린 것으로 알려졌다.

중국 옌지에는 북한 관광여행사 20여 곳이 성업 중이었다. 현지 여행사에 따르면 중국인이 북한 관광을 신청하면 보통 2일 이내 옌지 북한 영사관을 통해 신속히 발급해 준다고 말했다. 북한 관광이 인기 있는 이유는 맛깔스러운 조선 음식, 아름다운 바다, 싱싱한 해산물 등을 선호하기 때문이라고 했다. 중국 여유국의 공식통계에 따르면 지난해 북한을 찾은 중국 관광객은 120만 명으로 집계됐다.

중국인들의 북한 관광노선과 비용을 보면 다음과 같다.

▷ 중국 옌지-나선(1박 2일) (80위안)
▷ 중국 옌지-함경북도-무산 1일 관광 (490위안)
▷ 중국 옌지-함경북도 회령 1일 관광 (490위안)
▷ 중국 옌지-청진-경성온천(2박 3일) (1080위안)
▷ 중국 옌지-회령-청진-경성-어랑 3박 4일(1680원)
▷ 중국 옌지-회령-청진-경성-어랑-항공기 이용-평양-원산-금강산(5박 6일) (4800위안)
▷ 중국 지안-만포 1일 관광 280위안
▷ 중국 단둥-신의주 1일(840위안) 1박 2일(1380위안)

5월에 접어든 북·중 국경 지역 휴일 모습은 한가로웠다. 주민들이 압록강 강가로 나와 빨래를 하거나 낚시를 하고 염소와 소를 방목해 우리 농촌 모습과 다르지 않았다. 양강도 김형직군을 지날 때 방목하는 말이 처음으로 보여 눈길을 끌었다. 운송수단용인지 아니면 경기마로 기르는지는 알 수 없었다.

양강도 김형직군을 지나면서 압록강 상류를 출발한 뗏목을 운반하는 '때 몰이'가 가끔 눈길을 사로잡았다. 자강도 중강진 아래까지 옮겨진다고 했다.

5월의 백두산 정상 부근은 여전히 겨울이었다. 백두산 서파 코스를 통해 천지로 향했다. 북파를 통해 정상까지 등반할 경우 미니버스가 정상까지 운행해 등반이 수월하지만, 서파는 고도 1,570m부터는 1,4420개 개단을 이용해야 했다. 숨이 찼다. 40여 분만에 정상(2470m)에 도착하니 아직도 많은 눈이 쌓여 있었고 천지는 꽁꽁 얼어 붙어 있었다. 아직도 날씨 상태에 따라 눈이 내린다고 했다. 북한 양강도를 통한 백두산 동파 코스를 처음 등반할 때보다는 감동이 적었지만 5월의 눈 덮인 백두산은 장관이었다.

「중앙일보」, 2019.5.24.

▲ 중국과 북한이 두만강을 가로지르는 새 국경 다리 건설을 추진하고 있다. 이 다리는 중국 샤퉈쯔 통상구와 인접한 두만강 북한 섬인 류뒤다오(류다도)에 호시무역구를 조성하면 늘어날 교통량에 대비하기 위한 것이다. 훈춘과 북한 함경북도 경원군을 연결하는 샤퉈쯔 통상구 다리는 일제강점기인 1936년 12월에 건설됐으나, 노후 한데다가 제대로 보수공사가 이뤄지지 않아 2008년 5월 중국 측이 시행한 안전도 검사에서 '매우 위험'(5급) 판정을 받아 새 다리 건설이 요구됐다. 훈춘시는 다리 건설비용으로 2천963만 위안(약 50억2천300만 원)을 예상했다. 북한 측과 협의해 내년 상반기 착공, 2020년 완공 예정이다.

아울러 연변 자치주 투먼(圖們)시와 북한 함북 온성군 남양구 사이에 두만강을 가로지르는 새 다리가 건설되고 있다. 그러나 북·중 양국이 압록강에 건설한 랴오닝(遼寧)성 단둥(丹東)-신의주 간 신압록강대교, 지안(集安)-만포 간 대교는 수년째 개통이 연기됐다. 신압록강대교는 북한이 자국 쪽 접속도로 및 다리를 건설하지 않은 채 중국투자를 요구하면서 만 3년 4개월째 개통하지 않았다. 만포대교는 반대로 중국 측이 미적대면서 4년 이상 개통이 미뤄졌다. 「연합뉴스」, 2018.2.20.

▲ 두만강에서 유람을 즐기는 한국 관광객들

4) 사회섬·四會島

"소 장사꾼들 몰려들던 노송나무 간곳없고"

사회도는 나선시 사회리에 속한다. 면적 1.825km2 (552,062.5평) 경도 130° 33', 위도 42° 27' 에 있다. 나선시 북쪽 두만강 연안에 자리한 리로 남쪽은 홍의리, 북쪽과 서쪽은 하회리, 동쪽은 두만강을 사이에 두고 러시아와 접해있다. 본래 경흥군 고면 지역으로서 사방에서 소 장사꾼들이 모여들던 마을이라 하여 사회장, 사우장이라 하였다. 36)

1949년 행정구역 개편 시에 리제를 실시하면서 사회리로 되었다. 1967년에 신회리를 통합하여 나진시 사회리로 개편되었고, 같은 해 10월에 웅기군이 다시 나진시에서 독립하여 나오면서 웅기군 사회리로 되었다. 1981년에 웅기군이 선봉군으로 개칭되면서 선봉군 사회리로 되었다. 1993년에 나진-선봉시 선봉군 사회리로 되었다가,

---

36) 『대동여지도』 에는 회동으로 기록하였는데. 회나무가 많은 것과 관련된 것으로 추측된다.

2000년에 나진-선봉시가 나선시로 개편되면서 나선시 사회리로 되었다.

사회리(四會里)의 사회역(四會驛)

사회리는 사방에서 소 장사꾼이 몰려들던 곳(四會)인데다가 청학역이 있는 하회동처럼 노송나무가 많아서 원래 회동이라 불리던 게 와전된 것 같다. 참고로 회동이라고 기록하고 있는 지도는 대동여지도이다. 1914년 일제에 의해서 행정구역이 대거 통폐합되었다가 해방 직후 사회동으로 복귀했다. 리치고는 역세권이 조금 큰데, 대략 학송역의 학송 노동자구보다 조금 큰 정도이다. 아무래도 사방에서 장사꾼이 몰려들다 보니 그만큼 상업이게 발달했을 테고, 또 그만큼 마을의 발전도 빨랐을 것이다. 그래서 그런지 이쪽을 지나가는 93번 국도가 나름대로 정비 상태는 상대적으로 좋은 편이다. 역 인근의 마을에서 북쪽으로 조금 더 가면 농토가 나오는데, 두만강까지 4km 정도 된다. 그 지역이 몽땅 농토이다. 강변의 숨은 농경지인 셈이다. 37)

수산자원의 보고 사회섬

사회도 앞바다의 사회섬은 수산자원이 풍부하여 좋은 어장을 이룬다. 금살조개, 털섭조개, 할미섭조개를 비롯한 섭조개 류가 분포되어 있으며 참개굴조개, 둥근개굴조개 등 7종의 개굴조개류가 퍼져 있으며 참굴도 있다. 조산만 일대에는 흑우릉성이, 붉은우릉성이, 자루우릉성이를 비롯한 18종의 우릉성이가 분포되어 있다.

민물고기는 매자, 두만강야레, 못버들치, 하늘종개, 붕어, 자그사니, 초어, 애기미꾸리, 참붕어들이 분포되어 있다. 그 가운데서 송어는 두만강수계에서는 두만강에만 오르는 특산 어종이며 미꾸리는 동해 사면수계에서 남으로 성천강까지 분포되어 있다가 다시 두만강에 분포된 것이 특징적이다. 이 밖에 선봉에서만 알려진 번포미꾸리와 선봉, 연사에서만 알려진 긴 붕어가 살고 있다. 강오름성 물고기 가운데는 칠성장

37) 「조선향토대백과」 평화문제연구소, 2008

어, 연어, 송어, 빙어, 오이고기, 강청어들이 있다.

수심이 깊은 서번포, 만포, 동번포 호수에는 짠물성 물고기인 가재미가 분포되어 있으며 덜짠물성 물고기인 황어, 가시고기, 큰가시고기, 숭어, 은숭어, 농어, 먹도미, 망둥어, 실망둥어 강가재미, 돌가재미들이 분포되어 있다. 그 가운데서 황어와 숭어의 자원은 대단히 많다. 가까운 바다와 만에는 청어, 전어, 전광어, 맹어, 자주보가지 등 가치가 있는 물고기가 분포되어 있다.

이곳은 바다의 영향을 많이 받아 안개가 자주 끼고 기온이 낮고 습도가 높으며, 겨울에는 두만강 골짜기를 따라 북서풍이 강하게 불고 있다. 군적으로 농경지가 많은 지역으로서 농경지 면적은 군 농경지 면적의 3.2%를 차지하는데, 특히 논이 많이 개간되어 있다. 농경지에서 논이 37.8%, 밭이 57.8%, 과수밭이 2.9%, 뽕밭이 1.5%를 차지하며 주요 농산물은 벼, 옥수수, 감자 등이 있다. 주요 업체로는 소고기, 우유, 분유, 버터 등을 생산하는 사회젖소목장과 선봉종합농장 사회분장이 있다. 교통은 중심으로 함북선 철도가 통과하고 있으며 여기에 사회역이 설치되어 있고, 함북선과 병행하여 두만강 연안의 시, 군들로 통하는 2급도로가 개설되어 있다. 38)

물개들의 천국 선봉군 일대

함경북도 나진부터 선봉시와 선봉군 우암리에 이르는 연안 연해에 서식하는 물개는 북한 천연기념물 제339호이다. 우암 물개 무리는 초가을부터 다음해 봄까지 두만강 하구인 사회섬과 큰섬 녹둔도와 우암 앞바다의 넓은 구역에서 산다. 이곳은 옛부터 우리나라의 큰 물개 도래 해역 또는 서식처로 알려져 왔다.

하구에는 여러 가지 물고기가 서식하는바 특히 가을에는 명태 떼가 들어오고 여름에는 송어 떼가 모여든다. 물개는 앞 뒷발이 모두 지느러미 모양으로 되어있고, 꼬리는 매우 짧고, 외이(外耳)는 작고, 몸에는 하모(下毛)가 밀생

38) 「조선향토대백과」 평화문제연구소, 2008

하는 등 헤엄치기에 알맞은 형태이다. 머리는 튼튼하고 목은 굵다. 몸의 윗면은 거무스레한 다색이거나 회흑색이고 몸 밑면은 적다 색인데 하모는 다소 희다. 물개의 크기는 암수에 따라 퍽 다르다. 수컷은 몸길이가 150~250㎝, 몸무게는 보통 150~250㎏이지만 큰 것은 300㎏이나 된다. 암컷은 몸길이가 130~170㎝, 몸무게는 36~68㎏이다.

물개는 멸치·명태·꽁치·청어 등 여러 가지 물고기와 게나 연체동물도 잡아먹는다. 물개는 베링해와 오호츠크해에서 수천수만 마리의 큰 떼를 지어 살고 있으며 그곳에서 번식한다. 교미 시기 전에 해류를 타고 남하하는바 그 중 한 떼가 우리나라 동해안을 따라 남하하여 독도 근방에서 돌아 북상한다고 한다. 물개는 낮에는 물이 별로 깊지 않고 암석이 많은 곳에서 헤엄치고 먹이를 먹으면서 놀다가 저녁때부터 일정한 암초위에 모여서 잔다.

물개는 잠잘 때나 교미 시기 이외에는 좀처럼 땅 위에 올라오지 않는다. 번식지에서 번식기가 되어 상륙하면 각기 일정한 영역을 차지하고 한 마리의 수컷이 30~50마리의 암컷을 거느린다. 임신 기간은 340일이고 한배에 한 마리를 낳는다. 우리나라에서 물개에 관한 기록은 이미 울산광역시 울주군의 태화강 상류에 있는 '대곡리 암벽 조각'(제작 시기는 신석기시대 말이나 청동기시대로 보는 이도 있다)에서 그림으로 나타난다. 동의보감에는 약재로 기록되어 있고 강원도 울진군 평해읍에서 난다고 하였다. 39)

▼ 북한의 수해

39) 「한국민족문화대백과사전」

사회리는 오지 중의 오지, 두 번째 추방지

- 탈북한 오빠 최이정이 동생 최숙정에게 보낸 편지 -

최숙정아, 나는 너의 오빠 최이정이다.

어머니는 김충예(김예자로 이름 고쳤다.), 아버지는 최창세, 막냇동생은 최형정 이렇게 우리는 다섯 식구였지. 1951년인가 전쟁 시기 아버지는 교원이었는데, 비행기 폭격으로 사망하셨고 그때 너는 어머님과 슬피도 울었지. 당시 너는 4살, 나는 7살이었는데 나는 조금도 울지 않았다. 지금도 나는 어째서 아버지가 사망하셨는데 눈물 하나도 안 흘렸던지 도무지 모르겠다. 남자여서인가? 아니면 철이 없어서인가? 아버지를 잃고 어머니는 한 살 된 동생 최형정을 데리고 있기로 하고 너와 나를 원산시 방풍리 인민위원회에 제기하여 원산 고아원에 넣었다. 원산 고아원에서 평북도 의주군으로 너와 나는 연령 차이 때문에 헤어지게 되었다. 그때 내가 선생님께 동생과 같이 가던가 남겠다고 말이라도 했으면 안 헤어질 수도 있었겠는데 너를 지켜주지 못해 오빠는 참으로 미안하다. 말로는 내 죄를 용서받지 못하겠지만 항상 너에 대해서 죄송한 마음뿐이다. (중략)

1970년대 초 평양에서 대소개민이 선봉군에도 오게 되었다. 이때 이들의 집과 직장 문제를 해결해 주기 위하여 선봉군 읍에 있던 주민이 아래 단위 리농장으로 소개되었는데 이 강제 추방에 우리 집이 또 걸려들어 선봉군 사회리 농장으로 2번째 추방을 맞게 되었다. 학교도 실패했는데 사회적 직위도 성공도 없는데, 장가도 못 갔는데, 또 2번째 추방이 나의 머리에 또 떨어질 줄이야. 북한이나 남한이나 농촌 총각들은 장가가기가 힘들다.

두 번째로 추방된 농장은 주변 산들에 땔 나무가 없었다. 그래서 선봉군에 선 은덕군(아오지)에 가서 선봉 탄광을 운영하고 있었는데 농장에서 젊은 남자 인력을 선발하여 임시로 탄광에서 일 시키고 대신 석탄을 공급받아 농촌 관리실 유치원 탁아소 김일성, 김정일 혁명사상 연구실에 난방용으로 공급했다. 농장에서 탄광으로 일하려고 가는데 내가 뽑혔다. 농장에서 아낙네들과 일하기보다 힘들고 공기 나빠도 앞으로 장가는 가야 하는 큰 인생의 대업도 있기에 탄광에서 계속 일하겠다고 당에 제기하여 탄관 노동자가 되었다.

어떻게 해서라도 공부를 하는 그것이나 자신을 찾는 것이고, 나를 사랑하는 것이고 동생과 어머니를 무지막지만 사회적 편견과 매장해서 구원하는 길이라고 생각했다. 이곳에선 탈출밖에 다른 구원의 길이 없었다. 향방 없는 멀리 있는 길 가야겠는데 돈이 없어 옥수수와 콩을 닦아서 큰 가방에 넣고 가족사진도 가슴에 품고 동생과 어머님도 모르게 어두운 밤에 주위 사람들의 눈길을 피해 혼자 밤길 80리를 걸어 가출했다. 당시 19살이었고 혼자서 중국 국경 두만강을 건넜고 러시아와 중국의 국경인 아무르강이 흐르는 중국 흑룡강성 학강역에서 내렸다.(중략)

1997년 2월 두만강 국경 얼음이 쿵쿵 꺼지는 소리를 들으며 우리 여섯 식솔은 밤 10시가 되기를 강변 옆에서 숨어서 기다리었다. 딸들이 "아버지 나는 풀죽을 먹더라도 사회주의를 지키겠습니다." 또 인민학교 다니는 셋째 딸이 "아버지, 어떻게 장군님을 배반합니까? "하는 말들이 내 귀뿌리를 아프게 하더구나. 나는 아이들에게 "너희들에게 설명할 수가 없구나. 이 강을 건너면 알 수가 있다." 이렇게 말하고 두만강을 건넜으며 4년 후에 대한민국에 입국했다.

숙정아! 동생 최형정은 함북도 선봉군 읍에서 살고 있고 어머님과 아버지 그리고 우리 사진도 있다. 내가 말로서 우리 가족에 최선을 다했지만, 너만은 찾지 못했다. 또 공부로 성공하고 사회적 기여도 하고 싶었지만, 북한 땅에선 도저히 이루어질 수 없는 인생의 빈곤이다. 내가 그렇게 이루려고 전념했던 학업은 대한민국에서 나의 아들딸 셋에 의해 이루어지고 있는 것 같다.나는 이제 늙었다. 아들딸들에게 나는 이렇게 인도한다. 너희들을 태어나게 하였고 대한민국까지 데려왔고 험한 길을 뚫고 학교까지 인도했다. 성공 여부는 너희들의 몫이라고. 내가 그렇게 19살부터 험한 가시밭 인생길을 헤쳐 도착한 종착역은 결국 대한민국이었다. (중략)
최숙정아, 이념과 체제를 얘기해서 부담스럽구나. 남과 북은 천국과 지옥같이 너무나도 차이가 커서 이 현실을 아니 말할 수 없구나. 북한 사람들은 지옥에 살면서도 지옥인 줄 모르고 남한 사람들은 천국에 살면서도 천국인 줄 모르고 살고 있다. 마지막으로 숙정아! 언제나 건강하여라 우리는 꼭 만나야 한다. 너를 손꼽아 기다리면서…

2006년 8월 13일 최이정 씀.

5) 온성섬

"현대적 관광시설이 들어서는 '중국판 개성공단"

함경북도 온성군 온성섬은 면적 0161km2 (48,000평) 경도 129° 58', 위도 42° 58' 에 있다. 온성섬은 동·서·북쪽으로는 두만강을 국경으로 하여 중국 길림성(吉林省), 혼춘(琿春), 도문(圖們) 지방과 마주 대하고 있다. 그래서 온성 섬은 구글 위성사진으로 보면 완전히 중국의 땅처럼 보인다. 온성섬 앞에는 두만강이 흐르고, 3면이 모두 중국 땅에 거의 붙어 있으니 참 묘한 지리적 환경이다.

원래 비옥한 농토를 기반으로 농사짓는 평범한 지역이었지만, 지리적 위치가 좋아 관광지로 변모될 예정이다. 「통일신문(2019.1.17)」에 따르면 온성섬 관광 개발구는 둘레 2.5㎞에 930만 평으로 골프장과 수영장, 승마장, 민속식당 등 관광 편의시설을 만든다는 계획이다. 중국의 조선족 문화와 북한 문화를 주제로 대규모 관광단지를 조성한다는 취지이다.

온성섬 관광 개발구는 '중국판 개성공단'

온성섬 관광 개발구는 북한에 자리하고 있지만 사실상 중국과 바로 연결된 요충지로 '중국판 개성공단'이라 할 수 있다. 입지 조건이 양호한 온성섬에 북한의 노동력을 활용하면 된다. 그래서 중국과 한국기업을 대상으로 온성섬을 제2의 개성공단으로 건설한다는 것이다.

지금은 옥수수밭이 국경 경계선으로, 50cm의 작은 국경표지 13개가 띄엄띄엄 들어서 있다. 여기에 경계수 역할을 하는 미루나무 125그루가 자라고 있다. 아직은 이렇다 할 인프라가 없지만, 인구 220만 명의 연변조선족자치주가 배후에 있기에 가능한 이야기가 아닐까? 온성섬 관광 개발구는 중국이 주도하기 때문에 북한의 다른 개발구보다 빠르게 진행될 것으로 전망된다.

두만강의 온성섬을 연구하면서 각별한 생각이 들었다. 온성섬은 원래 북한 섬이 아니라 중국 섬이 되어야 하지 않았을까, 묘한 느낌마저 든다. 한국에서는 거의 존재조차 알 수 없는 섬, 평소에는 상상 속에도 들어오지 않았던 온성섬에 새롭게 주목하면서 감회가 깊어지고, 덩달아 마음도 설레었다.

▼ 북한이 외국인 투자 유치를 위해 발표한 경제특구 중 하나인 '온성섬관광개발구' (사진 위, 2015년 9월 13일 촬영) 그동안 아무런 움직임이 없던 이곳에 최근 도로가 새로 생기거나 보수되는 등 변화가 보이기 시작했다. 사진-구글 어스 캡쳐/커티스 멜빈 제공

양수진(凉水鎭)의 남단 온성섬

양수진(凉水鎭)은 동쪽으로 훈춘시 밀강향(密江鄕)과 41㎞, 서쪽으로 도문시(圖們市)와 21㎞, 북쪽으로 왕청현(汪淸縣)과 45㎞ 거리에 자리하고 있다. 남쪽으로는 두만강을 사이에 두고 함경북도 온성군과 맞닿아 있다. 원래 왕청현에 량수향으로 소속되었다가, 훈춘 현에 귀속되어 양수진으로 승격되었고, 1991년에 다시 도문시에 귀속되어 오늘에 이르고 있다.

지금 양수진은 국가급 차원에서 '환경이 아름다운 향진'으로 선정되었으며, 성급 차원에서 '위생 향진'으로 선정되었을 만큼 다른 지역에 비해 자연환경이 빼어나고 가로 환경도 위생적이다. 특히 양수진의 유기 입쌀은 중국 전역에서 '명품 쌀'로 명성을 떨치고 있다. 두만강 유역의 비옥한 농토에서 철저히 무농약으로 경작을 하기 때문이다. 양수진과 맞닿은 두만강변의 한 작은 섬에서, 북한 농부들도 같은 방식으로 '명품쌀'을 경작하고 있다.

양수진의 최남단이라고 할 수 있는 온성 대교 인근에서 두만강의 한 지류인 청계 하가 두만강의 본류로 흘러든다. 두만강과 청계하 사이에는 '온성섬'이라고 부르는 작은 섬이 있는데, 강 사이에서 자연스레 형성된 땅이라 비옥하기 비길 데 없다.

원래 주인 없는 땅이었지만 언제부터인지 함경북도 온성군 풍서리 농부들이 줄배를 타고 두만강을 건너와 100ha의 경작지를 일궜다. 풍서리 농부들은 봄이면 농기구들을 줄배에 싣고 온성섬으로 건너와 모를 심었다. 섬인지라 소까지 끌고 올 수 없어 모든 것을 두레식 수작업으로 경작을 한다. 가을이면 풍농을 이뤄 줄배에 한가득 벼를 싣고 콧노래를 부른다.

양수진을 비롯하여 도문시에는 북한과 접경한 곳이 많아 곳곳에 북한군 초소가 자리 잡고 있다. 누구든 공식적인 교통이 아니라면, 두만강을 건너올 수 없고 건너갈 수 없다. 그러나 온성섬으로 온성군 풍서리 농부들이 드나든 것은 자유롭다. 그렇다고 해서 변경 지역에서 벌어질 법한 불미스러운 일이 발생하지도 않는다. 풍농이 들면 배불리

먹을 수 있다는 일념으로 두만강의 물을 퍼 올려 수전을 만들고 벼를 키운다.[40)]

"문전옥답 다 빼앗기고 거지 생활 웬 말이야.
밭 잃고 집 잃은 벗님네야 어디로 가야만 좋을가나
아버님 어머님 어서 오소
북간도 벌판이 좋답니다"

"아버지 어머니 북간도로 갑시다
거기는 살기 좋고 농사도 잘 된대요
차라리 왜놈 없는 그 땅에 가서
마음 놓고 철을 맞춰 농사합시다"

일제강점기에 간도 유민들의 공감을 얻어 광범위하게 전파되었던 창작 민요다. 온성섬에서 경작하는 함경북도 온성군 평사리 농부들의 심정과 견줄 수 있을 듯하다.

양수진 하서촌 최남단에 이름 없는 한 식당이 있다. 두만강에서 낚은 산천어·숭어·버들치기·쫑개·미꾸라지·키조개 등을 재료로 요리를 선보이는데, 식당 한쪽에는 지하수가 샘솟는다. 온성군 농부들이 한여름에 지하수로 목을 축이고, 한국 여행자 중에서 이곳을 알고 있는 실향민들이 자주 들러 망향의 설움을 달랜다고 한다.

양수진에는 끊어진 다리인 온성대교가 반쪽만 덩그러니 남아 중국과 북한의 경계를 이루고 있다. 중국은 이 다리를 량수단교, 북한은 온성대교라 부른다. 함경북도 온성군 구청리와 중국 도문시 량수진을 연결하는 다리로 길이 525m, 폭 6m인데 1937년 완공하였다. 1945년 일본이 패전하여 소련의 진격을 막기 위해 퇴각하던 중 폭파했다. 잔해만 남을 채로 70년이 흘렀다. 2007년에야 연변조선족자치주의 문화재로 지정되었다.

다리 아래에는 온성섬이 있는데 두만 강 물길이 바뀌면서 중국과 북한의 국경분쟁이 일어나자, 섬 한가운데 백양나무를 일렬로 심어 국경선을 정했다. 그래서 북한 주민들은 배를 타고 온성섬에 건너와 기름진 이 땅에서 농사

40) 「세계한민족문화대전」, 양수진의 남단 온성섬

를 짓고 돌아가곤 한다. 이 다리는 속초항을 출발한 백두산 관광 여행 4박 5일 코스 중에 중간에 들어있다.

두만강의 끊어진 다리, 그 다리 건너편으로 보이는 북한 들녘, 그 들녘을 우마차로 가로지르는 북한 농부를 바라보면 민족 분단의 현실과 민족 통일의 필요성을 다시금 환기하게 된다. 양수진은 우리가 이렇게 역사적 관심을 일본 제국주의 지배와 항일 운동, 그리고 민족 분단이라는 경험에 초점을 맞추게 한다. 양수진의 끊어진 다리가 언젠가 이어져 중국과 북한, 북한과 한국이 자유로이 왕래할 수 있는 그 날을 꿈꿔본다.

▼ 북한 경비 막사를 바라보는 외국 관광객

6) 큰섬

"해양 생태계가 잘 보존된 동식물들의 놀이터"

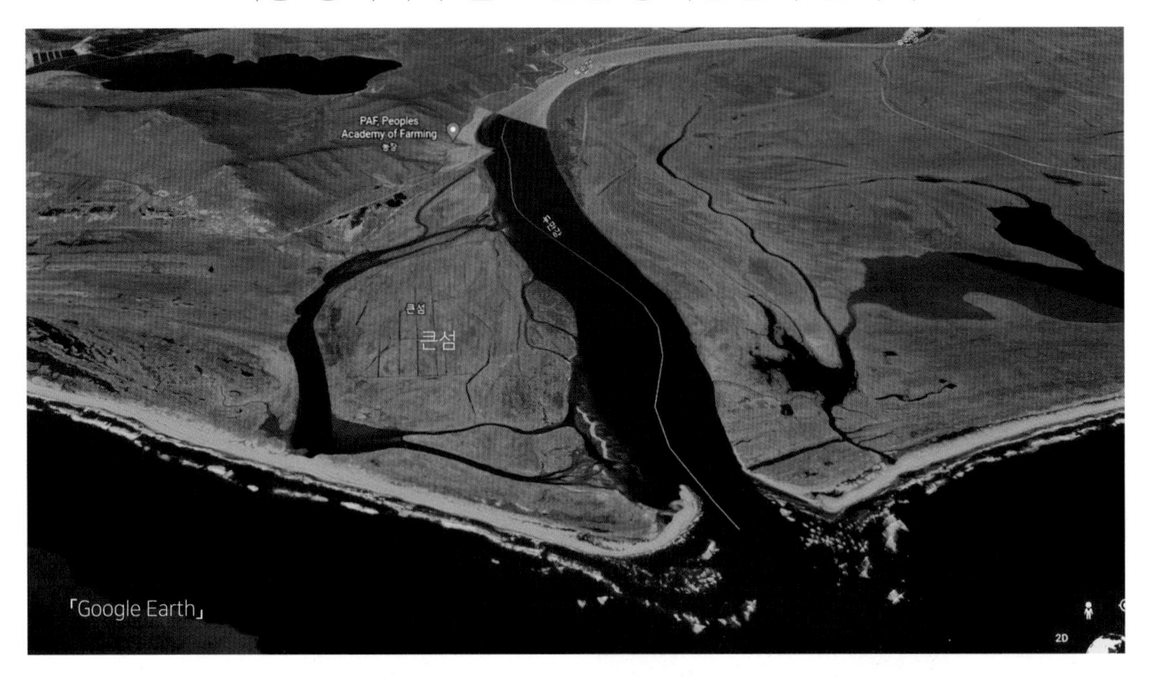

두만강은 북한 소유 섬이 137개(13.49㎢), 중국 소유 두만강 섬은 109개가(10.87㎢) 있는데 두만강을 대표하는 섬은 류다섬과 온성섬이다.[41] 두만강의 하류 끝에는 큰섬이 있다. 큰섬은 섬 둘레 6.5km, 면적 약 2.36㎢이다. 큰섬 바로 건너편은 녹둔도와 경계를 이루고 있다. 녹둔도는 100여 년 전에 우리 선조들의 거주지였으나 현재는 러시아의 실효적 지배하에 있다.

동해와 맞닿아 있는 큰섬은 농사뿐만 아니라 기수역으로 어업이 활발하다. 기수역(汽水域, brackish water zone)은 바닷물보다는 소금이 적고 민물보다는 소금이 많은 곳이다. 강이 크면 강 하구로부터 강물을 거슬러 수백 km까지 올라가지만 대개는 보통은 4~5km까지 올라간다. 기수역은 영양물질이

41) 압록강과 두만강의 섬은 모두 451개이고, 섬의 전체 면적은 102.66㎢이다. 이 가운데 〈압록강〉 섬이 205개(78.30㎢), 〈두만강〉 섬이 246개(24.36㎢)이다. 〈압록강〉의 섬 중에서 △북한 소유가 127개(74.24㎢) △중국 소유가 78개(4.06㎢)이며, 〈두만강〉의 섬 중에서 △북한 소유가 137개(13.49㎢) △중국 소유가 109개(10.87㎢)이다. 면적으로 볼 때 〈압록강〉 섬의 94.8%, 〈두만강〉 섬의 55.4%가 북한 땅이며, 전체 섬을 기준으로 할 때 85.5%(87.73㎢)가 북한 땅, 14.5%(14.93㎢)가 중국 땅이다. - 서길수 서경대 교수, 「백두산·압록강·두만강 국경 연구」

많아 갑각류나 물고기들이 많이 서식한다.

바닷물과 민물이 만나면 물고기들이 성장하기 아주 좋은 환경이 된다. 그래서 몇몇 해양 생물들은 기수역에서 살면서 번식한다. 기수역에서 농사를 짓는 경우에는 태풍이나 홍수로 인하여 만조 시에 바닷물이 역류해 넘치면 침수되어 농사를 망친다. 나선시에 있는 큰섬은 생태계가 비교적 잘 보존된 지역으로 꼽힌다. 국경선이기 때문에 사람들의 출입이 거의 없고, 농사철에만 농사를 짓기 때문에 각종 동식물의 천국이다.

▼ 우암 젖소 농장

선봉군의 바다 동물류, 민물고기류

선봉군 큰섬의 물살이동물을 보면 두만강 어구에는 금살조개, 털섭조개, 할미섭조개를 비롯한 섭조개류가 분포되어 있으며 만포, 서번포 등에는 참개굴조개, 둥근개굴조개 등 7종의 개굴조개류가 펴져 있으며 참굴도 있다. 조산만 일대에는 흑우릉성이, 붉은우릉성이, 자루우릉성이를 비롯한 18종의 우릉성이가 분포되어 있다.

민물고기는 매자, 두만강야레, 못버들치, 하늘종개, 붕어, 자그사니, 초어, 애기미꾸리, 참붕어들이 분포되어 있다. 그 가운데서 송어는 두만강수계에서는 두만강에만 오르는 특산아종이며 미꾸리는 동해 사면수계에서 남으로 성천강까지 분포되어 있다가 다시 두만강에 분포된 것이 특징적이다. 이 밖에 선봉에서만 알려진 번포미꾸리와 선봉, 연사에서만 알려진 긴붕어가 살고 있다. 강오름성 물고기 가운데는 칠성장어, 연어, 송어, 빙어, 오이고기, 강청어들이 있다.바다와 연결되어 소금기 농도가 다른 호수에 비하여 더 높고 수심이 깊은 서번포, 만포, 동번포에는 짠물성 물고기인 가재미가 분포되어 있으며 덜짠물성 물고기인 황어, 가시고기, 큰 가시고기, 숭어, 은숭어, 농어, 먹도미, 망둥어, 실망둥어 강가재미, 돌가재미들이 분포되어 있다. 그 가운데서 황어와 숭어의 자원은 대단히 많다. 가까운 바다와 만에는 청어, 전어, 전광어, 맹어, 자주보가지 등 가치가 있는 물고기가 분포되어 있다. 42)

야후 지도 "백두산은 중국 땅, 두만강 큰섬은 러시아 땅"

인터넷 포털 야후가 제공하는 지도에서 백두산을 중국 영토로 표시하고 두만강 입구의 우리 섬도 러시아 영토로 표시하는 등 우리 영토 표기에 심각한 오류가 있는 것으로 드러났다.

인터넷 포털 야후는 지도 메뉴(maps.yahoo.com)에서 국경선을 백두산 남단으로 지나가게 그어 백두산 전부를 중국 영토로 표기하고 있다. 이름도 중국 지명인 '바이투샨'으로 적고, 천지도 중국 쪽 호칭인 '톈지'로 해놓았다. 또 함경북도 나선시 우암리 '큰섬'은 아예 러시아 영토에 포함해 놓았다. 큰섬은 서울 여의도와 맞먹는 면적으로 두만강 하구에 있다. 이 섬은 러시아가 일방적으로 제방을 쌓고 군대를 주둔시켜 지배권을 강화하고 있는 또 다른 우리 영토 '녹둔도'와 이웃해 있다.

야후의 한국법인 야후코리아(대표 김진수)가 서비스하는 지도의 국경 표시도 엉터리다. 지도 보기 메뉴 '거기'(kr.gugi.yahoo.com/map)에서 백두산 지도를 보면 천지에서 동쪽으로 시작되는 국경선을 남쪽으로 움푹 들어오게 그어 놓았다. 두만강을 따라 그었기 때문이다. 백두산 동쪽 국경선은 두만강과는 별개로 천지를 기점으로 북위 42도 선과 나란히 평행을 이루는 직선이다. 백두산 서 측 경계도 잘못돼 있다. 지도는 천지 서쪽 끝에서 예각으로 꺾어 국경선을 그어 놓았다. 북한이 펴낸 지도는 천지 서쪽 일부 지역도 우리 영토라는 점을 분명히 밝혀 놓았다.

두만강 하구의 큰섬도 국경선 안쪽에 포함해야 하지만 한반도와 분리해 러시아 소유인 양 표기했다. 또 우리나라 가

42) 「조선향토대백과」, 평화문제연구소 2008

장 서쪽에 있는 압록강 하구의 비단섬 일대는 평안북도 신도군 소속의 우리 영토이지만 미국 야후와 한국 야후 모두 이 지역에 대해 국경 표시를 하지 않아 어느 나라 소유인지 모호하다.

위성영상에 지명을 표시한 야후코리아의 '하이브리드 지도'에서는 동해에 '일본해(동해)'라는 표기가 곳곳에 등장한다. 미국의 야후와 마찬가지로 '일본해(Sea of Japan)'를 위에 적고 동해(East Sea)는 밑에 괄호로 처리해 소개하고 있다.

두만강 하구 일대의 국경 표시도 큰섬은 물론 두만강 강변의 땅도 중국과 러시아 영토로 표시하고 있다. 야후코리아 관계자는 "미국 전자지도 업체에서 제작한 지도여서 오류가 있을 수 있다. 지명 표기에 관한 확인 작업을 거쳤지만, 국경선 부분은 미처 확인하지 못했다"라면서 "오류를 신속히 바로잡도록 하겠다"라고 말했다.

「중앙일보」 2008.4.17.

▼ 눈 내린 도로를 달리는 북한 화물차들.

7) 양승진 기자의 북, 중 국경 탐사 기사

[2018 북·중국경 지안①]
압록강 섬 자강도 '벌등도'를 아십니까?

양승진 기자·2018. 9. 19.

집안(集安 지안)은 고구려 유적지로 유명한 곳이다.
광개토대왕비와 광개토대왕릉, 장수왕릉, 오회분, 환도산성 등이 있어 백두산을 오며 가며 한 번씩 들르곤 한다. 대련이나 단둥에서 시작하면 보통은 통화에서 숙박을 하므로 집안에서 일정은 번갯불에 콩 튀겨 먹듯 가는 게 다반사다. 이런 일정으로 가면 보통 2시간 이내에 다 해치우기 때문에 광개토대왕비와 광개토대왕릉, 장수왕릉 정도만 보면 끝이다. 그러니 북한의 자강도 만포(滿浦)와 집안 통상구를 조망하는 것은 물론 압록강 중류에 있는 벌등도(筏登島)를 보는 것은 무척 힘든 일이다. 이것을 꼭 봐야겠다고 일정을 미리 빼지 않으면 불가능에 가깝다.

집안 향주 호텔(集安香洲花圓酒店)이 묵는 바람에 이른 아침 압록강으로 향했다. 전날 밤 호텔에 들어서면서 가이드에게 압록강이 어느 쪽이냐고 물었더니 오른쪽이라며 가깝다고 했다. 캄캄한 곳에서 가늠할 수 없었지만, 아침에 나오니 한 30m쯤 되는가 싶었다. 압록강 넘어 북한은 자강도 만포시 미타리다. 중탄산염 광천인 미타 약수로 유명한 곳으로 북한은 이 약수터 인근에 근로자휴양소를 운영하고 있다. 비가 조금씩 내리고 있어 시계가 좋지 않았지만, 찬찬히 살펴보니 아침을 준비하는 지 몇 집에서 연기가 올랐고, 일찍 논밭으로 향하는 주민들도 보였다. 국경경비대 군인들도 마지막 순찰을 하는 지 수풀 사이로 언뜻언뜻 보였고, 하늘색 초소는 비어 있었다.

시간이 좀 흐르자 붉은 넥타이를 맨 아이들이 아빠와 함께 가는 모습과 함께 자전거를 타고 어딘 가에서 쌀을 받아 오는 주민들의 모습도 보였다.

벌등도 바로 뒤에 있는 마을은 중국에

보여주려고 지은 듯 단층이지만 18채가 산뜻하게 늘어섰고, 다른 마을에는 빙 둘러 담이 처져 있는 데 탈북 방지용인 듯했다. 좀 더 시간이 지나자 마을 주민들도 보이고, 마을 앞 초소 군인들은 밖으로 나와 주민들과 대화를 나누기도 했다.

마을 뒤로는 와당산(737m)이 급경사를 이뤄 주민들은 비포장 길을 따라 움직였다. 벌등도는 중국 집안과 북한의 자강도 만포(滿浦) 사이 압록강 중류에 있는 북한지역 섬으로 면적은 약 25ha다. 이름의 유래는 압록강에서 뗏목을 타고 가던 벌목꾼들이 올라가 쉬어 갔다는 곳이다.

한때 벌등도는 북-중 변경 관광의 새로운 외화벌이 창구로 급부상한 적이 있다. 중국인 관광객을 유치하기 위해 집안시가 약 10억 위안(1700억 원)을 투자해 중국에서 건너갈 수 있는 다리와 이 섬에 북한 관련 음식점, 공연 시설, 중국과 유람선을 공동 운영하자는 계획이었다. 김정일 위원장도 공동 운영에 큰 관심을 보였었다. 하지만 이 사업을 총괄하는 북한의 조선 합영 투자위원회가 장성택이 담당하고 있어 그의 숙청과 함께 어찌 된 영문인지 소식이 없다가 최근 들어 기초공사가 진행된다는 소식이 들리고 있다.

▼ 벌등도 넘어 현대식으로 지어진 미타리 마을.

▲ 벌등도의 초소는 비어 있다.

2018 북중국경 탐사

[2018 북·중 국경 훈춘①] 국제버스터미널…'일본해'만 보이더라

양승진 기자·2018. 9. 19.

훈춘(珲春)은 접경지역 냄새가 풀풀 나는 곳이다. 북한, 중국은 그렇다 쳐도 러시아까지 가세해 같은 접경지역인 랴오닝성 단둥과는 확 다르다. 도로 곳곳에 한글, 중문, 러시아 글자가 있어 더하다. 이를 반영하듯 훈춘 국제버스터미널은 이들 3국의 여객을 실어 나르는 베이스캠프 같은 곳이다. 한국 사람만 북한을 못 갈 뿐 중국과 러시아 사람들에겐

▲ 북한, 중국, 러시아가 붙어 있는 방천 일일 관광을 알리는 표지판에 동해가 일본해로 표기돼 있다.

늘 열려 있는 곳이다. 훈춘 국제버스터미널은 2016년 10월 착공돼 2017년 완공됐다.훈춘시 북쪽 약 3.5㎞ 지점에 들어선 터미널은 훈춘 고속철도역 바로 북동편에 조성됐다. 전체 부지면적은 3만4300㎡이고, 7500㎡ 규모의 3층짜리 여객 빌딩과 2만6452㎡ 규모의 지상, 지하 주차장 등이 들어서 있다. 총투자비는 1억4482만 위안(약 237억4000만 원)이 투입됐다.버스터미널은 지린성 내 중·단거리 여객은 물론 인근 헤이룽장성, 랴오닝성의 주요 도시 간 여객 운수를 맡고 북~중, 중~러 간 국제여객도 취급하고 있다.지난 6일 훈춘국제여객터미널을 찾았을 때는 너무 늦게 간 까닭에 한산했다. 마지막 버스를 타려는지 한 무리의 승객

만 그 넓은 터미널을 지켰다.이곳에서 러시아 블라디보스토크(海参崴 오전 11시 30분 205위안)와 우수리스크(乌苏里 오전 9시 30분 200위안)로 가는 버스가 각 1대씩 운행된다. 북한 나진 선봉으로도 하루 2번 운행하고 있다는데 아무리 찾아봐도 시간표가 보이지 않았다. 군데군데 불 꺼진 터미널 매표소를 한참 쳐다보다 어쩔 수 없이 나와 보니 터미널은 점점 사람들이 줄었다. 의자에 앉아 있자니 그들 눈에 보이는 이방인이 신기했는지 계속 쳐다봤다.입구로 다시 나오려는데 방천 1일 여행 표지판이 보였다. 팸플릿이라도 하나 얻어야겠다는 생각에 가보니 곧 퇴근하려는지 서랍을 잠그고 있었다. 하는 수 없이 벽에 걸린 방천 관광지도를 보니 동해가 일본해로 표기돼 있었다. 그래서 둘러봤더니 다른 것도 죄다 일본해 투성이다. 국제버스터미널에 일본해라고 큼지막하게 새겨 넣은 이유가 도대체 뭔지 궁금해졌다.중국 정부 공식 홈페이지(www.gov.cn)를 찾았더니 '동해(東海)'가 '일본해(日本海)'로 단독 표기돼 있다. 중국이 정부 사이트를 통해 ‘동해’를 ‘일본해’로 단독 표기한 것은 공식적인 입장을 내보인 것이어서 다른 것은 보나 마나다. 중국 최대 포털 사이트인 바이두(www.baidu.com)도 한국과 일본 사이의 바다를 ‘일본해’로 단독 표기하고 있다. 중략

2018 북중국경 탐사

[2018 북·중 국경 훈춘②] 취안허(권하)~원정리…‘아 오지 마라’

양승진 기자·2018. 9. 29.

중국 랴오닝성 단둥(丹東)이 북·중 교역 물동량의 70%를 차지하고 있지만, 대북제재가 진행되면서 연변조선족자치주가 새로운 거점으로 떠오르고 있다. 단둥은 유엔 안보리 대북제재 결의 이후 제재 이행을 감시받는 주의할 대상이 되면서 물동량이 눈에 띄게 준 게 사실이다. 물론 밀수 등 편법적인 방법이 사라진 것은 아니지만 많은 물동량을 소화하기 위해서는 국제사회의 눈길을 덜 받는 새로운 교역거점이 필요하기 때문이다.연변조선족자치주엔 대(對)북한 통상 구

▲ 취안허 세관에서 두만강 대교로 연결된 나선특별시 원정리.

가 9개나 있다. 이중 훈춘(琿春)에 있는 취안허(圈河) 통상 구는 두만강을 사이에 두고 북한 나진 특별시 원정리 통상구를 통해 나선경제특구로 가는 중국 측 관문 역할을 톡톡히 하고 있다.취안허 해관은 방천(防川 팡촨) 가는 길에 있어 오가며 한 번씩 들려 가는 곳이다. 헌데 정문에서 구경하는 것은 공안이 제지하지 않지만, 산모퉁이를 돌아 철조망이 쳐진 두만강 변에서는 안 된다며 차량을 못 세우게 한다. 어찌 됐건 취안허 해관 정문으로 곧장 갔다.해관 삼거리를 돌아가는데 표지판에 '직통조선(直通朝鮮)이라는 표지판이 보이고 그 옆으로 공안파출소와 춘추 국제여행사가 같은 건물을 사용했다. 옥외에 '조선 관광'이라는 간판

▲ 취안허(권하)-원정리 일대 지도.

도 내걸었고, 건너편 가게는 조선과 러시아 기념품을 팔았다.취안허 해관 정문 앞에 차를 세우고 사진을 찍었더니 경비를 서던 공안들이 차렷 자세로 얼마나 힘을 주던지 보는 사람마저 힘들게 했다. 정문을 오가는 사람들을 제지하던 공안들은 그새 힘들었는지 자신들도 웃으며 차렷 자세를 풀었다.해관을 오가는 손님이 많은지 택시 10여 대가 주차돼 있었고, 정문 안의 주차 공간에는 관광버스 여러 대가 보였다.팡촨에서 돌아오는 길에 공안이 있나 없나 살폈더니 없는 것 같아 원정리와 신두만강대교를 보기 위해 갓길에 차를 세웠다. 철조망 근처로 갔더니 북한 물건과 음식을 파는 노점상이 보였다. 한복이 가지런히 걸려 있어 조선족들이 원정리를 배경으로 기념사진을 많이 찍는 모양이었다.언제 공안이 제지할지 몰라 철조망 사이로 카메라를 당겨보니 신두만강대교 건너편에 세련된 건물이 보였다. '조선민주주의인민공화국 원정려행자검사장'이라고 붙었고, 북한 관광을 다녀오는 사람들인지 7명이 건물 앞에 서성거렸다.그 뒤를 이어 두 사람이 건물을 빠져나오는데 캐리어를 끌고 있어 중국으로 들어오는 사람들이 분명했다.검사장 건물 앞에는 마이크로버스 한 대와 승용차 한 대가 있었고, 건물 옆으로도 검은색 차량이 보였다. 건물 앞 두만강 변에는 예의 2층 하늘색 초소가 있었다. 그 옆에 있는 3층짜리 흰색 '원정국제시장'은 지난해 말 완공돼 최근 운영에 들어갔다. 이곳에서는 수산물을 먹을 수 있고, 잡화를 파는 가게와 노래방 시설들이 있다.

중국인을 대상으로 한 1박 2일이나 2박 3일짜리 관광상품은 수요가 폭발해 2015년 기준 연간 25만 명으로 하루 평균 700명이 취안허 해관을 지났다. 이 중 5만 명(일 140명)은 나선특별시 신해동에 있는 비파도의 엠퍼러오락호텔(영화호텔)로 카지노 하러 가는 사람들이다.

호텔이 자유무역 지대 안에 있어 이들은 여권과 비자 필요 없이 신분증만 있으면 2박3일까지 머물 수 있다. 영화 호텔은 비파해수욕장 뒷산에 있는 5성급으

▼ 고향을 잃어버린 옹진군 실향민들

로 7층 규모다. 객실 100여 개와 고급 음식점, 룸살롱, 나이트클럽 등을 갖춰 총 건평은 8200㎡다. 홍콩 엠퍼러(emperor) 그룹이 1억8000만 달러를 투자해 지난 2000년 8월부터 카지노 영업을 시작했다.

호텔 안에는 중국·홍콩·대만·일본의 위성 방송을 모두 시청할 수 있으며 심지어 성인 채널도 있다. 90여 대의 슬롯머신을 비롯해 바카라, 룰렛, 블랙잭 등 거의 모든 도박 기구가 갖춰져 있다.어림짐작으로 5만 명이 5000위안(약 81만 원)을 날린다고 치면 한 해 405억 원에 달한다. 하지만 영황호텔의 한 해 수입이 1200억 원에 이른다고 알려져 있다.

엠퍼러 그룹은 북한 당국에 세금을 내고도 1년 반 만에 투자금을 모두 회수한 것으로 알려졌다. 그만큼 중국인들로 문전성시를 이루기 때문이다. 하지만 영황호텔도 굴곡의 역사가 있었다.

2004년 조선족인 차이호원(채호문) 전 옌벤조선족자치주 교통 운수 관리 처장이 7개월 동안 이 호텔 도박장에서 공금 등 350만 위안, 미화 약 40만 달러를 탕진한 사실이 밝혀졌다. 이에 중국 정부는 나진·선봉 지역에 대한 중국인들의 여행을 엄격히 통제했다. 손님이 확 줄은 영황호텔은 2005년 2월 15일 도박장 영업을 중단했다.

2010년 8월 김정일 위원장이 중국을 방문해 읍소한 끝에 그해 10월부터 영업을 재개했다. 중국 정부가 원정 도박을 사실상 용인한 것으로 풀이된다. 나선 일일 관광은 노래와 공연 관람을 포함해 100위안(1만7000원)이었으나 인기가 높아지면서 지금은 200위안으로 올랐다. 현지에서 북한산 털게와 새우 등 해산물을 먹고 공연 관람 등을 한다. 물건을 구매하는 비용은 별도다.

취안허 해관은 성도인 장춘과 고속도로로 연결되면서 길림성에서 제일 큰 대(對)북한세관이 됐다. 훈춘해관 산하에 속한 취안허 해관은 나선경제특구를 방문하는 관광객 통관업무와 보세가공, 중개무역, 과경(跨境)무역을 관리 감독한다.

취안허 해관의 북한 측 대안은 원정리 세관이었으나 최근 업무를 취안허 해관으로 이관하고 이 자리에 '원정려행자검사장'을 건설해 나선특구 방문객의 소지

품 검사업무를 대행하고 있다.

두만강을 사이에 둔 취안허와 원정리는 1937년 일제가 건설한 두만강 대교와 2016년 10월 개통한 '중조변경취안허통상구대교(공식명칭)'가 나란히 놓여 있다.

두만강 대교는 넓이 6m, 길이 500m, 중국과 북한이 각각 250m씩 나눠 중국 측은 빨간색, 북한 측은 흰색으로 칠을 했다. 1945년 소련군이 북한으로 진군하면서 60t 무게의 탱크가 다리를 건너는 바람에 20cm 내려앉았다고 한다.

기존 두만강 대교보다 30m 상류에 들어선 새 다리는 길이 549m, 폭 23m(4차선) 규모로 두만강과 동해 합류 지점까지 36㎞ 정도 떨어져 있다. 총공사비는 1억3959만 위안(약 226억 원)이 들었다. 취안허~원정리 구간의 물동량은 하루 평균 600t 규모로 전체 북·중 교역량의 20% 정도를 차지하고 있다.

취안허 세관 옆에는 조선족 기업인 천우건설이 취안허 국제통상고 종합통관 건물과 부속 시설을 짓고 있다. 총 부지가 18만㎡에 총 건축면적이 2만8000㎡로 이 시설이 완공되면 취안허통상구의 통관 인원은 연 200만 명, 통관화물은 200만t에 달하게 된다.

취안허 해관을 지나 다리를 건너면 나선특별시 원정리고, 이곳에서 산을 넘으면 그 유명한 아오지탄광이 있다. '아오지'라는 지명은 본디 만주어로 검은 돌 즉, 석탄을 뜻하는 말로 1억5000만 톤에 이르는 갈탄이 매장된 아오지 탄전이 있어 그렇게 불렸다.

하지만 '아오지'는 정치범들에게 강제노역을 시키는 악명 높은 곳이어서 탈북자들은 '아 오지 마라'에서 유래됐다고 한다. 취안허에서 나진까지는 54㎞로 50분 정도 소요되고, 이곳에서 훈춘은 40㎞ 정도 된다.

▲ 나선 원정리와 취안허 세관을 잇는 두만강 대교를 볼 수 있는 곳.

2018 북중국경 탐사

[2018 북·중 국경 훈춘③] 방천...'배 아픈 중국을 만나다.'

양승진 기자·2018. 9. 30. 11:45.

"닭 울음소리에 3국이 깨어나고 개 짖는 소리에 3국이 놀란다. 꽃향기가 사방에 풍기고, 웃음소리 또한 이웃 나라에 전해진다.". 이 말은 그만큼 가깝게 있다는 얘기다. 훈춘에서 방천까지는 60㎞로 승용차로 1시간 정도 걸린다. 중간에 취안허(圈河) 세관을 지나면 오른쪽으로는 계속 두만강을 끼고 가 정비되지 않은 자연에 놀라고 철조망 넘어 북한의 산꼭대기 초소에 놀라기도 한다. 두만강의 길

이는 525km로 이 가운데 510km는 중국과 북한의 경계가 되고, 나머지 15km는 러시아와 북한의 경계를 이룬다.

방천은 중국에서 최동단에 자리한 첫 마을이다. 왼쪽으로 러시아의 뽀시예트 초원과 하싼호, 오른편은 두만강 넘어 나선특별시 두만강 역이 지척에 있다. 방천 마을의 인구는 66가구에 300여 명 정도다.

동해가 내다보이는 끝자락에 '녹둔도'라는 섬이 있는데 정확히 말하면 한반도의 '미수복 영토'다. 녹둔도는 우리 역사의 흔적이 깊이 배인 곳으로 '녹둔도'라는 지명도 세조 때 붙인 우리의 지명이다. 1800년대 이후 두만강 상류의 모래가 유속(流速)에 밀려 내려와 녹둔도와 그 대안(對岸) 사이에 퇴적해 육지와 연결됐다.

조선 세종 때 6진(鎭)을 개척한 이래 여진족의 약탈을 막기 위해 섬 안에 길이

▲ 녹둔도 추정지역.

1246척의 토성을 쌓고 높이 6척의 목책을 둘러 병사들이 방비하는 가운데 농민들이 배를 타고 섬을 오가며 농사를 지었다. 그러던 중 1587년(선조 20) 여진족의 습격을 받고 큰 피해를 봐 당시 녹둔도를 담당하던 함경도 경흥부 부사(府使) 이경록(李慶祿)과 조산만호(造山萬戶) 이순신(李舜臣)이 책임을 지고 백의종군해 여진족을 정벌하기도 했다.

그 뒤 1860년(철종 11) 청(淸)나라와 러시아의 베이징조약(北京條約) 체결로 러시아 영토가 된 것을 1889년(고종 26)에야 비로소 알고 청나라 측에 반환을 요구했으나 실현되지 못했다. 1984년 11월 북한과 소련 당국자 간에 평양에서 국경문제에 관한 회담을 열어 관심을 끌었으나 미해결인 채로 끝났고, 1990년에는 직접 서울 주재 러시아 공사에게 섬의 반환을 요구했으나 역시 실효를 거두지 못했다.

녹둔도는 함경북도 선봉군 조산리에서 약 4㎞ 떨어져 있고, 둘레가 8㎞ 정도 된다. 지도에는 추정 위치만 표기되고 있다.

녹둔도는 러시아 영토가 된 지 29년 만에 알아차린 우리 역사를 볼 때 지금도 영토와 관련해 우리가 모르는 것은 없는지 심히 우려된다.

방천은 용호각(龙虎阁)이 중심이다. 13층(64m) 전망대에 서면 '일안망삼국(一眼望三國)' 즉 한눈에 북한, 중국, 러시아를 볼 수 있다.

용호각 전망대에 서면 왼쪽으로 중국 측 국경경비대 건물(중대 주둔)이 있고, 그 뒤로는 러시아 하산 역에 정차한 기차가 보인다. 바로 앞으로는 중국 초소가 있고, 그 뒤로 러시아군 초소다. 이곳에 러시아-중국 국경인 토자패(土字牌)가 있다. 남향으로 세워진 토자패는 높이 1.44m, 넓이 0.5m, 폭 0.22m인데 정면에 '토자패'란 글자가 세로로 새겨있고 오른쪽에 '광서 12년 4월 립'이라고 새겨져 있다. 러시아 쪽 면에는 러시아 글자인 'T'가 새겨져 있다. 두만강 건너 라진특별시 쪽으로는 부두와 관광객들을 위한 건물이 보이고, 동해쪽으로 북한과 러시아를 잇는 철교가 눈에 들어온다. 이 철교는 하산과 북한 나진항 3호 부두를 연결한다.

이 철교에도 재미있는 사실이 있다. 북한과 러시아를 다르게 표현했는데 그건 바로 다리 높이다. 자세히 보면 러시아 쪽 다리가 더 높다.

이 철교 아래로 200m 위치에 북한 측 두만강 유람선부두가 있고, 중국 측에도 두만강 제 1부두가 있다.

두만강 건너 북한 쪽으로는 두만강 역이 있는 두만강 노동자구가 있다. 750여 가구에 2300여 명이 거주하는 작은 국경마을로 주민 대부분이 철도노동자와 그 가족 등이다. 연해주 주도인 블라디보스토크에서 290㎞ 떨어져 있다.

훈춘시는 지난 2002년 국무원 비준을 받아 방천 국가중점 풍경명승구를 설립하고, 2004년 방천풍경구관리국을 세워 보호, 관리, 건설을 시작했는데 기초시설에 1억4000만 위안(약 229억 원)을 투입했다. 용호각은 2010년 9월에 착공해 건축면적 8675㎡로 총 7000만 위안(약 115억 원)을 들여 지난 2012년부터 시범운영을 했다. 용호각을 찾는 사람이 늘면서 지난해 5.1절(노동자의 날)에는 1만2000

▲ 중국 러시아 국경 표지판

명이 찾았다고 전해진다. 용호각에는 전망대 시설 외에도 3국의 역사와 풍습, 음식, 의복 등이 전시돼 있고, 기념품 판매점에는 북한 담배와 술, 러시아 초콜릿 등이 나라 별로 구분돼 판매된다.

이곳에서 15km 때문에 동해로 나가지 못하는 중국은 북~러철교에 배가 아픈지 훈춘~나진 새 철교를 계획 중이다. 현재 투먼(圖們)에서 북한 남양으로 연결되는 철로가 있지만, 수익성이 떨어져 나진과 훈춘을 직접 연결하는 철로를 놓겠다는 복안이다.

▼ 두만강에 있는 북한 초소.

▲ 용호각 모습.

▲ 3국 접경지역 관광지 안내판.

▲ 용호각에서 본 왔던 길과 두만강 넘어 북한지역.

2018 북중국경 탐사

[2018 북·중 국경 투먼①]
온성섬...장성택의 저주일까?

양승진 기자·2018. 9. 27..

량수진에서 멀지 않은 곳에'온성섬'이 있다.온성대교에서 600m 정도 두만강을 거슬러 오르면 북쪽으로 지류인 청계하가 흘러드는데 이곳에 붙은 섬이 온성섬이다. 청계하는 1970년대까지만 해도 겨울에도 물이 얼지 않을 만큼 수량이 있었으나 지금은 비가 내리는 장마철에나 흐를 정도로 적다. 량수 서쪽 면을 감돌아 흐르면서 두만강에 합류한다.량수(凉水)라는 지명은 물이 좋아 붙여졌

▲ 라선특별시 도로공사 현장 양승진 기자 제공

으나 지금은 물의 양이 적어 이름을 고쳐야 할 판이다. 량수 사람들은 온성 섬을 '샛섬'이라고 부른다. 새가 많아서 '샛섬'이라는 일설도 있지만, 사실은 사이섬의 준말이다. 온성대교와 온성섬 일대는 두만강이 억겁의 세월을 보내면서 무려 16개의 사이 섬을 만들어놓았는데 처음 가는 사람들은 어디가 어딘지 분간하기 힘들다. 변경 선이 두만강이 아니라 중국의 내륙하 청계하가 되기 때문이다.사실 지도에서 보면 온성섬은 완전 중국 땅이다. 앞에는 두만강이고 3면이 다 중국 땅이니 참 묘하게 위치해 있다. 예전에는 두만강이 이 섬의 북쪽으로 흘렀는데 물줄기 흐름이 바뀌어 섬 남쪽으로 흐르면서 온성섬이 중국 쪽으로 붙게 됐다. 섬 전체를 보면 북한영토인 온성섬은 중국영토 안에 쏙 들어가 있는 모양이다.온성섬은 북한 사람들이 농사를 짓는 땅으로 100ha에 달하는 옥토다. 봄이면 농기구를 줄배에 싣고 건너와 농사를 짓고, 가을이면 경작한 곡식들을 실어 온성군으로 가져간다.현재 온성섬은 사람이 살지 않는 무인도로 백양나무를 둘러 심어 변경 선으로 삼고 있다. 온섬섬은 사실 중국에서 욕심을 내는 섬이다. 중국 연변 자치주 투먼(도문)시는 지난 2013년 말 북한 중앙개발구 관리위원회와 온성 섬 개발 협의서를 체결하고 총 50억 위안(약 9000억 원)을 투자해 2020년 완공을 목표로 공동개발한다는 데 합의했다. 관광 개발구는 둘레 2.5㎞에 930만 평으로 골프장과 수영장, 승마장, 식당 등 관광 편의 시설을 만든다는 계획이다. 중국의 조선족 문화와 북한 문화를 주제로 관광단지를 조성하자는 취지다. 하지만 온성 섬은 장성택의 저주가 깃든 섬이다.북한은 2013년 12월 8일 장성택 행정부장을 정치국 전원회의에서 끌고 나간(숙청) 다음 날인 9일 투먼시와 온성서 개발에 대한 합의서를 체결했다. 그리고 12일 그를 처형하면서 그 죄목의 하나로 '나라의 귀중한 자원을 헐값에 팔아버리는 매국 행위를 했다'고 지적했다. 그렇다면 장성택은 온성 섬을 어떻게 봤을까.도문시 자본으로 온성섬을 관광휴양지로 조성하고 온성군 일부에 공단을 만들어 북한 노동력을 이용하는 '제2의 개성공단'에 장성택은 반대했다고 한다. 이유는 속도 조절이 필요하다는 것 때문이었다. 개혁 개방에 적극적이었던 장성택이 온성섬 개발에 반대한 이유는 뭔지 아이러니하다. 어쨌든 조용하던 온성섬이 지난 2015년 11월 동서를 가로지르는 새 도로를 뚫고 기초공사를 하는 등 움직임이 빈번하다는 보도가 이어졌지만 아직까지 이렇다 할 결과물은 없다. 미국의 상업 위성이 2017년 5월 19일에 촬영한 '온성섬 관광 개발구'는 별다른 진전을 보이지 않는 가운데 좀처럼 속도를 내지 못하고 있다.이와 관련 북한은 총 다섯 군데의 관광 개발구를 지정해 놓고 있다.백두산 무봉 국제 관광특구(2015, 4), 금강산 국제관광특구(2014, 6), 함경북도 온성 섬 관광 개발구, 평안북도 맑은 물 관광 개발구, 황해북도 신용평가 관광 개발구 등이다.김정은 시대 들어와 각 도 단위로 개발구를 만들어놓고 투자 유치 등 큰소리를 쳤지만 아직은 요원하다. 그의 걸음걸이만큼이나 늦어도 너무 늦다.

▲ 73년째 단교로 있는 온성대교.

▲ 1945년 퇴각하던 일본군이 폭파해 73년째 단교로 있는 온성대교의 2층 초소 아래서 북한 군인들이 해바라기 씨를 수확하고 있다.

2018 북중국경 탐사

[2018 북·중 국경 투먼②] 량수진 단교…여기가 한반도 최북단

양승진 기자·2018. 9. 26.

도문시에서 량수진(凉水鎭)으로 가는 길은 두만강을 끼고 간다.북한 쪽 강변에는 옥수수밭이 이어지고 대부분 산간지대라 마을은 그리 보이지 않았다. 초소들이 군데군데 눈에 띄었고, 어떤 곳은 강 전체를 보려는지 산에 초소가 있었다. 수량이 많지 않은 두만강에는 중국과 북한 쪽 강변에 철조망이 끝없이 이어져 국경을 알렸다. 량수진에는 두만강 단교(斷橋)인 온성대교(穩城大橋)가 있다.량수진 용호촌에서 동남쪽으로 2㎞쯤 떨어져 있는데 두만강 하류의 끝자락으로부터 5번째 놓인 다리다.총길이 500m, 넓이 6m, 18개의 교각과 2개의 교대로 이뤄졌고, 교각의 경간 길이는 25m로 일제가 만주에서 약탈한 물자를 운송하기 위해 1937년 건설했다. 하지만 이 단교는 6.25와는 무관하고 일본 패망과 관련이 깊다.1945년 8월 8일 소련이 대일 선전포고를 한 후 소련군은 150만 명의 병력을 집결시켜 네 갈래로 진격하자 황망히 패퇴하던 일본군은 소련군의 기병과 탱크부대의 진격로를 차단할 목적으로 8월 12일 새벽 5번째 교각에 폭약을 묻고 폭파해 버렸다.이로 인해 온성대교는 무려 73년간이나 단교 상태로 있다.량수진은 훈춘시에서 41㎞, 도문시에서 21㎞, 왕청현과는 45㎞ 킬로 떨어져 3개 현·시의 삼각 교차점에 위치해 있다. 두만강을 사이에 두고 북한의 함경북도 온성군과 마주하고 있어 한반도 최북단이다.총면적은 371㎢이고 12개의 행정촌과 1개의 사회구역이 있다. 인구는 1만4000여 명으로 알려졌지만 실제로는 6000여 명 수준이다. 일제강점기 시절 강제 이주정책에 의해 충북 옥천에 살던 80여 가구가 장착해 지금도 터를 일구며 살고 있다. 1980년대 인구 대부분이 조선족이었으나 하나둘 등지면서 지금은 한족 인구가 상당수를 차지하고 있다.량수진 룡호촌 부락을 지나 두만강 변 인근 주차장에서 제방을 오르는데 '조선 측에 향하여 촬영하거나 말을 건네거나 강에 쓰레기 던지는 것을 엄금한다'라는 문구가 눈에 띄었다. 국경에 다다랐음을 알렸다. 조금 더 가자 '물건을 던지지 말라'는 등 5가지 주의사항이 한글로 적혀 있었다.다리로 가니 희미하지만, 온성대교 표지석이 한문으로 적혔고, 오른쪽 준공 일자는 소화(昭和) 12년 5월까지만 보였고 나머지는 판독할 수 없었다.다리를 20여 발자국 정도 들어갔더니 옥수수밭 아래 둔치에 경영촌 11㎞, 밀강하구 12㎞라는 도로표지판이 서 있었다. 굳이 표지판을 강에서 보게 만든 이유는 뭐고 그것도 예전에 만든 것이 아닌 최근 표지판이어서 의아했다. 마치 탈북자들에게 알리는 방향 표시 같았다.단교 중국 쪽 끝에는 '국외로 촬영 소리침 물건 버림은 엄금한다'라는 현수막이 붙었다.북한 쪽으로 보니

▲ 량수진과 온성군 일대.

단교 끝에 하늘색 2층 초소 앞으로 북한 병사 4명이 앉아서 작업했다. 뭔가 하고 카메라를 당겨보니 해바라기 씨를 수확하는 중이었다. 가끔 입에다 넣는 모습도 보였다.두만강 북한 쪽에서는 그물을 치는가 하면 염소를 몰고 가는 주민이 보였고, 멀리 도로에선 선전용 봉고차 뒤로 자전거를 타고 가는 주민들도 눈에 띄었다.초소 뒤로 보이는 막사는 새로 지은 것인지 도구를 든 군인들이 왔다 갔다 부산하게 움직였고, 그 뒤로 논밭 너머에는 빌딩과 영생탑이 있는 온성군이 보였다.

온성군은 함경북도 북부에 위치해 중국 도문시와 두만강을 사이에 두고 맞대고 있다. 인구는 13만 명이고 1읍 10구 15리로 구성돼 있다. 군의 남쪽은 회령시, 동쪽은 새별군에 접하고 서·북은 두만강(豆滿江)을 국경으로 하여 중국 지린성과 마주하고 있다. 회령과 온성군의 가운데에 있던 종성은 1974년 두 군에 흡수됐다.

한반도의 최북단 군으로 남양면(南陽面) 풍서동(豊西洞)의 유원진(柔遠鎭)이 한국의 극북(極北)인 북위 43 °0'39″이 된다. 교통은 서부와 북부지역으로 함북선이 통과하고 있으며 군 내에는 삼봉역, 종성역 등이 설치돼 있다.

남양과 삼봉에서 중국과 연결된 남양~도문철교가 있고, 도로교통은 신의주~우암간 도로가 통과되며 종성, 남양, 동포 등과 연결돼 정기 버스가 운행된다.

종성읍의 부성 한가운데에 북한의 국보급 문화재 제50호로 지정된 수항루(受降樓)라는 3층 누각이 있다. 종성부사 이종일이 처음 세웠고, 고을 사람인 주수맹이 고쳐 세웠다. 우리나라에서 그 예를 찾아볼 수 없는 3층 누각인 수항루는 처음 지어질 적에는 뇌청각(雷天閣)이라고 했다. 1608년 침입해온 적을 무찌른 뒤 수항루라고 고쳤는데, 목탑과 비슷한 특징을 갖춘 것이 특징이다. 1층은 정면 7칸에 측면 6칸이며, 2층은 정면 5칸에 측면 4칸, 3층은 정면 1칸에 측면 1칸이다.

온성군 왼쪽으로는 아주 멀리 왕재산(239m) 아래 조선로동당 1차 당 대회 기념비가 보였다. 흰색의 기념관과 동조각상, 기념탑이 우뚝 솟아 있었다. 김일성이 온성군과 량수 천자를 넘나들며 항일투쟁을 했다고 만들어놓았다.

온성대교 옆으로 중국 쪽에는 형식적으로 치다 만 철조망이 덩그러니 놓여 있어 고개를 갸우뚱하게 했다. 다리에 사람들이 몰리니 철조망은 그저 흉내만 낸 듯했다.온성군은 대부분 한반도의 끝이라고 한다.구태여 우리가 '끝' 자를 붙일 필요는 없다. 끝은 또 다른 시작이어서 이곳이 출발지이기도 하기 때문이다.

▲ 온성대교 제방 아래 음식점 주차장에 꾸며진 단교 조형물.

▲ 온성대교 중국 쪽 끝단에서 멀리 온성군이 보인다.

▲ 강폭이 넓지 않은 두만강. 겨울철에는 4개월 동안 얼음이 언다. 건너편은 북한 함경북도 온성

▲ 단둥에서 밤 11시 30분쯤 보이는 신의주의 불빛. 불 밝힌 다리는 압록강 단교.

2018 북중국경 탐사

[2018 북·중 국경 단둥①] 압록강...그곳에도 사람이 산다

양승진 기자·2018. 9. 17.

단둥은 압록강을 따라 북한과 306㎞에 걸쳐 국경이 있다. 모터보트나 유람선을 타고 북한지역을 조망하는 곳이 많지만, 지금은 압록강 단교와 청성교 이외에는 없다. 지난해까지만 해도 호산장성 아래 일보과 근처의 압록강을 따라 어적도와 의주 사이를 왕복했지만, 올해 들어 중단시켰다. 이와 관련 3가지 설이 있다. 유람선 업자들이 세금을 포탈해 누구랄 것도 없이 영업정지를 내려 더 못하게 막았다

▲ 청성교 광장에 설치된 팽덕회 기마 동상. 여기서 유람선을 타고 북·중 국경을 돌아보다

는 설과 또 하나는 북한 측의 잇따른 항의로 결국 유람선을 철수할 수밖에 없었다는 설이다. 한편으로는 압록강 단교와 함께 청성교를 부각해 애국심 고취 장소로 키우자는 설 등이 있다.

어느 것이 맞는지는 모르지만, 그동안 한국인 관광객들이 백두산 여행을 하면서 압록강 유람선 하면 대부분 호산장성 아래 어적도 일대에서 탔었다. 지난 3일 청성교를 찾았을 때는 평일이고, 간간이 비가 내려 을씨년스러웠다. 유람선을 타고 보니 평일인데도 북한 주민들의 일상이 눈에 들어왔다. 자루를 메고 비포장도로를 걷거나 자전거나 오토바이를 타고 이동하는 사람들도 보였다.

예전 같으면 소총을 둘러메고 망원경

으로 유람선을 관찰하던 초병들이 있었지만, 지금은 초소까지 텅 비었다. 아마도 중국 측에서 유람선 운항을 알려 낮에는 비워두는 듯했다. 비가 오락가락하는 통에 강물에 뛰어든 사람은 없었다. 밀수하다 잡힌 사람들을 수용하는 여자 교도소는 적막한 가운데 담 옆에서 작업하는 여군만 보였다. 예전에는 이곳에서 외곽 보초를 서던 여군을 찍기 위해 모터보트들이 수시로 왕래하기도 했다.

유람선이 어느 정도 비포장도로를 끼고 가자 군용트럭 위에 남녀 군인이 뒤섞여 이동하는 모습이 보였다. 마치 콩나물시루같이 모두 서서 일제히 유람선을 바라봤다.

옥수수밭을 지나 한참을 가자 자전거를 타고 나온 주민들이 강변에서 노는 모습이 보였다. 마치 천렵을 나온 듯 그나마 풍경이 어울렸다. 한데 유람선이 지나가자 한 아이가 먹는 모습의 시늉을 하며 달라고 소리쳤다. 주위의 어른들은 빙긋이 웃기만 하고 아이는 계속 먹을 것을 달라고 했다. 이 아이 눈에도 유람선에 타고 있는 사람이 남한 관광객이란 걸 알고 있는 듯했다. 참 난처한 상황에 누구 하나 대꾸할 틈도 없이 그렇게 지나쳤다.

또 다른 강변에서는 자갈을 만드는지 돌을 깨는 주민들이 보였고, 도로를 따라 걷거나 자전거를 타는 군인들의 모습도 보였다.

조금 더 상류로 오르자 청수화학공장이 가동되는지 연기가 피어올랐다. 원래 이 공장은 가동이 멈춰 폐허가 됐으나 2014년부터 중국인이 임대해 지붕을 개량하는 등 정비를 거쳐 운영되고 있다. 인근에 풍부하게 매장된 석회석을 이용해 카바이드와 석회 질소비료, 인비료 등을 생산하고 있다고 한다.

압록강에 있는 또 하나의 철교인 청수철교가 멀리 보였다. 관전현 상하구(上河口)와 평안북도 청수군을 연결하는 철교는 667m로 일본 강점기에 건설됐다. 그동안 북-중 간 교류가 끊기면서 이 다리를 사용하지 않은 채 방치됐었다. 최근 중국 측 상하구 역(驛)과 주변 철로가 정비돼 곧 복원될 전망이다.

갑자기 소나기가 쏟아지면서 배는 큰 원을 그리듯이 돌아 다시 하류로 향했다.

비포장도로에 형제로 보이는 어린아이

두 명이 우산을 받쳐 들고 궁금한지 유람선 쪽을 몇 번이나 뒤돌아보는 게 보였다. 마치 동화 속의 한 장면을 보는 듯했다.

▲ '제2의 단교'로 불리는 청성교

'제2의 단교'를 지나면서 북한 쪽을 보니 온 천지가 옥수수밭으로 가득 찼다. 가파른 산비탈과 하늘, 압록강만 빼고는 죄다 옥수수밭이다. 어쩌면 식량난에 허덕이는 북한 자체가 '옥수수 공화국'은 아닌지 의문스러웠다. 유람선은 다시 제자리를 찾아 단둥 쪽 강변에 내려놓았지만 먹을 것을 달라고 소리치는 아이와 우산을 들고 유람선 쪽으로 자꾸 뒤돌아보던 아이들이 겹쳐져 마음을 심란하게 했다.

Island in North Korea

황해남도의 섬

1. 강령군 2.과일군 3.배천군 4.연안군 5.홍진군 6.용연군 7.은률군 8.청단군

<표> 도·시·군별 섬 종합표 43)

번호	도, 시, 군별	개수	둘레(㎞)	면적(㎢)
1	**남포시계**	3	1.72	0.053
2	**황해남도계**	241	406.97	97.663
3	**은률군**	18	14.29	1.021
4	**과일군**	29	117.12	41.364
5	**장연군**	1	0.28	0.006
6	**룡연군**	16	12.11	0.743
7	**옹진군**	30	90.19	19.671
8	**강령군**	72	116.05	30.212
9	**벽성군**	4	1.07	0.013
10	**해주시**	1	0.53	0.010
11	**청단군**	57	44.44	4.089
12	**연안군**	13	10.89	0.534

43) 「북한 지리정보원」 우리나라의 바다 : 자연지리, 1990

<표> 황해남도 주요 섬 44)

번호	섬이름	섬의 크기			지리적 위치		행정구역
		둘레(㎞)	면적(㎢)	높이(m)	경도	위도	
1	**곰섬**	4.07	0.608	119	125°04'	38°36'	황해남도 은률군
2	**구증산도**	2.06	0.255	56	126°02'	37°49'	황해남도 연안군
3	**대수압도**	7.09	1.510	88	125°46'	37°48'	황해남도 강령군
4	**룡매도**	11.92	2.203	101	125°54'	37°46'	황해남도 청단군
5	**룡호도**	12.65	2.003	99	125°21'	37°49'	황해남도 옹진군
6	**륙도**	2.82	0.204	42	124°56'	38°04'	황해남도 룡연
7	**륙읍도**	2.18	0.173	51	125°53'	37°46'	황해남도 청단군
8	**마합도**	4.93	0.940	110	124°58'	37°55'	황해남도 옹진군
9	**무도**	2.54	0.182	46	125°35'	37°44'	황해남도 강령군
10	**석도**	42.91	8.258	132	125°00'	38°39'	황해남도 과일군
11	**소수압도**	4.78	0.576	44	125°45'	37°50'	황해남도 강령군
12	**어화도**	8.83	1.524	78	125°13'	37°45'	황해남도 강령군
13	**위도**	3.25	0.464	102	125°25'	37°50'	황해남도 옹진군
14	**월내도**	3.46	0.372	62	124°49'	38°03'	황해남도 룡연군
15	**창린도**	20.61	7.151	84	125°10'	37°49'	황해남도 옹진군
16	**초도**	54.61	32.286	350	124°51	38°32'	황해남도 과일군
17	**파도**	2.27	0.587	81	125°22''	37°50'	황해남도 옹진군

44) 「북한 지리정보원」 우리나라의 바다 : 자연지리, 1990

01. 강령군

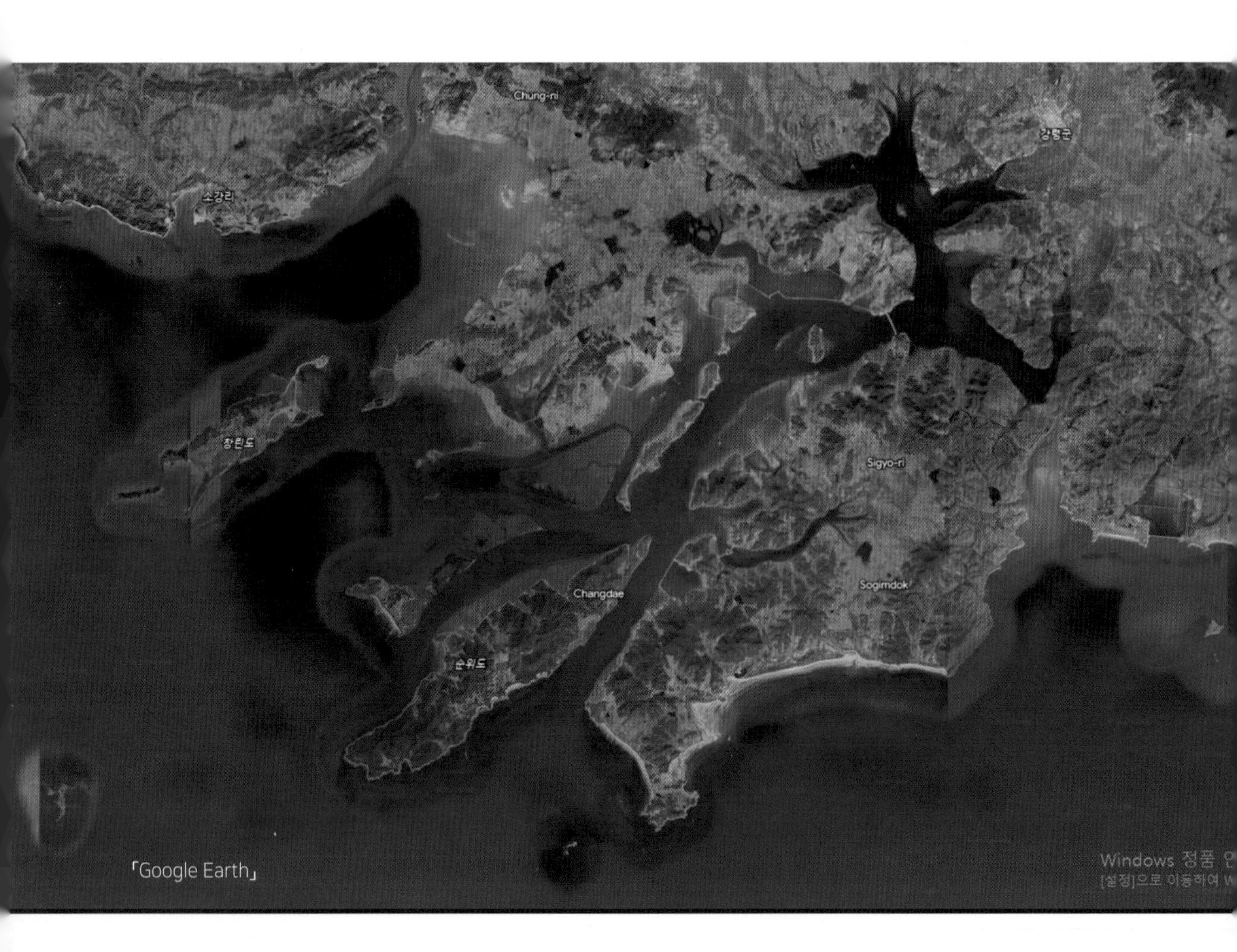

「Google Earth」

1) 갈도

"평화의 가치, 안보의 중요성을 실감하는 곳"

[개괄] 갈도 면적은 0.17㎢, 섬 둘레가 1.8km에 불과한 작은 무인 도서이다. 갈도와 남한 연평도 사이 거리는 5.5km이다. 북한의 군사시설이 있는 갈도 바로 위에 석도라는 작은 무인 도서가 있다. 남한의 연평도와 가장 가까운 석도는 규모가 너무 작아서 군사시설은 갖추지 않고 있다. 그러나 북방한계선에서 불과 1.4km 거리에 있어 군사 전략상 매우 중요한 곳이다. 석도 인근 연평도에는 무적 해병대 연평부대가 지키고 있다.

연평도의 망향 전망대에서 북녘을 보면 좌측으로 북한의 갈도·장재도·석도가 보인다. 그리고 우측으로 남한의 우도가 보이고 그 너머로 강화도가 흐릿하게 보인다. 관측 망원경을 통해 장재도를 보면 북한 군인들의 움직임을 관측할 수 있다. 커다란 구멍도 보이는데, 북한의 해안포로 추정된다.

갈도와 석도는 무인도이나 장재도에는 북한군 1개 중대가 주둔해 있다. 2012년 8월 18일 북한 김정은 위원장이 위장 어선을 타고 이곳을 방문한 뒤 무도로 이동했다고 한다. 그만큼 북한이 전략적으로 중요하게 여기는 곳이다. 또 장재도에서 석도까지 거리가 직선으로 3km밖에 되지 않는다고 하니, 연평도가 안보의 최전선임을 실감할 수 있다. 이곳에서 10분만 북녘을 보고 있노라면 평화의 가치, 안보의 중요성을 새삼 깊이 느낀다. 현장에서 가슴으로 느끼는 평화와 안보야말로 진정한 애국의 원천이 아닐까!

▼ 한국해양경찰청 경비함 인천해경 제공

2) 비압도·飛鴨島

"갈매기의 고향, 해산물 천국"

[개괄] 비압도(飛鴨島)는 이름처럼 갈매기의 고향이며 갈매기를 꼭 닮은 멋진 섬이다. 그러나 이름과 달리 비압도는 NLL 북방 지역에 속하는 아주 작은 섬으로 늘 긴장을 늦출 수 없는 비운의 섬이다. 서둘레는 약 2.9km, 면적은 0.18㎢이며 바로 앞에 있는 부속 섬 까마귀 섬과 연결이 되어 있다. 구글 위성사진으로 자세히 보면 군인들의 막사가 많이 보인다. 예전에 이 섬에 12가구 정도가 사는 곳으로 알려졌지만, 지금은 완전히 북한 군인들이 남한과 대치하면서 경계 근무하고 있다.

국방부에 따르면 북한은 NLL 근처의 섬인 월래도, 육도, 마합도, 기린도, 창린도, 어화도, 순위도, 비압도, 무도, 갈도, 장재도, 계도, 대수압도, 소수압도, 아리도, 용매도, 함박도 등 서해 일대 17곳에 북한군을 주둔시키고 있다고 하였다. 북한은 서해 NLL 일대 암석지대로 된 무인도서 3곳(하린도, 석도, 옹도)을 제외한 거의 모든 섬에 군사시설을 구축하고 있는 것으로 알려졌다. 서해 NLL 일대 섬들에 대한 북한군의 군사기지화 실태가 구체적으로 드러난 것은 얼마 되지 않았다.

2005년 이래 연평도 인근의 갈도와 아리도에 화포와 레이더를 설치하고 함박도에 레이더와 1개 소대 병력을 배치했다. 창린도에는 240㎜ 방사포를 배치한 것으로 확인되었다. 김정은은 2019년 11월 창린도 방어부대를 찾아 직접 해안포 사격을 지시하기도 하였다. 비압도는 백령도와 연평도 사이의 중간 지점에 있으며 육지인 옹진군 소강과의 거리는 약 21km로 먼바다에 홀로 또 있는 섬이다. 비압도 외로운 섬이지만 사람들의 왕래가 적어서 새들의 고장이며, 해산물의 천국으로 휴가철에 한 주일 동안 보내기 딱 좋은 곳이다.

"50년대 북파공작원 77명 생존 가능성"

국회 통일외교통상위 김성호(金成鎬.민주당) 의원은 5일 "우리 군 당국은 지난 50년대 북파된 공작원 5천5백여 명 중 77명을 북한에 의해 체포된 것으로 분류해 놓고 있다"라고 주장했다. 김 의원은 이날 보도 자료를 통해 "군 당국은 북한에 체포된 77명에 대해 별도의 명부를 작성해 특별 관리하고 있는데, 이들 모두 생존 가능성이 있다"라며 "이는 북한에서 붙잡힌 공작원들의 남파 가능성에 대비하는 동시에 남북 공작원 맞교환에 대비하기 위한 차원으로 보인다."라고 밝혔다.

김 의원은 "군 당국은 그러나 60년대 이후 북파됐다가 사망 또는 실종된 2천1백여 명의 공작원에 대해서는 `피포자(被捕者)' 명단을 따로 보관하지 않고 사망 또는 실종자로 분류해 놓고 있어 전체 피포자의 정확한 규모는 파악되지 않고 있다"라고 덧붙였다. 또 그는 "군 당국은 한국군 소속 북파공작원뿐만 아니라 미군 부대 소속 북파공작원에 대해서도 50년대에 북파된 사실만 인정되면 국가유공자 예우를 해주는 것으로 최초 확인됐다"라고 말했다. 김 의원은 "군 당국은 휴전 직후인 지난 53년 12월 13일 미 첩보부대인 잭(JACK)소속 북파공작원으로 북파됐다가 귀환 도중 서해 비압도에서 공작선 화재로 사망한 강용재 씨에 대해 지난 4월 27일 자로 국가유공자로 예우, 육군참모총장 명의의 '전사 확인서' 발급과 함께 대전 국립현충원에 위패를 모실 수 있는 권한을 부여한 사실이 확인됐다"라고 밝혔다.

「연합뉴스」 2000.11.05. 고승일 기자

3) 무도(茂島)

「Google Earth」

[개괄] 무도(茂島)는 황해남도 강령군에 있는 작은 무인 도서로, 섬 둘레 2.5km, 면적은 0.2㎢다. 연평도에서 12km 떨어진 곳으로 북한의 주요 군사기지이다. 휴전선 가까이에 있어 한국전쟁 당시 남한 영토였으나, 전쟁 중에 북한이 점령했다. 이후 쌍방 간에 여러 차례 공방전을 벌렸지만, 휴전 이후 무

도는 민간인은 살지 않고 군인들과 군사시설들만 들어섰다.

과거에는 무도가 새우 어장의 중심지였다. 당시 가난하고 무지하여 여자들은 학교에 보내지 않았고, 남자들은 학교에 다니더라도 어린 나이에 일찍이 뱃일하면서 부모님 일을 도왔다. 해안가나 섬에 사는 사람들이 가장 수월하게 할 수 있는 것이 바로 배 타는 일이었다. 특별한 기술이 없어도 배를 타고 나가서 주로 조기와 새우젓(육젓)을 한배 가득 잡았다.

요즈음은 모든 시설이 기계화되었으나, 과거에는 여러 사람이 그물을 배로 끌어 올릴 때, 노래로 흥을 돋우면서 일을 했다. 피로를 달래고 힘을 얻기 위한 수단이었지만, 당시 배 타는 사람들은 모두 소리를 잘했다. 매일 소리를 하면서 그물을 끌어 올렸기 때문이다. 그래서 무도 거첨뱅이 소리는 무형문화재로 전해지고 있다.

바다 내음 묻어나는 주대소리 우렁찬데

올해 여든여덟 된 소인식 공(인천시 남구 거주)은 인천시 지정 무형문화재 제5호 주대소리 보유자다. 주대 소리는 바닷가에서 쓸 줄을 꼬면서 부르던 일노래. "옛날에는 줄을 짚이나 칡으로 굵게 꼬아 썼지. 봄이 되면 동네 사람들은 뭍에서 밤새 줄을 꽈. 줄 종류는 닻줄, 앙금줄, 아메줄, 버리줄 여러 가지지. 그때 힘든 걸 이겨내고 단합심을 높이기 위해 주대소리를 부르는 거야." (중략)

그렇게 완성된 줄 중 가장 굵은 줄은 넓은 바다에 어장을 설치하는 데에 쓰인다. 한배에 탄 한 조(10명)의 어부들은 장나무 수십 개를 정확한 치수만큼 간격을 두고 바다 한가운데 설치한다. 큰 돌 100개씩 담은 망태기를 나무 밑둥에 묶으면 나무는 바닷물 속에서 고정된다. 나무와 나무 사이 칸칸이 줄을 매고 대형 그물을 설치해 놓으면 그 사이로 조기 때가 밀려 들어가는 방식이다. 주대 소리를 하도 힘차게 불러 줄 꼬는 일이 끝나고 나면 모두 목이 쉴 정도였다. (중략)

황해도 옹진군 봉구면 무도리가 고향

인 소옹은 16살 때부터 어장 일을 시작했다. 당시 조선에서 가장 큰 조기 어장으로 소문났던 왼돌어장이 바로 소옹 집안이 3대째 뿌리내리고 업을 이어가던 곳이다. 요즘 사람들에게는 생소하기만 한 용어들이 가득 적힌 어장지도를 펼쳐 보이며 소옹은 고향 냄새 가득 묻어나는 주대 소리를 힘차게 불렀다.

「인천일보」 1998.12.16.

바닷가 생활을 하는 사람들은 소리가 곧 생활이다. 언제 어떠한 재난을 당할지 모르는 불안감을 해소하자는 이유도 있겠으나, 무료하게 시간을 보낸다는 것이 얼마나 큰 고통인가는 배를 타보지 않은 사람은 알 수가 없다고 한다. 몇 날 며칠 간을 하늘과 바다만 보면서 생활하는 것이 어부들의 생활이고 보면 아무래도 소리 한 자락 없이 시간을 보낸다는 것은 무료함이라기보다는 차라리 고통에 가깝다고 한다.

우리 소리가 기계화나 현대화에 밀려 사라진 지금에도 바닷소리가 남아있는 것은 그 환경적 요인이 강하다고 볼 수밖에 없다. 지금도 배에서 일하는 어부들은 기계가 그물을 끌어 올린다고 해도 소리를 한다.

바닷소리는 단순한 소리이기보다는 그 소리를 하면서 어깨춤도 추고, 팔도 한 번 저어보면서 신바람을 내는 풍어를 갈망하는 기원적 소리라고 볼 수 있다.

상습 군사 충돌지역 연평도의 운명

[북한, 52분간 해병부대·마을 겨냥해 무차별 포격 …]

『2010년 11월 23일 오후 2시 34분, 북한 황해남도 강령군 쌍교리 구월봉 일대의 일명 '개머리'와 그 앞의 무도 해안포 기지에서 첫 포성이 울리며 연평도 쪽으로 포탄이 날아들었다. 군 관계자는 "포사격 초기 20~30발은 연평도에 미치지 못하고 해상에 떨어졌다"라며 "이후 수십 발의 포탄이 해병대 부대와 마을·야산 등에 떨어졌다"라고 전했다. 군부대와 민간 가옥이 큰 피해를 봤고 곳곳에서 산불이 발생했다. 민간인 3명에게도 상처를 입힌 공격이었다. (중략)

오후 2시 47분. 연평도 해병대 부대는

북한군의 포 공격 13분 이후 K-9 자주포 80여 발을 대응 사격했다. 합참 관계자는 "대포병 레이더로 북한군의 포격 원점을 파악하고, 자주포 장전·발사를 하는 데 10여 분의 시간이 걸렸다"라며 "평소 훈련보다 신속한 대응이었다"라고 설명했다.』

「중앙일보」 2010.11.24

대선 D-4에 김정은, 연평도 인근 부대 시찰
무도는 연평도 포격부대 주둔, 김 "고도의 격동상태 유지하라"

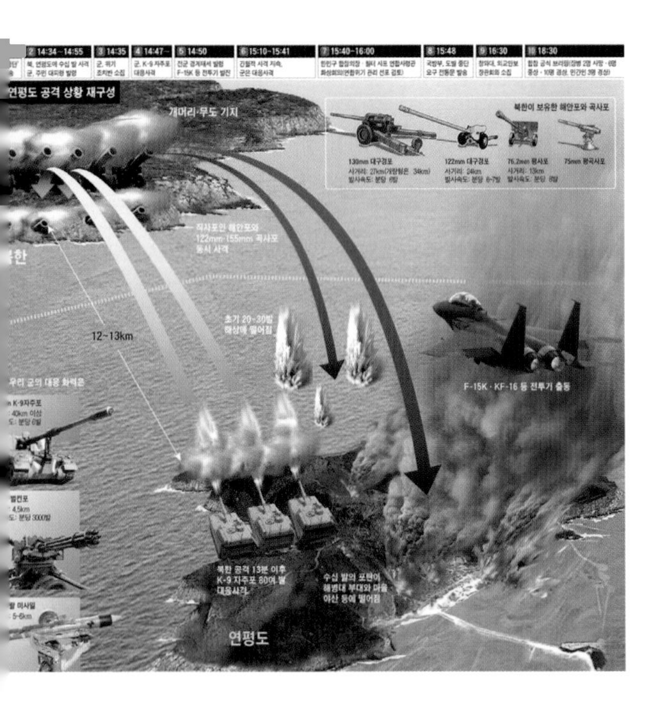

대선을 나흘 앞둔 민감한 시점에 김정은 북한 노동당 위원장이 서해 최전선을 시찰한 것으로 전해져 눈길을 끈다. 〈조선중앙통신〉은 5일 김 위원장이 "서남전선수역 최남단에 있는 장재도 방어대와 무도 영웅방어대를 시찰"했다고 보도했다.

국방부 관계자도 이날 "(김 위원장이) 지난 4일 소형 선박을 이용해 장재도와 무도를 방문한 것으로 안다"라고 확인했다. 황해남도 강령군 개머리 해안포 기지 남쪽 해상에 이웃해 있는 장재도와 무도는 각각 연평도에서 6.5km와 11km 남짓 떨어져 있다.

「한겨레신문」 2017.5.5

조선 인민군 최고사령관, 무도·장재도 방어대 시찰하시다

「민주 조선」 2013.9.3

북한 김정은 지도자는 무도 방어대와 장재도 방어대를 시찰하였다. 1년 남짓 사이에 자기들의 최전방 초소를 세 번째로 찾아준 김정은 지도자를 맞이한 무도 영웅방어대와 장재도 방어대의 군인들, 군인 가족들의 가슴에는 크나큰 기쁨이었다. 그는 장재도 방어대를 새로이 꾸몄는데 마음에 드는지 물었다.

그는 품에 안기는 장재도 섬 분교 어린이들을 다정히 쓰다듬어 주시며 이름이 무엇인가, 나이는 몇 살인가, 물어보았다. 무도 방어대와 장재도 방어대에서 군인 아버지들과 분교 선생님들에게 아이들을 조국 수호의 포성을 들으며 자란 아이들을 잘 키우라고 당부하였다. 장재도 방어대에서 장항명 어린이를 부르시고 안아 주신 지도자는 지난 3월이 돌이었는데 그새 많이 컸다고 기뻐하였다.

그는 종전의 건물들을 완전히 헐어버리고 새로 꾸민 병영과 살림집, 진지들을 돌아보시면서 방어대의 요새화 실태를 만족해하였다. 의료실과 새로운 목장, 식당 등을 돌아보신 그는 병영의 모든 조건이 생활에 편리하게 최상의 수준으로 꾸려져, 뭍에서 생활하는 군인들이 이곳을 부러워한다는 보고를 받으시고 커다란 만족을 표시하였다.

다음은 군인 가족이 생활하는 살림집도 돌아보았다. 정갈하고 아담한 살림집 구역을 바라보신 그는 마치 휴양소 같다고 말씀하였다. 지도자는 살림방, 부엌, 세면장, 위생실도 꾸려주고 TV를 비롯한 가정용 비품들을 일식으로 갖추어 준 것은 정말 잘했다고 하였다. 그리고 장재도 방어대 살림집을 배경으로 기념사진을 찍었다. 고마움의 인사를 담은 방어대장의 딸 송현희 어린이의 독창과 연주도 웃음 속에 들어주시고 박수도 쳐주었다.

지도자는 장재도 방어대의 병영과 살림 구역의 옛 모습이 완전히 사라지고 새로운 섬 초소, 멋진 섬마을이 생겨났다고 장재도의 천지개벽이 일어났다고 말씀하였다. 또 장재도 기후 풍토에 적합한 나무들과 식물들을 선정하여 섬을 푸른 숲으로 변화시킬 것을 지시하였다.

이어서 무도를 방문하신 다음 무도 영웅방어대 역시 장재도처럼 천지개벽이 일어났다고 만족해하였다. 무도 방어대 군인인 조정호 동무의 외손자 장포성 어린이도 품에 안아 주시며 앞날을 축복해 주었다. 위원장은 장재도와 똑같이 새로 꾸민 무도 방어대의 병영과 살림집, 진지들을 돌아보시며 요새화 실태를 구체적으로 시찰하였다.

무도는 앞으로 병영과 살림집 구역이 뚜렷하게 바닷바람에 잘 견디는 나무들을 많이 심어 섬을 푸른 숲으로 만들어야 한다고 말씀하였다. 무도는 여섯 명의 어린이들을 위한 무도유치원과 네 명의 학생들이 공부하는 순위 고급중학교 무도분교를 돌아보았다. 이날 무도 방어대 예술대 공연을 보시고 그들의 공연 성과를 축복해 주시고 기념사진도 찍었다. 그는 이제 무도 방어대를 떠나기 위하여 바닷가로 나와 배에 오르고 군인들과 군인 가족들과 헤어졌다.

▲【출처】통일부 「북한정보포털」에 수록된 「민주조선」 2013.9.3일자 보도내용 재구성

섬방어대병사들을 찾아 현지지도의 길에 오르신 경애하는 최고령도자 **김정은**동지 (2012. 8.)
Kim Jong Un on his inspection trip to an island-defending unit of the KPA (August 2012)

▲ 무도 방어대를 시찰 한 후에 육지로 향하는 김정은 위원장

한국전쟁의 유격전사 국방부 군사편찬연구소 펴냄 2003년 12월

- 무도의 중요성 -

1952년 2월 무도를 점령한 후, 파견대를 상주시켰다가 부대기지를 무도로 옮겼다. 무도는 내륙으로부터 불과 2㎞도 못 미치는 거리로 북한군의 포격 사정권 내에 있었으나, 내륙으로 침투하는데 유리한 지점

이었다. 642) 당시 부대편성은 다음과 같았고, 1952년 11월경 대원의 규모는 250명이었다. 이들 중 90% 이상이 연백군 출신이었고, 나머지는 해주시·벽성군·옹진군 출신이었다. 이 때문에 간부들과 대원들의 이탈이 잦은 편이었다고 한다. 643) 휴전이 되자, 부대는 무도에서 후방으로 이동했다. 이때 대원들은 미국으로 간다느니, 아니면 일본으로 간다느니 하는 소문으로 마음이 몹시 설렜으나 인천 앞바다 조그마한 대무의도에 도착했을 때 크게 실망했다고 한다. 국방부 제8250부대 제6연대로 재편될 때, 규모가 적어서 중대로 편입되는 데 그치자 일부 간부를 비롯해 대원들이 이탈했다. 644) 이 부대가 해체되면서 부대장 이용순은 중위로, 부부 대장이나 중대장 등은 소위로 임관되었고, 나머지 대원들은 사병으로 편입되었다. p 유격 전사 466

제6부대는 무도의 방어를 비롯해 KLO 첩보 대원의 출입지원이나, 북한지역에 주기적으로 상륙작전을 실시했다. 작전 사례로는 1952년 5월 6일, 유격대원 30명이 연안군 오암리 염전(BS450840)을 공격하여 소금 50가마를 탈취한 것을 비롯해 같은 해, 6월 24일 81㎜ 박격포 40발을 부포항 서남쪽 간동 해안가(YB275825)에 발사하여 정크선 2척을 파괴하여 북한군 5명을 사살했다. 7월 27일 12명 대원이 북한군 제21여 단 2대대 소속 병사 1명을 생포하기도 했다. 647) 1952년 제8240부대 사령부 밴더풀 중령이 북한군을 교란하기 위해 대원 14명에게 제2차 세계대전 당시 독일 비밀경찰복(SS uniform)을 입혀 해주 인근 지역으로 투하했을 때, 제6부대 미 고문관 램 대위는 648) 대원 40명을 인솔해 이들을 안전하게 철수시켰다. 649) 제6부대의 작전 활동의 경향을 살펴보기 위해 미군에게 올린 보고를 검토해 보면 1952년 6월 4회, 7월 6회, 8월 5회, 9월 6회, 10월 6회 등 1주일 한 번 정도

의 작전이 있었다. 650) 에 의하면, 1952년 8월과 10월 중 각각 5회 내외의 상륙작전을 전개했다. 작전 규모는 10여 명으로부터 60여 명까지 출동하여, 북한군과 자위대원들에게 10명 내외에게 타격을 입혔다. 대원들이 적진에 상륙하여 지뢰를 매설하기도 했다. 10월 중 작전 가운데 좀 더 구체적인 내용을 살펴보면, 1952년 10월 27일 유격대원 8명이 부포항 서쪽 2㎞ 지점인 가늘 골(YB281857)에 추락한 유엔기를 폭파하는 임무를 수행하는 과정에서 북한군 30명과 조우하여 5명을 사살하고 4명을 부상시켰으나, 유격대원 1명도 전사하고 3명이 상처를 입었다. 651) 같은 해 9월 21일, 대원 74명이 강령군 회화촌 해안가(YB245845)로 상륙하여 북한군 19명을 포위 섬멸하고, 증원군과 교전하여 결국 총 32명을 사살했다. 652) 대원들이 평가하는 주요 작전으로는 무도 탈환과 방어작전, 장재도 탈환 작전, 29고지 기습작전, 옹진군 봉구면 기습작전 등을 들 수 있다. 무도는 옹진군 봉구면 서남단 육지로부터 약 2㎞ 떨어져 있는 섬으로 박격포 사정거리 내에 위치하였고, 653) 북한군 분견대가 상주해 있었다. 1952년 2월 초 부대장의 직접 지휘하에 미 해군의 수송함에 승선하여 연평도를 출항했다. 그리고 미 함정은 유격대원들을 승선한 채 연안을 오고 가면서 적지와 무도에 함포사격을 가한 후 야간에 기습상륙작전을 감행하여 아군의 피해 없이 무도를 탈환했다. 이후 부대는 이 무도에 파견대를 상주시며 옹진반도 내의 정보수집 기지로 활용했다. 그러다가 부대는 무도에 주력부대를 주둔시켜 수시로 옹진반도로 상륙하여 적의 주요시설과 통신선을 파괴하고 적의 후방을 교란하는 작전을 수행하였다.

1952년 6월 11일 북한군 300명이 6척의 동력선과 6척의 범선으로 120㎜ 박격포와 직사포의 지원을 받으면서 무도를 탈환하기 위해 공격해 왔다. 유격대원들은 6문의 기관총으로 방어하여, 북한군 150명을 살상시키고 4척을 침몰시켰으나 80여 가옥 대다수가 파괴되었다. 북한과 매우 가까운 거리에 있었기 때문에 첩보를 획득하는 루트로 이용되었던 무도의 사수는 울팩 제6부대의 주요한 공적이었다. 이 성과로 울팩 기지사령부로부터 무반동총 3문을 받았다. 부대장은 전투 중 중상을 입으면서도 무도를 사수했다. 654) 무도 사수를 위해, 부대는 연평도 해안을 경비 중인 해군 제702함, 제703 함에게 함포 지원을 요청했다. 1952년 7월 3일 제703함은 무도 대안(YB267829·304824·287834 등)에 있는 적 중대본부·포대에 맹폭격을 가했다. 7월 21일 제702함은 북한군 1개 소대가 집결하고 있는 고지에 이날 20시 22분부터 23시 35분까지 함포사격을 했고, 7월 22일 유엔함대(Abuse 4)와 함께 다시 함포사격을 가해 북한군에게 피해를 줬다. 이때 북한군도 120㎜ 해안포로 반격을 했다. 655) 1952년 6월 중순 북한군이 자주 드나들고 있던 장재도에 대한 기습작전을 하였다. 장재도는 옹진군 봉구면 서남단에 있는 섬으로 무도와 약 5㎞ 정도 떨어져 있다. 1개 중대 규모의 대원들이 기습적으로 상륙했다. 저항하는 약 1개 분대의 적을 완전히 섬멸한 후, 이곳에 병력을 주둔시켜 적의 침투 병력이 드나들지 못하도록 방어했다. 9월 7일 북한군의 해안 경비초소가 있는 옹진군 봉구면 최서남단에 있는 29고지를 기습했다. 이 고지는 무도와 마주 바라다보이는 곳으로, 야음을 이용하여 소대장 박철규가 기습상륙작전을 했다. 이 섬에는 북한군 약 1개 소대 병력이 배치되어 있었기 때문에 은밀하게 상륙하여 적이 숙영하고 있는 민가 4동을 완전 포위하고 기습 공격을 가해 10여 명을 사살하고 그들이 설치해 놓은 해안경비초소를 파괴하고 포 2문과 소총 다수를 노획하여 귀환했으나,

이 과정에서 안도훈 대원이 중상을 입고 대전으로 후송되었으나 사망했다. 656) 1953년 4월 18일 북한군 부대가 옹진군의 봉구면 해안도로를 따라 야간에 이동한다는 정보를 미리 입수하고 이용순 부대장은 대원들을 공격하기 좋은 지점에 매복시켰다. 북한군 행군대열이 나타나자, 여러 곳에 배치되어 있던 대원들은 사격명령과 함께 집중사격을 했다. 이 전투에서 북한군 100여 명을 살상하고 소련제 소총 30여 정을 비롯한 무기와 탄약을 노획했으나, 대원도 사상자가 발생했다.

4) 대수압도·大睡鴨島

"「도지사보다 어업조합장이 낫다.」 조기 파시의 위력"

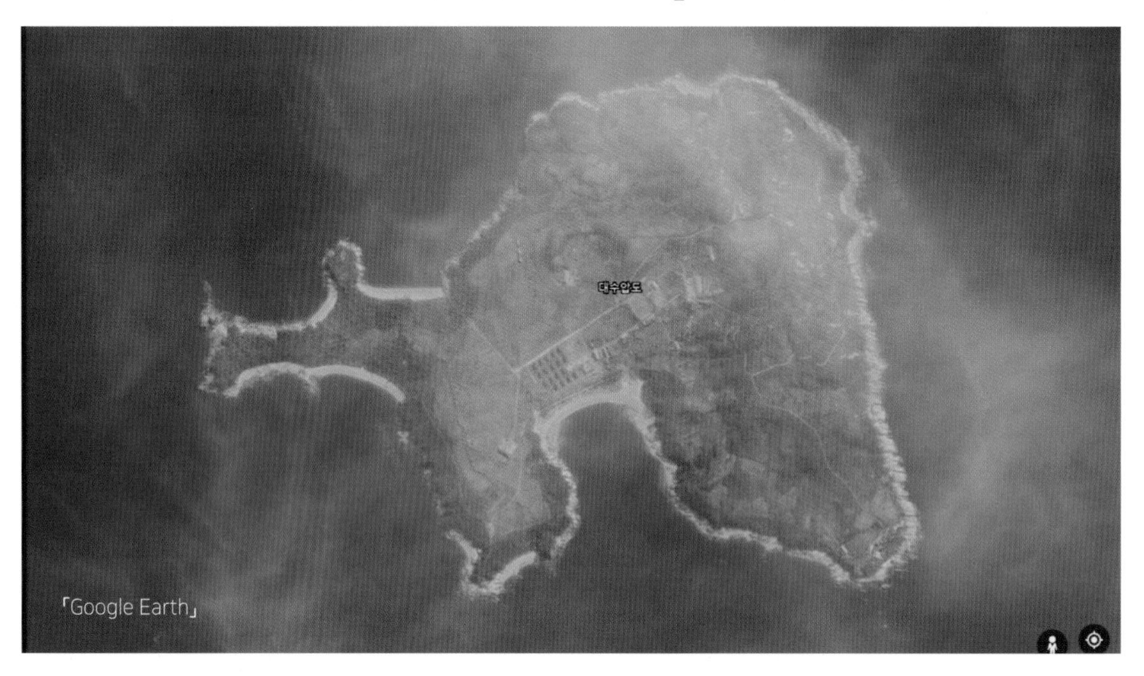

[개괄] 대수압도(大睡鴨島)는 북한 옹진군 강령읍에 소속된 섬이다. 면적 1.68㎢, 해안선 길이는 6.5㎞에 남북 2㎞, 동서 약 0.8㎞의 길이이고 최고점은 83m이다. 해주항은 북한의 항구 중에서 대한민국과 가장 가까운 항구인데 대수압도는 이 해주항에서 남쪽으로 20㎞ 떨어져 있고, 남한의 연평도에서 북동쪽으로 14㎞ 지점에 자리하고 있다. 대수압도가 있는 해주만에는 곳곳에 암초가 도사리고 있으며 대수압도 이외에 소수압도, 닭섬, 엄섬, 용매도 등 50여 개의 섬이 있다. 외해 측에 남한의 대연평도와 소연평도 우도 등이 있다.

대수압도-소수압도 형제섬

대수압도는 소수압도(小睡鴨島)와 함께 형제섬을 이루고 있으며 부근 해로는 조류가 빠르기로 유명하고, 근해에는 수산업이 발달해 있어 김, 미역, 다시마 양식이 활발하다. 그리고 조기, 갈치, 삼치, 새우, 까나리, 전어, 도미, 숭어와 굴, 대합조개, 바지락, 대합, 해삼, 전복 등 수산자원도 풍부하다. 섬 전체가 대체로 평탄한 지형으로서, 논은 없고 농경지 대부분은 밭이다. 주요 농산물은 보리, 옥수수, 콩, 팥, 수수, 고구마, 각종 채소 등을 재배한다.

주요 업체로는 수압협동농장, 수압수산사업소 등이 있다. 해상 교통은 부포항까지 14.5km, 부포에서 자동차로 군 소재지인 강령읍까지는 12km이다. 대한민국 쪽에서는 서해 5도에 속한 연평도와 아주 가까운 곳으로, 1909년 옹진군에 소속되어 현재 북한이 실효 지배하고 있는 섬이다.

긴장과 적막이 공존하는 대수압도와 북방한계선

인천광역시에 소속된 옹진군 연평면 망향 전망대에서 바라보면, 북한 황해도 대수압도의 바위산 중턱에 북한군의 해안포 진지가 눈에 들어온다. 북한은 황해도 장산곶과 옹진반도, 강령반도 해안가를 비롯해 연평도에 인접한 무도, 갈도, 장재도, 석도, 소수압도, 대수압도 등에 해안포 900여 문을 배치했으며 해주 일원에도 100여 문의 해안포를 배치한 것으로 알려져 있다.

우리 군에 따르면, 갈도는 122㎜ 해안포가 배치돼 있고 김정은 북한 국무위원장이 2016년 방문한 곳이며, 장재도에는 76.2㎜와 122㎜ 해안포가 있고 김정은 위원장이 4차례나 찾을 정도로 북한으로서는 전략적 요충지라고 한다.

▼ 대수압도 포문 진지

▲ 서해의 물고기 풍년, 통일 화보에서 발췌

장재도에서는 부족한 전력을 보충하기 위해 태양광 패널을 설치해 전력을 생산하고 있다고 한다. 연평도 북방한계선 북측으로 약 1.5㎞ 떨어진 장재도와 갈도 근해에서 중국어선 10여 척이 조업하고 있는 모습이 목격되기도 했다. 우리 군은 서해 북방한계선 일대에 평화수역이 조성되고 공동어로구역이 확정되면 중국어선은 사라질 것이라고 하지만, 그것은 우리의 희망 사항일 뿐이다.

'황해도지사보다 연평도 어업조합장이 낫다.'

남과 북이 분단되기 전 연평도는 원래 송림면으로 연평도, 소연평도, 소수압도, 대수압도, 닭섬 등으로 구성되어 있었다. '조기' 하면 연평도, 위도 등을 이야기할 만큼 연평도와 근해의 대수압도, 소수압도, 용호도 등지에서 많이 잡혔다.

해주는 조선 시대부터 황해도의 행정 중심지였는데, 연평도는 유사 이래 계속해서 해주문화권이었다. 해주는 한때 국내 최대의 조기 산지이기도 했다. 연평도가 지금은 인천광역시 옹진군에 속해 있지만, 1945년 11월까지 황해도 해주의 섬이라고 말할 정도로 왕래가 가까웠다. 1981년 판 「황해도 誌」에 따르면, 1940년 해주의 조기 어획량은 2만8천986t으로 전국 생산량의 80%를 차지했다고 기록되어 있다.

연평도에서 인천까지 거리는 뱃길로 122㎞이지만, 연평도에서 해주까지는 뱃길로 약 30㎞이다. 거리로만 보더라도 연평도는 해주문화권에 속할 수밖에 없었다던 사실을 알 수 있다. 조기 파시로 돈이 넘치던 시절 '황해도지사보다 연평도 어업조합장이 낫다'라는 말이 괜히 나온 말은 아닌 것 같다.

휴전협정 이후 해주가 북한 영토로 편입되면서, 연평도는 자연스럽게 인천문화권으로 흡수됐다. 분단으로 인해, 당시 송림면에 소속되어 있던 연평도는 남한 영토로, 대수압도·소수압도·닭섬 등은 북한 영토로 각각 구분되어, 그토록 가까웠던 이웃이 이제는 서로 갈 수 없는 먼 타인으로 나누어져 버렸다.

'조기 떼 찾아 목숨 걸고 월선(越線)까지

연평도 근해 조기는 대수압도와 소수압도를 중심으로 풍어를 이루었는데, 한국전쟁 이후 북방한계선으로 인해 종종 문제가 발생하였다. 남한 어민들은 조기 떼를 놓치지 않으려고 황금어장을 따라서 월선 조업을 많이 하게 되었다.

급기야 1955년 5월, 남한 어선들이 북방한계선을 넘어 북한에서 조업 중 북한군 포격으로 수십 명이 사망하는 사건이 발생했다. 이후에도 남한 어선들의 월선 조업이 계속되자, 정부는 1968년 연평도 북쪽 NLL 부근에 어로저지선을 설정했고, 다음 해에는 이 저지선이 남쪽으로 더 내려왔다.

연평도 조기 어장은 동해의 명태어장, 남해의 삼치·고등어 어장과 함께 우리나라 최대 어장으로 알려졌으나 지금은 옛이야기가 되었다. 막무가내로 불법 조업을 일삼는 중국어선을 막아내고, 남북한 어선들이 연평도와 대수압도 어장에서 꽃게잡이 하며 뱃노래 부르게 될 날을 꿈꿔 본다.

▼ 대수압도 근해에 있는 북한경비정

[이제는 갈 수 없는 땅, 내 고향 대수압도]

소연평도 섬마을 최고령인 김처녀(97) 할머니의 고향은 대연평도 북쪽 해주만 입구에 있는 대수압도다. 전쟁이 터진 그해 가을, 논에서 한창 벼 수확을 하고 있는데 갑자기 북한 병사가 섬에 와서 주민들에게 북쪽 육지로 이주하라고 지시했다고 한다.

할머니는 해코지당할까 봐 겁이 나서 밤중에 남편, 두 자녀와 함께 조그만 낚싯배를 얻어 타고 소연평도로 왔다가, 지금까지 고향에 돌아가지 못하고 그곳에 살고 있다. 김 할머니는 "고향이 눈앞에 보이는데 한 번도 못 가보고 죽을 것 같다"라며 얼굴을 붉혔다. (중략)

대수압도 출신 이광수(81) 씨는 여기에 온 지 72년이 되었다고 하였다. "내가 대수압도에서 피난 나올 때 기억이 잘 안 나, 그래도 고향 마을과 동산, 학교와 친구들이 생각나지" 당시 피난 나올 때는 대부분 개인 어선이 있는 관계로 가족과 함께 가재도구를 모두 싣고서 남쪽으로 내려와, 지금까지 80여 세월을 살았다고 한다.

그동안 인천지역 실향민을 약 70만 명이라고 집계했지만, 최근에는 60만 명으로 추정하고 있다. 실향민 1세대 이야기가 빠르게 사라져가고 있어 안타깝다.

「경인일보」 2015.6.25

▲ 한국 전쟁 당시 대수압도에서 유격 전사들의 기록 사진

5) 닭섬(닭세미)

"고향 하늘 쳐다보니 별 떨기만 반짝거려"

[개괄] 닭섬은 황해남도 강령군 동남쪽의 섬으로, 면적 약 0.17㎢ 섬 둘레 2.4km 정도이다. 연평도에서 직선거리로 15km 정도 된다. 한국전쟁 당시 닭섬에서 남한 연평도로 피난 나온 사람은 총 여섯가족으로 지금은 세가족이 남아 있다. 연평도에서 흔히 닭섬집이라고 불리는 집인데 아들이 경찰관을 하다가 퇴직 후에 연평도에서 어머니와 살고 있었다. 소수압도 출신인 이할머니는 물이 많이 빠지면 육지와 연결되어 1.8km 정도의 바닷길을 걸어서 자유롭게 드나들었다고 하였다. 닭섬집으로 불리는 것은 고향이 닭섬이기 때문에 그렇게 불렀다고 한다. 내 고향이니까 싫지는 않았다고 하면서 절대로 할머니의 이름은 알려주지 않았다.

"해는 져서 어두운데 찾아오는 사람 없어, 밝은 달만 쳐다보니 외롭기 한이 없다." 닭섬 김재옥 씨 일대기

1937년생 김재옥은 강령군 동남쪽 닭섬에서 5남매 중 셋째로 태어났다. 김재옥의 아버지 김세환 씨는 생계를 위해 여기저기 전전하다가 마지막으로 닭섬에 정착했다. 닭섬은 너무 작아서 해안선을 따라 한 시간가량 걸으면 한 바퀴를 돌게 된다. 가구 수도 15가구로 미니 마을이었다. 섬이 워낙 작은 탓에 물도 부족하고 논농사는 전혀 없었으며, 작은 밭에서 채소와 잡곡 등을 재배하는 것이 전부였다.

반면에 섬 주변 바다와 갯벌은 어종이 풍부했다. 닭섬 주민은 바다에서 잡은 생선과 갯벌에서 채취한 어패류, 해조류를 가막개의 5일 장에 내다 팔고 육지 식량과 교환하면서 생활하였다. 이처럼 풍족한 어장 덕분에 어부였던 아버지 김세환은 닭섬에 온 지 2년 만에 해주 목수를 불러와서 새로 집을 지을 만큼 안정적인 기반을 닦을 수 있었다.

▼ 김재옥 선생 사진 (고향 북한 닭섬 사진과 자신의 일대기가 기록된 책)

김재옥이 태어났던 시기는 일제 강점기였지만, 50여 명 정도 거주하는 닭섬까지 일제의 행정이 미치지 못했다. 이런 장점 때문에 육지에서 일제의 탄압과 공출을 피해 닭섬으로 숨어들어오기도 하였다. 김재옥은 12세 무렵부터 아버지를 도와 고기잡이와 낚시질을 하기 시작했다. 김재옥이 잡아 온 생선은 어머니가 손질해서 장에다 내다 팔았다. 5일 장에 어머니를 따라가 생필품을 사고 멀리 해주까지 가는 육지 나들이가 큰 즐거움이었다. 그러나 어머니가 전염병에 걸려서 병환으로 돌아가셨고, 김재옥은 어머니 시신을 마을 뒷산 중턱에 묻었다.

전쟁의 발발과 힘겨운 피난살이

김재옥이 어머니의 죽음으로 큰 충격에서 헤어나오지 못하고 있을 때, 한국전쟁이 발발했다. 닭섬 주민들은 전쟁 소식을 6월 25일 오후가 되어서야 알았다. 닭섬은 하루에 두 번씩 '모세의 기적'이 나타나는 지역으로, 물이 빠지면 육지와 연결되고 물이 들어오면 섬으로 변하는 곳이었다. 물이 빠지고 길이 열렸을 무렵 육지에서 순경 두 명이 닭섬으로 건너와 전쟁 발발 소식을 전해 주면서, 피난 갈 준비를 해 두라고 하였다.

주민들은 결국 인근 연평도로 피난을 떠났는데, 짙은 안개로 연평도가 아닌 닭섬 동쪽의 대수압도로 떠밀려 갔다. 대수압도는 마을 전체가 어수선하였다. 젊은이들은 연평도나 인천지역으로 피난을 떠나고 노역자들만 남았다.
아버지 김세환 씨는 대수압도에 온 지 3일 만에 가족을 남겨 두고 홀로 닭섬에 들어가서 섬의 동향을 확인한 후, 가족을 데리고 닭섬으로 돌아왔다. 이후 피난 갔던 대부분의 닭섬 주민이 돌아왔다. 닭섬 주민들은 최대한 활동을 자제하며 생활하였다. 이렇게 닭섬은 용케도 전쟁을 피해간 듯싶었다.

그러던 중, 중공군의 참전으로 수세에 몰린 유엔군이 계속 밀리며 많은 북한 주민들이 남쪽으로 피난을 떠났고, 그 중 해주와 옹진군 강령에 살던 사람들이 닭섬으로 피난 왔다. 작은 섬에 수많은 피난민이 몰리면서 마을은 큰 혼란에 빠지고 말았다.

마을 전체가 15가구에 불과했기 때문에 이들을 모두 수용할 수 없었다. 해안가와 산기슭에 토굴을 파고, 밭과 언덕에 움막집을 지어서 거주해야 했다. 무엇보다 물이 바닥났다. 섬에는 우물이 3개밖에 없던 탓이었다. 물이 빠지면 육지에 몰래 들어가 식수를 공급해 오기도 하였다. 청년들은 닭섬의 안전을 위해서 청년방위대, 일종의 자경대를 결성하였다. 김재옥의 집은 육지와 연결된 길목 가까이에 있었다. 이에 청년방위대의 요청에 따라 김재옥은 집을 이들에게 내주고, 가족은 사랑방에 모여서 생활했다.

전쟁이 끝날 조짐이 보이지 않자, 닭섬의 피난민들과 주민들은 남쪽으로 피난을 떠나기 시작했다. 김세환 씨는 다른 닭섬 사람들과 함께 식량과 가재도구를 챙겨 연평도로 갔다. 가족이 피난 가던 날 밤에 인민군의 습격을 받은 닭섬은 쑥대밭이 되었다. 구사일생으로 연평도에 도착했는데, 당시 2,000여 명이 살던 연평도에 10,000명이 넘는 피

▼ 닭섬과 대수압도

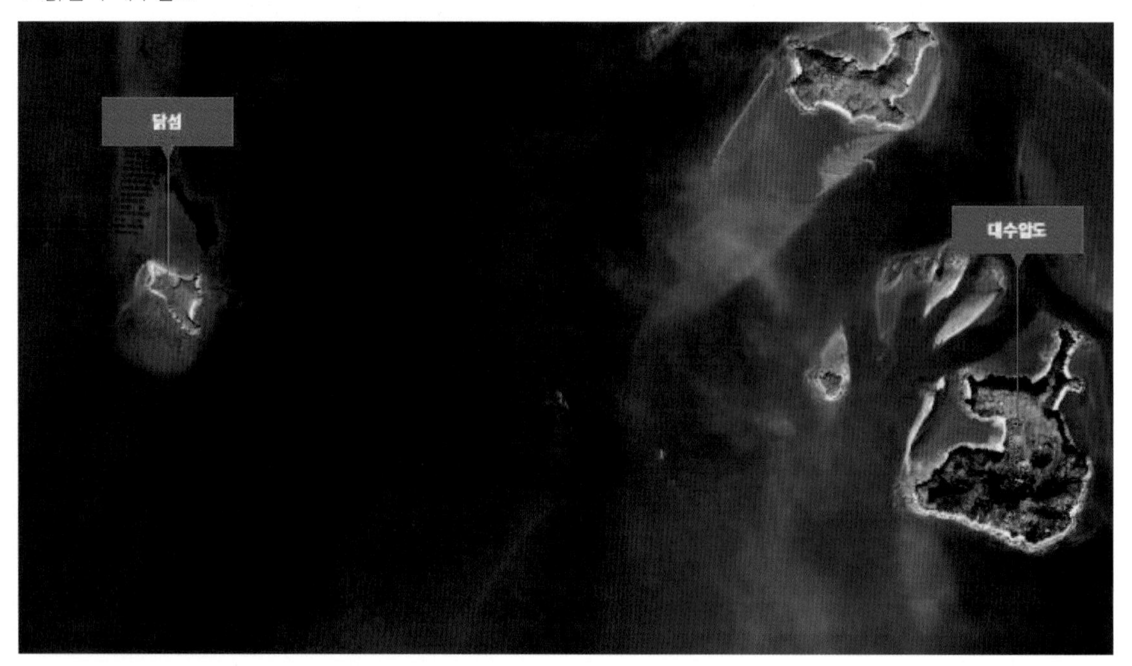

난민이 몰려들어 연평도는 말 그대로 발 디딜 틈조차 없었다. 피난민은 추운 겨울을 버티기 위해 임시방편으로 해안의 자연 동굴과 산기슭에 움막을 짓고 살았다. 연평도는 식량과 식수가 많이 부족하여 피난민들은 배고픔에 시달렸고, 비위생적인 환경으로 전염병에 시달렸다.

김재옥·노숙자의 결혼, 그리고 사무치는 고향 생각

군대에서 제대하고 동방파제 공사에 참여하고 있을 때, 김재옥은 노숙자와 결혼을 하였다. 노숙자는 4세 때 해주에서 연평도로 피난 온 피난민이다. 노숙자는 어린 시절부터 갯벌에서 일하며 생계를 도왔다. 가족을 위한 헌신적인 삶을 살았고, 이로 인해서 학교 교육도 받지 못했다.

김재옥과 노숙자가 결혼식을 올릴 때, 김재옥이 29세, 노숙자가 19세였다. 두 사람은 작은 집에 세를 얻어 신혼살림을 시작하였다. 그러다가 한 달 뒤에 김재옥은 조기잡이를 위해서 흑산도로 떠났다. 노숙자는 혼자 힘으로 살림을 꾸리며 생활했다. 부부는 결혼한 지 2년 되던 1967년에 장남 김영식을 낳고, 2년 뒤인 1969년에 차남 김동식을 낳았다. 이들 부부는 두 아들이 장성해서 가정을 꾸리며 사는 것에 크게 만족하였지만, 한편으로는 아쉬움도 많이 남아있었다. 김재옥·노숙자 부부는 두 자녀를 잘 키우기 위해서 김재옥은 바다에서 열심히 배를 타며 일했고, 노숙자는 이웃 주민이 운영하는 두부 공장에 취직해서 두부 만드는 일을 했다. 얼마 전에 김재옥 선생은 아내 노숙자씨를 잃고 슬픔에 잠겨 있었다.

〈참조 〉 김재옥·노숙자 부부의 살림살이 - 국립민속박물관 민속현장조사

2022년 7월 더운 어느 날 김재옥 님을 만나려고 인천에서 여객선을 타고 들어왔다. 아내가 별세했다는 소식을 듣고 혹시 남편도 이 세상을 떠나가면 영영 이분을 만나 볼 수 없다고 생각했기 때문에 급히 날짜를 당겨서 연평도에 들어왔다. 김재옥 선생은 마을을 산책하던 중에 만났는데, 멀리 고향 닭섬

을 바라보던 옆 모습에 슬픔이 가득해 보였다. 고향을 갈 수 없는 그 슬픔과 설움, 말해 무엇하랴! 나도 모르게 조영남의 노래 「고향 생각」이 떠올랐다.

"해는 져서 어두운데 찾아오는 사람 없어, 밝은 달만 쳐다보니 외롭기 한이 없다. 내 동무 어디 두고 이 홀로 앉아서 이일 저일을 생각하니 눈물만 흐른다. 고향 하늘 쳐다보니 별 떨기만 반짝거려, 마음 없는 별을 보고 말 전해 무엇하랴. 저 달도 서쪽 산을 다 넘어가건만, 단잠 못 이뤄 애를 쓰니 이 밤을 어이해"

6) 소수압도·小睡鴨島

"피난민들의 애환 절절한 백하(白蝦)의 본고장"

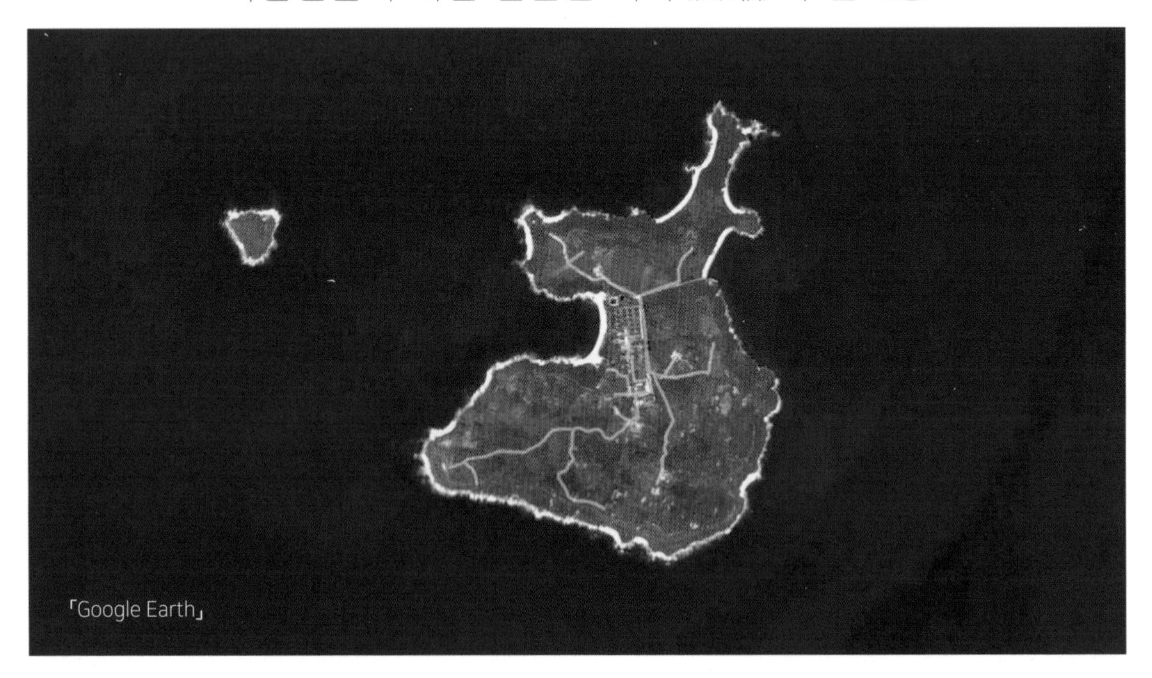
「Google Earth」

[개괄] 소수압도(小睡鴨島)는 북한 행정구역상 황해남도 강령군 수압리에 편제되어 있다. 면적은 0.82㎢로 대수압도의 절반 정도. 이북 5도 행정구역

상 황해도 벽성군 송림면 소수압리에 속하며, 해방과 함께 38선 이남 지역으로 경기도 옹진군으로 편입되었으나, 1953년 이후 정전협정에 따라 북한의 실효적 지배하에 있다.

옹진군지(誌)에 따르면 소수압도의 해상 교통은 다른 섬에 비해 교통량이 많은 곳이다. 대수압도, 소수압도에 크고 작은 선박들이 67척이나 되는데, 이 선박들은 수시로 인근 해안과 섬을 왕래하는 교통수단으로 이용되기도 하였다. 소수압도는 사면이 바다와 접해 있는 유리한 조건으로 수산업이 매우 발달하였다. 근해에서 숭어, 전어, 삼치, 농어, 조개 등이 많이 잡히며 농토가 없어 오직 수산업에만 매달리고 있다. 조기, 민어, 갈치, 홍어, 도미, 광어, 준치, 목대, 낚지, 꽃게, 새우, 주꾸미, 굴, 어패류 등 근해 해산물이 풍부하였다. 특히 음력 6월~8월 성어기에 백하 새우가 많이 잡혀, 각지에서 어선이 운집하여 파시를 이룬다. 6월에 잡는 백하를 육젓, 8월에 잡는 젖은 추젓이라고 하였다.[45]

소수압도의 행정구역 변천사

고려와 조선 시대에 옹진군은 옹진현이었다. 옹진현은 백령도, 대청도, 소청도, 기린도, 창린도, 어화도, 용호도, 비압도, 마합도, 대·소수압도, 거차도를 포함한 옹진반도를 통칭하는 행정구역이었다. 일제 강점기 시절 한국은 여러 차례 행정구역을 통폐합하였다. 소수압도는 일제 강점기 초기에는 황해도 해주군 송림면 3리에 속해 있었다. 당시 3리에는 육도, 소수압도, 대수압도였다.

해방 이후에는 옹진군의 행정구역이 남북으로 나뉘었다. 기존의 옹진군 중 3·8선 이북의 교정면·가천면은 북한의 영토가 되었고, 남한에는 두 개의 면을 제외한 옹진군과 3·8선 이남의 동강면·해남면·송림면·백령면의 육지와 섬들이 경기도 옹진군으로 통합되었다. 한국전쟁으로 인해 옹진군은 다시 한 번 바뀌었다. 1953년 체결된 정전협정으로 인해 한국의 옹진군에는 백령면

45) 「옹진군誌」

(당시 백령도, 대청도, 소청도)과 송림면(대연평도, 소연평도)만 남았다.

북한 옹진군과 가까운 기린도, 창린도, 용호도, 어화도, 대수압도, 소수압도, 비압도, 월래도, 무도, 장재도 등 북한 전역의 주요한 섬들은 한국전쟁 당시 대부분 유엔군과 한국군이 장악하고 있었다. 1953년 휴전협정 때 점령지 섬을 대폭 양보하고 북한 본토와 멀리 떨어진 백령도, 대청도, 소청도, 연평도, 소연평도, 우도 등을 차지하면서 오늘날 북방 한계선(NLL)이 그려졌다.

1951년 1·4 후퇴 시 대부분 면민은 연평도, 대수압도, 소수압도로 피난하였다. 이 도서에는 2~3만 명의 피난민이 운집하여 추위와 굶주림으로 비참한 피난 생활을 하고 있었다.

1952년 1월, 미 해군 함재기의 공습과 연평도 근해에 있던 해군의 함포사격으로 소수압도는 순식간에 초토화되고 공산군도 철수하였다. 이후 피난민들도 연평도로 철수하고 유격부대만이 주둔하게 되었다. 휴전협정으로 대수압도·소수압도는 북한으로 넘어갔고, 우리 군대는 모두 철수하였다. 당시 유격부대원들이 철수에 격렬하게 반발하여 해주지역 철수작업이 다소 지연되기는 하였으나, 미군 지휘부의 지속적인 설득으로, 6월 17일 해주지역 내 도서에 대한 철수작업을 마지막으로 민간인에 대한 중간 집결지로의 이송작업이 모두 마무리되었다.

▼ 닭섬과 대수압도

파란만장했던 김완수 할아버지 이야기

다음은 1937년 황해남도 강령군 동강리에서 태어난 실향민 김완수 할아버지의 파란만장한 이야기다. (이하 「옹진군誌」의 자료)

▲ 2016년 6월 11일 녹화한 KBS전국노래자랑 옹진군편에서 눈물젖은 두만강을 부른 김완수 할아버지가 진행자 송해와 이야기를 나누고 있다. /옹진군 제공

[파란만장한 피난 생활과 실향(失鄕)의 설움]

김완수 씨는 1951년 1·4후퇴 당시 홀어머니와 누나, 조카들과 함께 고향 동강면에서 가장 가까운 섬 소수압도로 피란했다. 당시 피란민의 삶은 그야말로 지옥처럼 처참했다. 창고나 외양간, 폐선(廢船)도 그야말로 감지덕지했다. 할아버지 가족은 이것마저도 얻지 못해 한겨울 언 땅을 파고 난 다음 나무와 볏짚으로 하늘을 가리고 지붕을 만들어 생활했다.

김 씨는 1951년 2월, 소수압도에 편성된 유격부대 '동키 12연대'에 입대

했다. 제대 후 가족들과 함께 다시 연평도로 피난 와서 움막을 짓고 살았다. 당시 연평도에 너무 많은 피란민이 몰리자, 1952년 남한 정부는 수송선으로 목포, 군산 등지의 피란민 수용소로 보냈다. 김 씨는 가족들과 충남 당진으로 갔다.

이후 김 씨는 염전 개발에 투입됐다. 서산과 당진에서 염전 개발을 위해 방조제를 쌓는 일을 하다가, 가족을 남겨 두고 실향민들이 많이 모여 산다는 인천 동구 만석동으로 올라왔다. 인천 월미도에 머무르던 1953년, 휴전을 맞았다.

20대 어느 날, 치통이 너무 심해 인천 시내의 한 치과병원을 찾아간 것이 그의 인생행로를 바꿨다. 병원 한구석에서 보철을 만들고 있는 치과기공사에 눈길이 갔다. 손재주만 있으면 그리 어려워 보이지 않을 것 같아 무작정 기술을 가르쳐 달라고 졸랐다. 무급을 조건으로 '시다' 노릇을 하며 1년간 일을 배운 후 독립했다. 이후 덕적도, 대부도, 영흥도를 다니면서 마을 주민을 상대로 '돌팔이' 보철 치료를 해주며 살아왔다.

▲ 옹진군 선재도에 사는 소수압도 주민

▼ 소수압도 출신, 연평도 OOO

소수압도의 치열한 전투

1968, 1, 26 북한 민주 조선 김충범 기자

편집자 주 – 이 글은 북한의 민주 조선 기자가 북한 입장에 기사화한 것으로 전과를 홍보하기 위해 많은 과장이 들어간 기사다. 이 기사는 체제 선전을 위한 글임을 인식하고 객관적인 견지에서 보기 바라면서 되도록 전문 그대로 가져왔다. 한국 국방부에서 펴낸 유격 전사 책에는 이런 기록이 없다.

- 민주조선 기사 -

한국전쟁이 한창이던 1951년 12월 북한의 9분대 용사들과 이 지방의 인민들은 서로 힘을 합하여 한밤중에 소수압도를 습격하여 큰 전과를 올렸다. 당시 조선인인군 최고 사령부는 소수압도 전투를 보도하면서 남한군 2개 대대를 완전히 살상하고 보총 170여 점, 기관총 5점, 무전기 3대, 탄환 156상자, 다수의 포로 등을 비롯하여 수다한 물자를 노회하였다고 하였다. 그로부터 16년이 지난 오늘 이 조그만 섬에 찍 한 승전가를 더듬어 본다. 인민군 용사들과 어민들이 하나가 되어 얻은 값진 승리를 소개한다.

소수압도는 해주 앞바다에 있는 아주 조그만 섬이다. 바로 옆에는 대수압도가 형제처럼 나란히 서 있다. 이 섬은 지도상에는 비록 녹두 알만크면 적지만 6, 25 전쟁 당시 중요한 위치를 차지하고 있었다. 남한의 연평도와 가까운 섬으로 남북 대치 상황에서 피해를 많이 입은 섬이다. 소수압도는 38선 이남으로 원래 남한에 소속되었지만 한국전쟁 당시에 이 섬은 한국의 해병대와 유격군이 주둔하면서 대북한 게릴라전을 하는데 징검다리 역할을 한 섬이다. 북한은 소수압도를 근거지로 삼아 북한 후반의 깊숙이 침투하여 교란 작전과 간첩 활동을 일삼는 이 섬은 목에 가시 같은 존재였다. 그리고 해안가에 사는 어민들의 생명을 위협하고 수많은 재물을 약탈해 갔다는 것이다. (소와 각종 식량) 북한은 이를 제압하지 않고서는 주변 바닷가의 후방의 안전도, 어민들의 생명과 재산을 지켜내기 어렵다고 판단한 나머지 소수압도 습격을 계획하고 나섰다. 1951년 겨울 군인들과 어민들이 힘을 합하였는데 당시 해주수산업 협동조합원으로 일하고 있는 김상호 동무와 석미리 어민 최동영 동무가 왔다. 그러나 유엔군의 폭격과 한국군 게릴라들의 활동으로 노를 젓는 배가 한 척도 없었다. 이들의 가장 급선무를 배를 구하는 일이었다. 이 일에 김상호, 최동영 동무가 나서서 배를 구하려고 나섰는데 바다 물결에 밀려온 깨진 배 한 척과 서수곶 모래톱에 묻혀있는 배 4척을 발견하여 저녁과 이른 새벽에 배 수리를 하였다. 이 무렵에 20여 명의 어민이 9분대에 달려와 배 수리에 가담하였다. 인민군들은 소수압도 기습을 위해 전술훈련과 야간전투 훈련, 어민들의 도움으로 노를 젓는 법을 익혔다. 정치부 9분 대장 김병규 동무를 비롯한 지휘관들과 전사들의 지시 밑에 어민들도 무기 따르는 법, 신호법, 소리 갈라내는 법, 등을 배웠다. 어민들은 대부분 중년으로 전투를 잘 모르는 사람들이었다. 9분대 지휘부는 습격전투를 앞두고 섬에 있는 남한 병력 1,500여 명에 대처하여 북한군은 300여 명의 우수한 전투 대원을 골랐다. 이들은 3개의 습격조를 조직하고 중기대대 리갑룡, 정찰부소대장 김종수, 정찰부 부소대장 리정우를 각각 조장으로 임명한 다음 구체적인 전투 임무를 하달하였다. 상륙작전을 위한 배 편성과 22명의 어민의 비치도 끝났다. 12월 26일 성탄절 다음 날 남한 대원들의 마음이 느슨한 점을 이용하였다. 이날 따라 날씨가 좋지 않았는데 세찬 바람과 진눈깨비가 내렸다. 캄캄한 밤에 배가 북한 기지를 떠난 지 1시간 45분이었다. 목적지 근방에 이르자 소수압도의 음침한 형체가 어둠 속에서 희미하게 떠올랐다. 북한 지휘관들의 지시에 따라 노 젓는 배들은 급히 세 방향으로 나뉘어서 섬에 접근하였다. 섬 우측으로 정찰부 부소대장 리정우와 그 대원들을 싣고 가는 김상호 동무의 눈앞에는 담뱃불이 반짝거렸다. 이윽고 남한군 보초들의 말소리까지 들려왔다. 그는 지휘관의 명령에 따라 급히 바른쪽 아래 바위로 배를 대고 난 다음 대원들은 벼랑으로 기어서 섬으로 올라왔다. 섬은 쥐죽은 듯 잠잠하였다. 정찰부 부소대장 리정우와 그 대원들은 야음을 타서 목적한 무전기 교신 장소에 이르자 거기에 무더기로 수류탄을 던지는 것이었다. 그것은 지휘 체계와 통신 수단을 차단하여 전투를 승리로 이끌기 위해서였다. 동시에 그들은 남한의 중화기 설치 장소로 달려가 총을 쏘아댔다. 한편 이때 갑자기 습격을 받고 놀란 남한 군인들과 치열한 전투가 벌어졌다. 이때 북한 어민들은 바다에서 배를 지키면서 곧 철수 명령을 기다리고 있었다. 김상호, 김경순 동무는 남한의 무기고에서 무기와 한국군 포로들을 데리고 배로 이동을 하였다.

동이 터오자 대수압도에서 한국군의 포격이 시작되었다. 아직 짙은 안개 속에 잠겨있는 수평선 저쪽에서 한국군의 함포가 계속 날아왔다. 그러나 이때는 이미 북한 인민군들이 기습한 다음 전리품을 싣고 철수한 뒤였다. 다만 여기에는 중기 대원 30명과 조봉영을 비롯한 어민 5명이 남아있게 되었다.

이제 날이 밝았기 때문에 분명이 한국군이 반격해 올 것을 대비하여 방어 시설을 만들기 시작하였다. 날이 훤히 밝아오지 남한 경비정 한 척과 발동선 몇 척이 섬 가까이 오면서 포탄을 쏘아대기 시작하였다.

하늘에선 유엔군 비행기 6대가 빙빙 돌며 기관총과 로켓 포탄을 내리 쏘았다. 북한군은 이날 한국군의 반격을 효과적으로 물리친 다음 그날 밤에 무사히 철수하여 북한 군 기지로 돌아갔다. 이들은 조국 통일을 위하여 경제 건설과 국방 건설을 힘 있게 병진시켜 나갈 것을 굳게 결의하였다.

해주만(海州灣)의 자연지리

『해주만(海州灣)은 황해남도의 남부 해주시, 벽성군, 강령군, 청단군의 해안에 이루어진 만으로, 강령반도와 구월 반도 사이가 침수되면서 형성되었다. 만의 경계는 개 머리와 용매도 서쪽 끝을 연결한 선이다. 만 어귀의 너비는 23.7km, 깊이는 28m이고 저질은 주로 모래, 진흙, 바위 등이다. 해안선은 굴곡이 심하며 일반적으로 동쪽보다 서쪽이 더 가파르다. 만 입구에 대수압도, 소수압도, 닭 섬, 용매도 등의 섬이 있고 외해 쪽에는 연평도, 소연평도 우도 등이 있다.

해주만으로는 취야천, 석담천, 읍천, 광석천이 흘러들고 있으며 연안에 4만여 정보의 간석지가 형성되었다. 해주만은 김, 미역, 다시마 양식이 활발하고 조기, 갈치, 삼치, 새우, 전어, 도미, 숭어와 굴, 대합조개, 바지락 등 수산자원이 풍부하다. 용당 반동의 끝부분에 있는 해주항은 동쪽에 있는 정도(鼎島)와 인공방파제로 연결하여 육계도 화하였다.』 49)

49) 「한국민족문화대백과사전」

7) 순위도·巡威島

"통탄스러워라! 순위도에서 체포된 聖 김대건 안드레아 신부님"

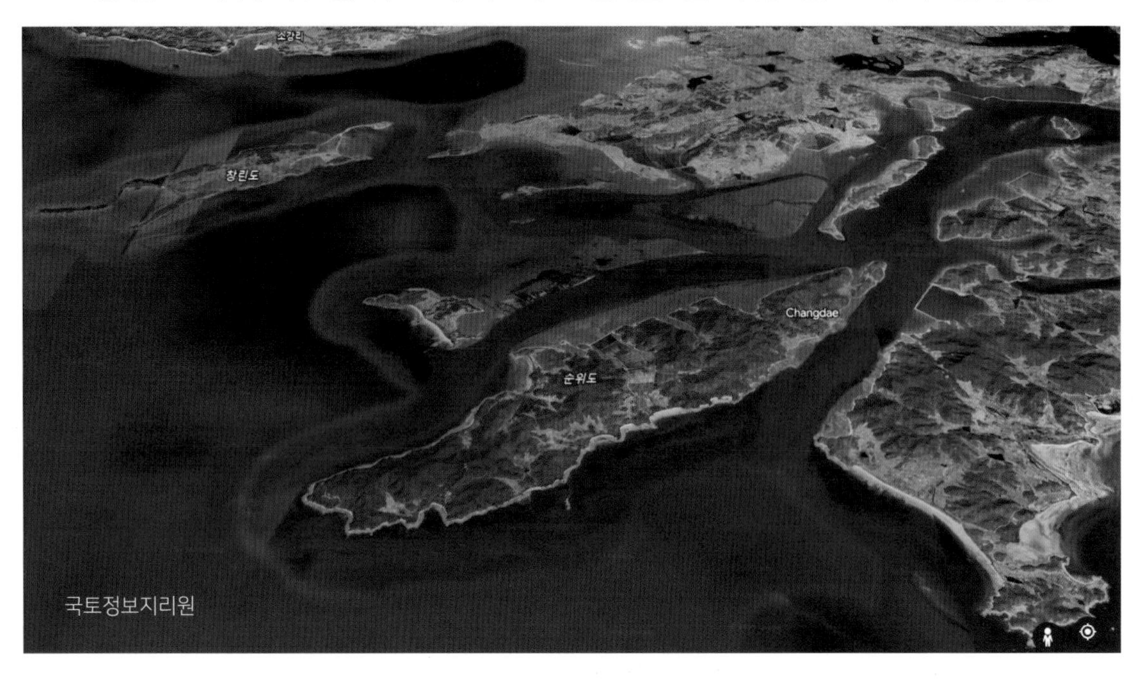

[개괄] 순위도(巡威島)는 인천시 옹진군 강령반도 끝부분의 서쪽 섬에 속한다. 옹진군 동쪽은 등암리, 서쪽은 어화도, 북쪽은 옹진군 마산반도·용호도와 마주하고 있다. 섬 면적 24.6㎢, 둘레는 53.3km, 남북의 길이는 13.5km, 동서 너비는 3.5km, 해발은 188m로, 옹진군 최대의 섬이다. 육지와의 거리는 사곶항과 8km 정도 떨어져 있다. 순위도, 백령도, 북한 초도를 황해도 3대 도서라 불린다.

순위도는 북동~남서 방향으로 길게 놓여 있는데 기반암은 화강편마암, 사암, 규암, 천매암, 석회암으로 되어있다. 토양은 갈색산림토량이며 그 기계적 조성은 참흙, 모래참흙이다. 섬의 가운데로는 북동~남서 방향의 산줄기가 길게 놓여 있다. 남동부해안선의 굴곡은 비교적 단조롭고 바닷가 대부분은 벼랑으로 구성되어 있다. 북서부해안선은 굴곡이 심한 편이다. 여기에는 마을마다 만(灣)들이 있다. 이 만(灣)들은 바람과 물결의 작용을 적게 받으므로, 배들이 안전하게 포구에 정박할 수 있다.

순위도는 조선 초기부터 목장을 설치해 말을 방목했으나 1711년 농지로 개간하도록 허가하였다. 1901년 일본 군함 해문호가 지도 제작을 위해 순위도를 근거지로 삼고 황해도 지역의 섬과 바다를 다니면서 측량하였다. 일제 강점기를 거치며 유리의 원료가 되는 규사 광산이 운영되었으며, 월간 6여 톤의 생산량을 기록했다.

산림은 섬 면적의 약 90% 정도를 차지하고 있는데 소나무, 참나무, 동백나무, 굴피나무, 쉬나무 등이 자라고 있으며 기후가 온화하여 온대 남부지방의 식물들도 자라고 있다. 이 섬에는 750여 정보의 구랑 피나무 숲과 20여 정보의 왕대나무숲이 있다.

순위도에는 100여 정보의 농경지가 있는데, 주요 농산물로는 벼, 옥수수, 콩, 감자, 무, 배추 등이 재배된다. 섬에는 창바위항, 수오항 등이 있다. 주변 바다에는 수산업이 발달했는데 해삼, 전복, 굴, 바지락, 미역, 우뭇가사리, 김, 조기, 전어, 갈치, 까나리 등은 예로부터 이 고장의 특산물로 유명하다.

북서쪽 바닷가에는 수백 정보의 간석지가 펼쳐져 있다. 주요 업체로는 순위협동농장, 순위 수산협동조합, 순위산림경영서 등이 있다. 교통은 소재지로부터 창바위항으로 통하는 3급 도로가 개설되어 있으며 동북쪽으로 군 소재지인 강령읍까지는 53km, 창바위항에서 등암리 돈지선창까지는 3km이다. 섬의 북쪽에는 용호도, 서쪽에는 어화도, 남서쪽에는 비압도가 있다. 46)

현재 순위도는 이북 5도 행정구역상 2개 법정리가 있으며 동북쪽이 창암리(蒼巖里), 서남쪽이 예진리(禮津里)다. 특이하게도 우리나라 국립해양조사원에서 매달 정기적으로 순위도 지역의 조석 예보표(물때 표)를 발표하고 있다. 국립해양조사원의 130여 개 예보지점 중에서 북한 지방은 원산과 순위도 두 곳뿐으로, 관측시설도 없는 곳의 물때 예보가 가능한 이유는 해당 지역의

---

46) 「조선향토대백과」, 평화문제연구소 2008

자료를 가지고 있어 그것을 바탕으로 시뮬레이션을 돌릴 수 있기 때문이라고 한다.

"나는 주님을 위해 죽습니다.
그러나 이제 나는 영원한 생명을 시작하는 것입니다."

▲ 聖 김대건 안드레아, 「인물한국사」

순위도와 유격 전사 이야기

한국전쟁 당시 유격대 활동은 초기부터 자생단체에서 출발했다. 청년들은 나라를 구해야겠다는 일념으로 북한군이 점령한 강원도·경기도 등지에서 자발적으로 결성했다. 정규적인 군사 훈련도 받지 못하고 장비나 보급도 형편없는 상황에서 애국심과 고향 수복, 대한민국을 지킨다는 신념이 그들의 활동을 지탱해 주는 커다란 힘이었다. 이들이 바로 유격 전사들이었다.

▼ 6·25 참전용사 권승훈 옹에게 우승용(대령) 육군 56사단 작전부 사단장이 화랑무공훈장을 전달하고 있다. (사진)「56사단」

『6·25전쟁이 한창이던 1951년 옹진반도 서북부 각 지역으로부터 피란 온 학생들을 대상으로 황해남도 강령군 순위도에서 옹진학도의용대 결성을 주도했던 권승훈(89) 옹에게 66년 만에 화랑무공훈장

[한국인 최초의 신부, 聖 김대건 안드레아]

1846년 5월 14일 김대건 신부는 최양업 부제와 매스트르 신부의 입국을 돕기 위해 황해도 순위도로 향한다. 김대건 신부는 순위도에서 배를 타고 먼 섬 백령도에 가서 중국어선과 접촉해 중국인 어부에게 매스트를 신부에게 보낼 편지와 지도를 건네고 돌아온다. 그때 배를 징발하려던 관리와 언쟁을 벌이다. 김대건 신부는 순위도에서 체포된다.

김대건 신부의 생애는 매우 짧았다. 25년 1개월에 불과했다. 1846년 6월 5일 체포된 점을 고려하면, 사목활동 기간 또한 1년이 채 못 됐다. 체포된 김대건 신부는 순위도 등산진과 옹진, 해주 감영을 거쳐 서울 포도청으로 이송됐고, 3개월간 46차례의 문초를 받아야 했다. 이어 그해 9월 15일 반역죄로 사형이 선고돼 이튿날 새남터에서 목이 베어져 군문에 내걸렸다. '군문 호수형'(軍門梟首刑)이었다.

1846년 9월 16일 김대건 신부는 "나는 주님을 위하여 죽습니다. 그러나 이제 나는 영원한 생명을 시작하는 것입니다"라는 말씀을 남기고 새남터에서 순교하였다.

이 수여됐다. 권옹은 이후 순위도 지대장 및 정보참모로 활동하며 1951년 12월 31일, 북괴군의 기습적인 용호도 피습 시 치열한 교전을 전개함은 물론, 매우 급한 상황에서도 잔류 민간인을 대동하고 철수함으로써 국민의 생명과 재산을 보호하는 데 큰 전공을 세웠다. 또 권옹이 소속된 옹진학도의용대는 적지로 파고드는 적극적인 공격작전으로 북한의 내륙을 교란하며 북한군과 중공군의 병력을 분산시키는 데 중요한 역할도 수행했다. 이에 육군은 지난 3일 56사단으로 권옹을 초청 무공훈장 수여식을 열고 훈장을 전달했다.』

「국방일보」

[실향민 이야기 "꿈엔들 잊힐 리야" 순위도 출신 임경애 할머니]

인천 연안부도 시장에서 60년 넘게 생선장사만 한 임경애(84) 할머니는 1934년 개띠 해에 황해도 옹진군 순위도에서 태어났다. 할머니는 피란살이를 두 번이나 할 정도로 곡절 많은 삶을 살았다. (중략)

할머니는 열아홉 살 먹던 해인 1951년 첫 피란 때까지 순위도를 벗어나 본 적이 없다. 자동차라는 것도 피란길에 백령도에서 처음 봤다. 미군 차량이었다. 다섯 살에 엄마가 세상을 떠나고 그 이듬해에 아버지는 새엄마를 얻었다. 계모의 학대는 가혹했다. 응석받이로 유치원에나 다닐 예닐곱 어린 여자아이가 감당하기에는 너무나도 심했다. 친어머니가 아니었기 때문에 천덕꾸러기로 컸는데 그것이 평생 한으로 남았다. (중략)

할머니는 고향에서 피란 나오던 배를 설명하면서 전혀 생각지 않았던 얘기를 했다. 끌배로 나왔는데 그 배는 소금 같은 짐을 싣던 배라는 거였다. 염전이 있었느냐고 물으니 순위도에서 소금을 구웠다고 했다.

할머니는 또 순위도의 모래가 질이 좋았는데 일본 강점기에 마구 퍼갔다고 했다. 「한국 근대사의 풍경」(2006년, 생각의 나무)에 따르면 일제는 유리산업의 원료로 쓰기 위해 구미포 등 황해도 해변의 질 좋은 모래 '세금사'를 연간 7만t 이상씩 퍼갔다.

임경애 할머니(84)가 들려주는 피란 이전의 어릴 적 삶은 지금의 눈으로 보면 그야말로 딴 세상 이야기이다.

「경인일보」 2017.1.19

▲ 인천 어시장에서 만난 임경애 할머니 (자기의 내용이 나온 책을 보고 있다)

내 조국의 교단은 이런 애국자들을 부른다.
서해의 섬 분교 교육자들

2017, 1, 12, 교육신문 전흥만 기자

섬 분교에는 여러 부부 교사들이 있다. 순위 고급중학교 남단 분교 교사 허춘옥 선생은 지금부터 무려 16년 전 조옥희 해주 교원대학을 졸업하면서 섬교단에 서겠다는 다진 맹세를 변함없이 지켜가고 있다. 그는 남편인 김해 선생도 함께 남단 분교에 와서 종소리를 울려가고 있다. 강선애, 김용길 부부는 김종태 해주 제일 사범대학교에서 수학을 함께 전공하였다. 20여 년 전 나서 자란 정든 고향 도시를 떠나 섬 초소 교단에 나선 그날부터 강선애 동무는 학생들을 최우등생으로 키우기 위해 불타는 열정을 기울이었다. 그가 담임하는 학급들은 언제나 학습과 조직 생활에서 앞자리를 양보하지 않고 있다.

그의 노력으로 이 섬 학교에서는 7, 15 최우등상 수상자도 배출하였다.

높은 실력을 지니고 어머니의 진정을 다 해가는 강선애 선생을 두고 학생들은 물론 학부모들 모두가 〈우리 선생님〉이라고 부르며 따른다. 같은 학교의 림성희, 박홍철 선생들 역시 누가 보건 말건, 알아주건 말건 섬교단의 진정을 묻어가고 있다. 섬에는 25년 전 당이 부르는 어렵고 힘든 지역에 내 먼저 서리라 맹세 다지며 청춘의 꿈도 사랑도 다 바친 정든 교단, 화학 실험실이 있고

자식과 같은 제자들이 있다. 기린 고급중학교 전금철, 리금주 부부 사이에

나누는 대화도 늘 학교 일이나 제자들의 이야기이며 그들의 기쁨과

고민, 보람과 희망도 모두 후대 교육을 위한 길에 있다. 교육자의 인생길이 사람이 되고 당이 부르는 어렵고 힘든 곳에 서겠다는 고결한 인생관으로 둥지가 된 부부 교원들을 우리는 달리는 부를 수 없는 이름(부부 교사) 이러고 존경을 담아 부른다.

한평생을 다 바쳐

순위 고급중학교의 강농길, 김원길, 리창주, 윤광혁 동무들은 대학을 졸업한 그 날로부터 머리에 흰 서리가 내린 오늘까지 한평생을 섬교단에 바쳐 가고 있다. 부 교장인 강농길 선생은 교원들 모두가 당이 맡겨준 가장 영예롭고 보람찬 섬 분교에 섰다는 높은 자각과 숭고한 후대관을 지니고 변함없는 한 모습으로 교단을 지켜가도록 하는 데서 뿌리가 되고 밑거름이 되고 있다. 비가 오나 눈이 오나 사시사철 운동장을 달리며 학생들에게 용감성과 대담성, 민첩성을 키워주고 운동 감각이 서로 다른 학생들 모두를 철봉 평행봉은 물론 축구, 배구, 헤엄의 능수들로 키우느라 김원기 동무가 한평생 흘린 땀방울은 그 얼마인지 모른다. 물질의 운동 법칙 세계로 한 걸음 한 걸음 들어서며 꿈과 포부가 높아지는 제자들의 성장 모습이 그대로 윤광학 선생의 삶의 보람이요 기쁨이다. 창린도 창암분교 리상주 동무는 조국의 미래를 키워가는 교정에는 구석진 곳이 따로 있을 수 없다는 자각을 안고 다기능화된 교실도 남 먼저 꾸리고

담장도 번듯하게 쌓으며 분교의 면모를 일신시키었다. 분교 교원들의 생활을 친부모의 심정으로 보살펴 주며 헌신과 희생으로 엮어가는 그의 한평생은 그대로 우리 시대 교육자들의 참모습이다.

섬 분교 교단에서

북부 국경 도시에서 남편을 따라 비압도로 온 김현숙 동무는 교원대학 졸업생인 자기가 분교의 주인이 되어야 한다는 양심의 충동으로 스스로 교단에 섰다. 그로부터 35년, 그가 바쳐온 헌신의 자국 자욱이 섬마을 아이들의 어엿한 성장 속에 소리 없이 조금씩 스며들어 안으로 배어든다. 처녀 시절 섬 분교로 자진하여 온 리봉희 동무 수천 점의 교편 물들과 교수 교양 자료들을 만들어 학생들을 최우등생으로 소년 영예상 수상자로 키워내었다. 분교 졸업생들이 학원에 가서도 집단의 사랑과 찬양을 독차지한다는 평가를 인생의 값비싼 표창으로 여기고 있는 그였기에 방학 기간 부모들이 기다리는 고향으로가 아니라 학생들과 함께 해주시 신천박물관을 먼저 찾곤 하였다.

기린 고급중학교 방어대 분교 김명화, 순위 고급중학교 무도분교 이은하, 창린고급중학교 최선향 오명숙 동무들이 새겨가는 삶의 자국 마다에도 이런 사연, 이런 추억들이 소중히 간직되고 있다. 몇 해 전 창린고급중학교 운동장에서는 명절을 앞두고 60여 명의 학생이 출연하는 집단 체조가 진행되었다. 사람들은 섬이 생겨 처음으로 창린도 아리랑이 태어났다고 하면서 이런 화폭을 섬마을 아이들이 펼칠 수 있게 한 교육자들의 수고에 대하여 잊지 못하고 있다. 교단에 서는 것을 응당한 본분으로 여기는 여교사들, 개인과 가정의 운명을 조국의 운명과 하나로 잇는 이런 여성 교사들이 섬 분교에 있다.

▲ 순위도 근처 북한 연백 평야의 수확

8) 어화도(漁化島)

"굴과 김, 각종 수산물이 풍성해서 漁化島라"

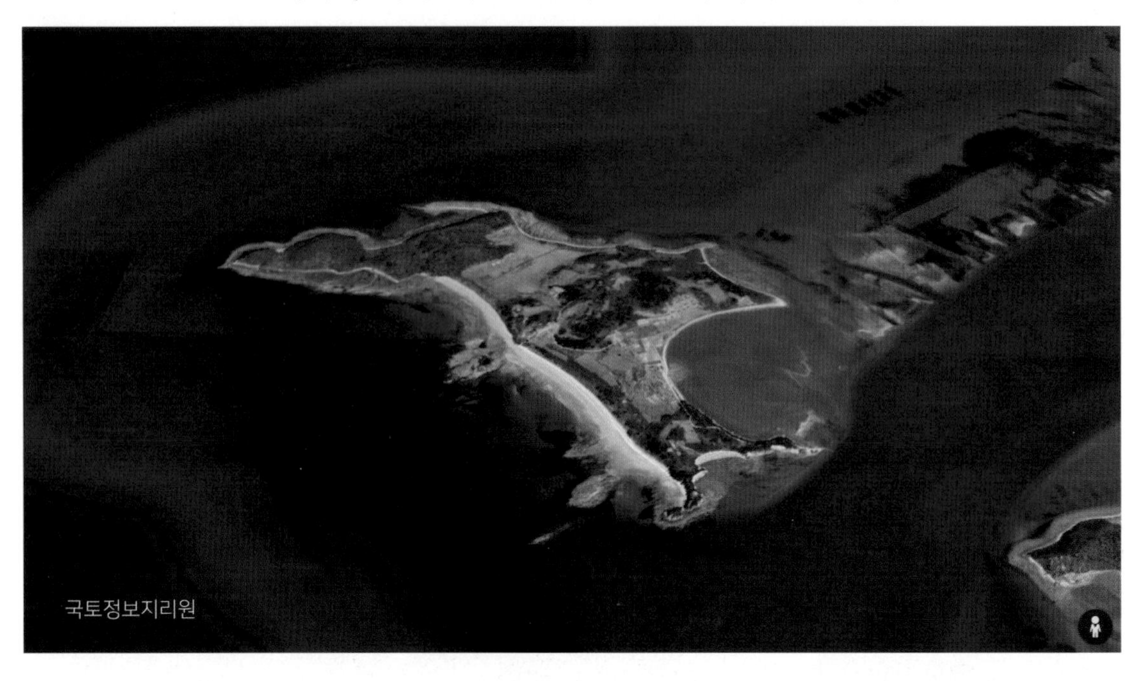

[개괄] 어화도는 1945년 해방 당시 인천시 옹진군 동남면 어화도리였다. 38선 이남으로 경기도 옹진군에 귀속되었으나, 휴전협정 결과 북한 땅이 되었다. 면적은 1.88km², 섬 둘레는 9.3km이다. 조기잡이, 김 양식 등 수산업이 매우 발달하였다. 바다 건너 남쪽 3km 거리에 순위도가 있다. 육지인 소강까지는 7.1km이다. 47) 어화도, 순위도, 용호도 세 개의 섬 주민들은 해마다 한자리에 모여서 친목을 도모하는 체육대회를 열 정도로 우의가 깊었다. 어화도는 한국전쟁 당시 인천으로 이주한 주민들이 많아서, 지금도 인천에는 어화도민회가 있다.

47) 「조선향토대백과」, 평화문제연구소 2008

"얼룩백이 황소가 게으른 울음 우는 곳, 그곳이 차마 꿈엔들 잊힐리야"

[고향 어화도가 지척인데 갈 수 없는 실향민들의 사연]

박창돈 화백은 1928년 황해도 장연에서 태어났다. 주변 경관이 뛰어난 몽금포와 장산곶이 지척인 곳이다. 어린 시절을 그곳에서 보낸 후, 해주예술학교 미술과를 졸업한 다음 해인 1949년 남한으로 왔다. 그의 나이 22살 때였지만 그 후 다시는 고향 땅을 밟지 못했다. 그는 고향을 그리워하며 아름다운 고향 바다를 화폭 위에 그렸다. 황해도 앞바다에는 석도, 호도, 율도, 어화도, 기린도, 창린도, 용호도 등 크고 작은 섬이 160개나 있다.

어디 박창돈 화백뿐이겠는가! 황해도 연백군 용매도 출신 전석환 선생은 연세대 작곡가를 졸업한 엘리트지만, 도시 생활을 뒤로하고 고향과 가까운 강화군 볼음도에서 평생을 사신다. 2021년 12월 20일 지인과 불음도를 방문하여 선생과 하룻밤을 보냈는데, 고향 용매도를 그리워하며 통일될 날을 학수고대하고 있었다.

어화도 출신 전옥란 여사는 나이가 아흔임에도 시장에서 장사를 하신다. 2022년 5월 6일, 필자의 아내와 함께 인천 연안어시장을 찾았다. 전 할머니는 생각보다 정정하시고 고향에 대한 기억이 뚜렷했다. 어화도에서 17살 때 군함을 타고 목포로 피난 갔다. 목포에서 20일 정도 머무르다 나주 노안면으로 이사해 6년 정도 농사를 짓다가 다시 광주로 가서 3년, 그 후 인천으로 와서 지금까지 뿌리를 내리고 살고 있다.

이제는 살아생전 갈 수 없고 꿈속에서나 볼 수 있으려나, 긴 한숨 쉬는 할머니의 모습에서 정지용 시인의 '향수'가 겹치었다.

넓은 벌 동쪽 끝으로
옛이야기 지줄대는 실개천이 휘돌아 나가고,
얼룩백이 황소가
해설피 금빛 게으른 울음을 우는 곳,
그곳이 차마 꿈엔들 잊힐 리야.(중략)

▼ 인천 북구 교하읍 당하리 산104번지에 있는 황해도 어화도 공동묘지

9) 육도(육세미)

"해주항 들어가는 길목에서"

[개괄] 구글어스에서 육섬(육세미)의 섬 둘 레를 재어보니 2.8km, 크기는 0.19㎢다. 산도 없는 온통 평지인데 물은 어디서 나와서 사람들이 살 수 있는가 하고 의구심이 든다. 강령군 육섬은 해주항으로 들어가는 길목에 있는데 육섬 주위에는 대수압도 소수압도 등이 있다.

육섬은 원래 황해도 해주군 송림면 담당의 도서 지역이었으며, 1945년 해방 직후 38선으로 인한 남북 분단으로 인해 경기도 옹진군으로 이관되었다. 송림면 면사무소는 본래 옹진반도의 송현리에 있었고 육도는 그에 속한 하나의 리였다. 그러나 1953년 휴전협정 체결로 본토인 옹진군과 소수압도, 대수압도, 육섬은 북한 치하에 들어가자, 송림면 면사무소를 연평도로 옮겨온 것이다. 이후 연평도는 1995년 인천광역시 옹진군에 편입되었으며, 1999년 면

이름이 송림면에서 연평면으로 변경되었다. 어차피 송림면은 북한 옹진군에서도 없어진 지명인데 송림면 때문에 연평도라는 지명이 자칫 묻힐 수 있어서 이름을 연평면으로 개명하였다.

육섬은 연평도 북서쪽으로 현재 북방한계선과 인접하므로 남한과 매우 가깝다. 연평도에서 북한 강령반도의 육섬까지의 거리는 12.7km, 북한의 무인도서인 석도 3.1km, 갈도 4.4km, 군사기지화 된 장재도 6.5km, 황해도 해주 38km로 그래서 날씨가 좋으면 육안으로 해주가 또렷이 보일 정도다.

연평도 망향 공원에서 보면 북한의 섬 석도가 한눈에 들어온다. 석도 근처에 있는 갈도, 장재도 등이 육안으로 뚜렷하게 보인다. 남북한 섬 주위에는 불법으로 꽃게잡이를 하는 중국어선의 모습도 잘 보인다. 이들의 북한 섬은 연평도에서 불과 3~7km밖에 떨어져 있지 않아 누가 말해주지 않으면 우리나라 섬으로 착각할 정도이다.

안보 전망대 보면 육세미, 닭섬, 대수압도 등 멀리 북한 땅이 가까이 다가온다. 실제로 연평도와 가장 가까운 육지인 강화도는 58km, 생활권인 인천항 간의 뱃길은 122km나 되는 것을 보면 이 연평도가 북한지역의 육지와 섬들이 얼마나 가까이 있는지 긴장하지 않을 수 없다.

따라서 연평도는 북한이 옹진반도와 주변 섬에 설치한 해안포 사정거리에 들어가므로 유사시 매우 위험한 지역인 것인지 짐작할 수 있다. 실지로 대한민국 해군 함정과 북한 경비정 간에 발생한 해상 전투 연평해전이 1999년 6월 15일과 2002년 6월 29일, 2차례에 걸쳐 일어났다.

2010년 11월 23일 북한은 평화로운 섬마을 연평도에 170여 발의 포탄을 퍼부었다. 이런 위험 때문에 서해 5도의 다른 섬과 마찬가지로 연평도는 대한민국 해병대 연평부대가 섬 안에 주둔하여 섬을 방어한다. 그리고 중국어선들의 불법 조업 단속 등을 위해 해양경찰청도 서해 5도 특별경비단을 두었다.

서해 5도 어장 확대 야간조업도 허용

2019년 2월 20일 그동안 남북 간 대립으로 조업이 통제됐던 서해 5도 어장이 확장된다고 하였다. 지금까지 55년간 금지됐던 야간조업도 일부가 허용된 것이다. 2018년 남북 정상회담에 따른 '서해 평화수역' 조성을 위한 조치이다. 연평도는 북한 섬인 석도와 불과 3Km 떨어져 있고, 황해남도 육섬으로부터 12Km 거리에 있다.

1999년 6월 15일과 2002년 6월 29일, 2차례에 걸쳐 북방한계선(NLL) 연평도 인근에서 대한민국 해군 함정과 북한 경비정 간에 발생한 해상 전투가 발생하였다. 제2연평해전과 북한의 포격으로 한반도 화약고로 불리며, 생업인 꽃게잡이 조업도 통제받았다. 하지만 2018년부터 남북이 화해 분위기가 조성되고 정부가 서해 5도를 평화수역으로 조성하기 위해 선제적 조치에 나섰다. 해양수산부는 현재 1천614㎢인 서해 5도 어장을 245㎢, 여의도 면적의 84배 정도를 더 확대하기로 했다. 이번에 늘어난 바다 어장은 서해 NLL과 떨어진 대청도 연평도 어장 인근이다.

해수부는 어장 구역 확대와 함께 1964년부터 금지돼온 야간조업도 55년 만에 일출 전과 일몰 후 각 30분씩 1시간 허용키로 했다. 정부는 봄부터 성어기가 시작되는데 어장 확대와 야간조업 허용 조처로 인해 현재 4천t 규모인 연간 어획량이 10% 이상 늘어날 것으로 기대하고 있다. 정부는 남북 간 평화수역 조성에 대한 진전에 따라, 앞으로 NLL 부근 등으로 어장을 확대하고 조업시간 연장도 추진할 계획이라고 밝혔다.

10) 위도

"잔잔한 바다에서 생산되는 옹진 참김의 주산지"

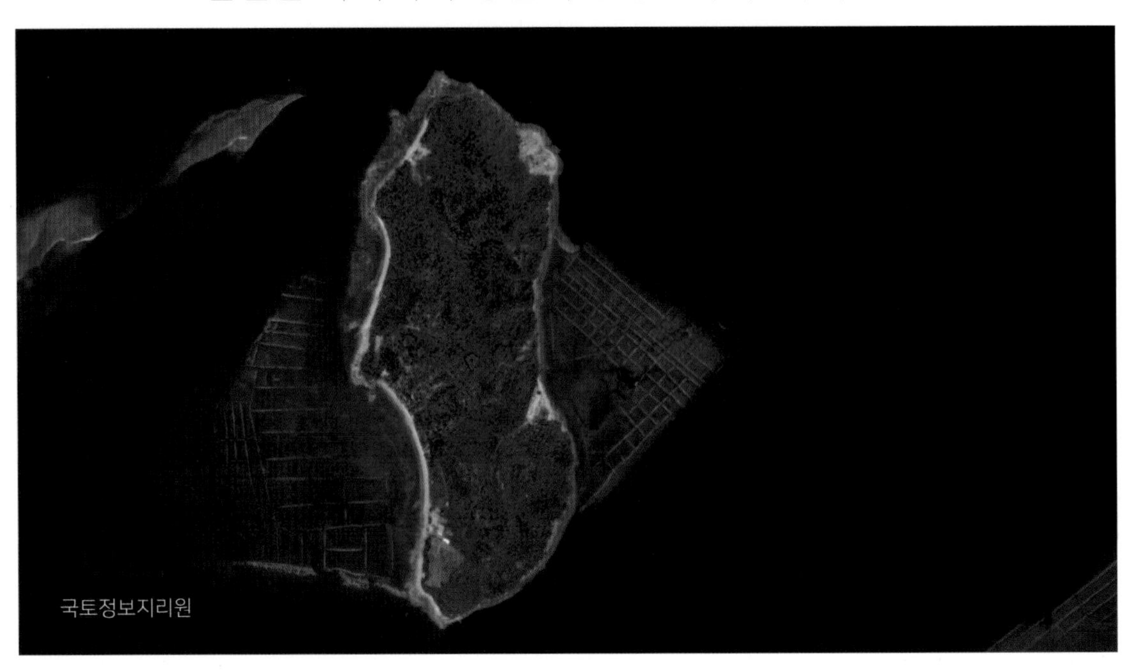
국토정보지리원

[개괄] 위도는 황해남도 옹진군 남해노동자구 동쪽에 있는 섬으로 섬 둘레 3.25km, 면적 0.464㎢, 산 높이 102m이다. 경도 125° 25', 위도 37° 50'에 위치한 섬이다. 해방 이전에 위도는 38도선 이남에 속했던 강령반도와 옹진반도 함께 남한에 소속된 조그만 섬이었다. 위도는 전쟁이 끝난 다음 1953년 7월 27일 22시에 정전협정에 따라 북한 소속이 되었다. 위도는 북한에서 육지와 가장 가까운 곳에 있다. 구글 위성사진으로 자세히 보면 민가는 보이지 않고 여기저기 군대의 막사들이 세워져 있다.

위도는 NLL과 멀리 떨어져 있는 관계로 주목받지 못하는 섬이지만, 사면이 바다로 둘러싸여 자연 지리적 조건이 좋아서 수산업을 대대적으로 발전시키는 곳이다. 육지와 가깝기에 풍랑과 관계없이 수시로 드나들 수 있다. 이곳은 주위의 섬들과 육지가 방파제 역할을 하기에 바다가 잔잔하여 참김 양식장으로 알려졌다. 예로부터 옹진 참김은 크고 맛이 좋고 향기로우며 생산성이 높은 특산물로 주민소득에 크게 이바지하고 있다.

위대한 수령님의 유훈을 받들고 풍년작황을 마련한 기쁨을 나누고있는 연안군일군들과 오현협동농장 2작업반 농장원들

11) 장재도

"고깃배 대신 군사시설만 가득하니"

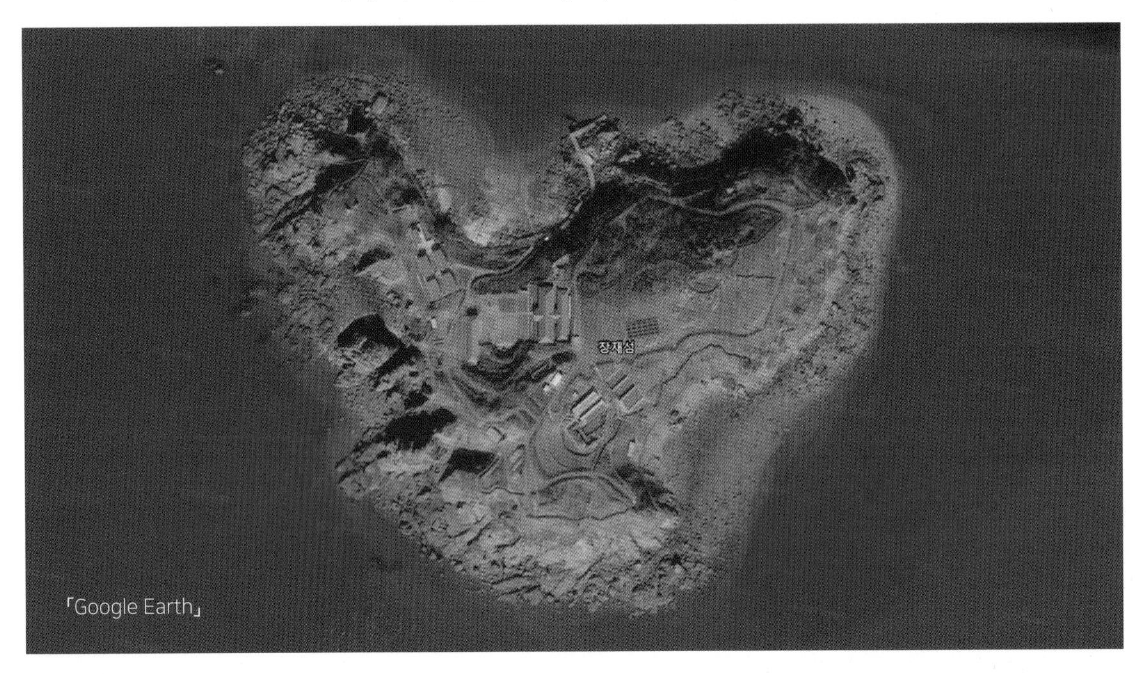

[개괄] 장재도는 면적 약 0.2㎢, 섬 둘레 1.7km로서 연평도와 7.5km 거리에 있는 섬이다. 구글 위성사진을 보면 섬 전체가 군사시설로 가득 차 있고 배가 한 척도 보이지 않은 황량한 섬이다. 군사시설들은 북쪽을 향하여 자리하고 있어 연평도 전망대에서 보면 바위투성이 섬만 보인다. 연평도와 북방한계선을 이루고 있는 장재도는 조기 어장으로 유명하다. 지금은 꽃게가 잘 잡히지만 무도한 중국어선들이 싹쓸이해 간다. 안타깝고 분통할 노릇이다. 바다는 오늘도 말이 없고, 파도만 일렁일 뿐이다.

연평도 조기 파시

연평도에는 조기철이 되면 황해도, 경기도, 충청도, 전라도 등 전국의 배들이 몰려들어 우리나라에서 제일 큰 파시가 형성되었다. 이 배들은 조기 떼를 따라서 인근 대청도, 어청도, 백령도 등 근해에서도 조업하였다. 연평도 파시는 음력 4월 소만 사리 때 형성되었다. 이때가 되면 최고의 어획량을 올렸기 때문에 이 소만 소리를 '조기 생일'이라고 불렀다. 조기잡이가 끝나는 5~6월은 '파송 사리'라 불렀다. 반면에 새우잡이를 포함한 모든 고기잡이가 완전히 끝나는 10월은 '막 사리'라 불렀다.

연평도 조기 파시는 구한말부터 성장하여 급증하다가 일제 말기 최고 절정을 이루었다. 구월봉 아래의 구월포에는 큰 조기장이 섰다. 이때의 우리나라 배들은 중선·궁선 등이었으나 일본 배들은 서서히 안강망으로 바뀌어 갔다.
연평도 조기는 칠산 조기보다 크기가 컸다.
동중국해를 출발해서 흑산도, 위도를 지나오는 동안 성장하기 때문이다. 조기 배는 선주가 어부를 고용하여 출어하는 방식으로 운영되었으며, 그물값과 기타 경비를 제외하고 남은 잔액을 절반으로 나누어 선주와 어부가 분배하였다. 어획물은 상고선을 통해서 한강 상류, 대동강·청천강 상류 지역까지 운반되었으며 심지어 해주까지 운반되기도 하였다. 1950년대까지 흥청거리던 연평 파시는 조기가 급격히 사라지면서 막을 내렸다.

『한국의 해양문화-서해해역(하)』,
해양수산부, (2002, 395~399)

['조기를 담뿍 잡아 온다던 그 배는 어이하여 아니 오나. 갈매기도 우는구나! 눈물의 연평도']

손을 뻗치면 닿을 듯한 북한의 섬들과 연평도 사이에는 북방한계선(NLL)이 가로질러져 있다. 연평도에서 북쪽으로 불과 1.4km 떨어진 곳이다. 눈에는 보이지 않는 이 선을 사수하기 위해 우리의 젊은 병사들은 열정과 청춘을 바쳤고 때론 목숨마저 내던졌다.

NLL이 지나는 위치가 어디쯤일까 가늠해보다가 북쪽으로 더 올려다보니 북한 황해남도의 해안선과 그 앞의 갈도·장재도·석도 등이 아련하게 보였다. 크고 작은 섬들이 오롱조롱 바다에 또 있는 모습이 평온함마저 자아내고 있었다. (중략)

연평도 대부분 주민의 생업인 꽃게 조업이 최근 신통치 않아 어민들의 시름이 깊어지고 있다. 이날 새벽 조업을 나간 꽃게잡이 어선 24척은 오후 연평도 당선부두로 하나둘 힘없이 귀항했다. 힘차게 펄떡이는 꽃게로 가득 차야 할 선창은 반도 채우지 못한 채 비어 있었다. (중략)
꽃게 어선의 한 선원은 "예년 이맘때면 하루 5t 정도의 꽃게를 잡았는데 요즘은 10분의 1도 잡기 어렵다"라며 "어황이 좋지 않아 생계를 걱정해야 할 정도"라고 한숨을 내쉬었다. 선원의 푸념을 뒤로하고 연평도 등대공원 입구에 이르자 '눈물의 연평도' 노래비가 보였다. 1959년 태풍 사라호에 희생된 어부들을 추모하기 위해 건립된 노래비의 가사가 현재 연평도 상황을 대변하는 듯해 안타까움을 더했다.

'조기를 담뿍 잡아 기폭을 올리고 온다던 그 배는 어이하여 아니 오나. 수평선 바라보며 그 이름 부르면 갈매기도 우는구나! 눈물의 연평도'

연합뉴스, 2013.11.20

장재도에 펼쳐진 혼연일체의 화폭

「민주조선」 2017.06.29

지난 5월 어느 날, 장재도 섬 방어대를 또다시 찾으신 김정은 지도자가 군인들과 군인 가족들을 위로하였다. 장재도에는 자신께서 제일 사랑하는 병사들이 있다고 하시며 사랑과 은정을 가득 안고 오시었다. 그날은 새로 꾸린 바닷물 정제기실과 식물을 키우는 온실, 축사 등을 돌아보시며 섬 초소 군인들의 생활을 구석구석 살펴보았다. 바닷물 염기 제거실에서 바닷물이 담수로 전환되는 과정을 보시고 물이 항상 부족한 섬 초소 군인들이 물 걱정 없이 생활하게 되어 기쁘다고 하였다. 군인들과 군인 가족들이 물이 정말 시원하고 물이 달다고 하며, 우물을 이용할 때와 달리 두부도 잘 만들어지고 밥맛도 좋을 뿐 아니라 배탈이 전혀 없다고 하였다.

장재도 방어대는 당국의 온정 속에 마련된 어선으로 잡은 물고기를 보시고 이만하면 섬 방어대 군인들의 생활에 대해 마음이 놓인다고 하였다. 장재도는 자신께서 제일 중시하는 곳 중의 하나라고, 방어대 군인들의 하루하루는 조국의 부강번영에 이바지하는 애국의 하루하루라고 하시며 그들이 물을 그리워하지 않게 생활 조건을 잘 보장해주도록 하였다.

방어대를 찾으실 때마다 남편들과 함께 외진 섬 초소를 지켜가고 있는 군인 가족들의 수고도 헤아려주시며 자녀들을 아버지의 뒤를 이어 조국을 한목숨 바쳐 지키는 열렬한 애국자들로 키우도록 해야 한다고 강조하였다.

다음에 장재도 방어대의 군인들과 군인 가족들은 위험천만한 자기들의 섬 초소에 또다시 찾아오시어 대해 감격해서 하였다. 김정은 지도자는 방어대 군인들과 군인 가족들에게 또 오시겠다고, 어서 들어가라고 하면서 배를 타고 장재도를 떠났다.

▲【출처】통일부「북한정보포털」에 수록된「민주조선」2017.06.29일 자 보도내용 재구성

축복 동이를 키우는 장재도 유치원 김송미 선생

「교육신문」 2017.07.20 전홍만 기자

장재도는 조그만 섬이지만 유치원 교양원 김송미 선생이 있다. 그는 지난해 해주예술학원을 졸업하고 웃음 많은 처녀 시절의 무지개 꿈을 안고 자진하여 이곳으로 왔다. 온 집안의 사랑을 독차지하고 자라는 막내 아이가 대학반 시절 섬 초소 교양원으로 가겠다고 했을 때에는 더더욱 집안 식구들을 놀라게 하였다. 김송미 선생의 결심이 일순간의 충동이나 하루 이틀 사이에 내려진 것이 아니라는 것을 그때까지는 아는 사람이 없었다.

어릴 때부터 예술적 기량을 마음껏 키우며 성장한 그는 학원을 졸업할 시각이 다가올수록 끝없는 희망과 가슴 부푸는 꿈으로 마음은 끝없이 설레었다. 생각은 오직 한 가지, 가정에서는 응석받이로 알

고 있지만 먼 훗날 자신 앞에 떳떳해지고 싶었다.
수천 명의 눈길이 쏠리는 화려한 무대에서 훌륭한 기타연주로 박수갈채를 받는 것도 싫은 것은 아니었지만 어째서인지 그것이 자기가 갈 길이 아닌 것 같았다. 자기보다도 후대들을 키워 내세우고 싶었고 그것도 섬 초소의 아이들에게 도시에서 자라는 아이들 못지않은 예술적 재능을 키워주고 싶었다. 하여 그는 장재도 유치원 교양원이 되었다. 유치원생은 3명이 전부이다. 그것도 높은 반 1명, 낮은 반 2명이다. 그들 가운데는 온 나라가 다 아는 축복동이인 정항명 어린이도 있다.
이 땅에 전쟁의 검은 구름이 시시각각 몰려들고 온 세계가 깊은 우려 속에 지켜보던 엄혹한 시각 김정은 지도자는 여기 장재도 방어대를 찾으시고 항명이를 사랑의 한 품에 높이 들어 안아 주시였다. 그가 돌이 되는 다음 날에는 돌 생일선물도 안고 오시었고 거듭 찾으실 때마다 그의 성장을 대견히 여기시며 항명이에게 어서 빨리 커서 군대에 들어오라고 귓속말 당부도 하였다. 이런 축복동이들을 김송미 선생이 키우고 있다.

▲【출처】통일부「북한정보포털」에 수록된「민주조선」2017.06.29일 자 보도내용 재구성

12) 형제섬

"해주·제주·북극해의 형제섬, 평화가 그들과 함께!"

[개괄] 해주는 황해도 남부에 있는 도시이다. 동·서·북쪽은 벽성군에 둘러싸여 있으며 남쪽은 서해에 면하고 있다. 해주 북부에 수양산(首陽山, 899m)·용수봉(龍首峰) 등이 솟아 있으며, 남부에는 남산(南山, 122m)이 있다. 광석천(廣石川)이 시의 중앙을 남쪽으로 흐르며, 유역에는 평야가 해안을 따라 대상으로 형성되어 있다. 해주만에 면한 남부 해안은 리아스식 해안으로 중앙에 용당반도(龍塘半島)가 돌출하여 있으며, 용당포에는 형제섬과 첨단부에 해주항이 있다.

수산업은 연평도(延坪島) 부근에 대어장이 형성되어 조기잡이가 유명하며, 새우·민어·도미·조개류의 어획도 많다. 일제 강점기 해상 교통이 발달하여 일본 대판과의 사이에 1,500t급 화물선이 월 5회 운항하였으며, 인천항과의 정기항로가 있고, 진남포와도 기선의 왕래가 잦아 여객·물자수송이 활발하다. 특히 해주항은 육지의 다른 곳과도 연결되고, 해상으로는 인천~진남포 간 해상을 연결하여 상업중심지이면서 교통상 중요한 기능을 한다.

일광욕에 안성맞춤인 해주 형제섬

형제섬은 해주 남부 지역인 용당반도와 용당포 안에 있다. 사람이 살지 않는 아주 작은 무인도이다. 형제섬은 썰물 때 물이 완전히 빠져나가면 길게 펼쳐진 해변이 드러난다. 여름에는 이곳에서 텐트를 치고 일광욕이나 수영을 즐길 수 있고 사철 형제섬을 중심으로 바지락과 굴을 채취할 수 있다.

해주항에서 남쪽으로 7km 떨어진 이 섬은 물이 들어오면 배를 타야만 방문할 수 있다. 형제섬은 남한의 연평도에서 약 30km 떨어져 있어서 남과 북의 해상 경계선(NLL) 주위를 둘러볼 수 있는 최상의 장소이다…. 48)

'용싸움' 하던 제주 앞바다의 형제섬

제주도 서귀포시 안덕면 사계리 앞바다에 있는 섬도 형제섬이다. 배를 타면 10분 정도 걸린다. 형제섬은 용을 끌어들인 모습이다. 전해오는 얘기를 하면 그렇다. 형제섬 앞에서 용 두 마리가 서로 싸움을 해댔다. 기록에는 조선 시대 숙종 때라고 한다. 용이 얼마나 큰 싸움을 벌였던지 사계마을에 피해를 주기까지 했다고 한다.

▼ 제주의 형제섬

해저터널로 연결된 북극해 연안의 형제섬

지금은 옛말이 되어 버린 과거 냉전

48) 「조선향토대백과」, 평화문제연구소 2008

시대, 가장 긴장감이 팽팽했던 지역은 북극해 연안이었다. 북극점을 중심으로 한 지도를 보면 미국과 구소련은 손 내밀면 닿을 듯이 지척에 있는 모습이다. 특히 베링해를 사이에 두고 알래스카주에 있는 프린스오브웨일스 곶과 시베리아의 데즈뇨프곶은 서로 마주 보고 솟아 있다. 북극해와 태평양을 이어주는 베링해협은 가장 좁은 부분이 고작 85㎞이고, 10월부터 그 이듬해 8월까지 얼음이 바다를 뒤덮는다. 따라서 극한기에는 알래스카에서 시베리아까지 걸어서 건널 수 있다

베링해협 중간에는 나란히 솟아 있는 형제섬이 있다. 서쪽의 큰 섬이 대 다이오메드섬이고, 동쪽의 작은 섬이 소 다이오메드섬이다. 이 형제섬을 갈라놓듯 두 섬 사이로 날짜 변경선이 지나면서 서쪽은 러시아령, 동쪽은 미국령으로 갈라져 있다. 냉전 당시 이 형제섬은 서로의 모습을 촬영하는 것은 물론 가까이 다가가는 그것조차 불가능했다. 그러나 최근에는 두 섬을 연결하는 해저터널 건설이 추진되는 등 평화의 기초가 쌓여가고 있다.

해주의 형제섬도 북극해 연안의 형제섬처럼 누구나 자유롭게 드나들 수 있는 곳이 되었으면 좋겠다. 남북이 형제처럼 하나 되는 그날이 오기를 간절히 기대해 본다. 강화도에서 불과 10km 내외 거리에 있는 해주와 형제섬을 향해, 유람선 타고 휘파람 불며 돌아보게 될 날을 꿈꾸며 「북한의 섬」 항해를 계속한다.

날짜변경선으로 국경이 나누어진 섬

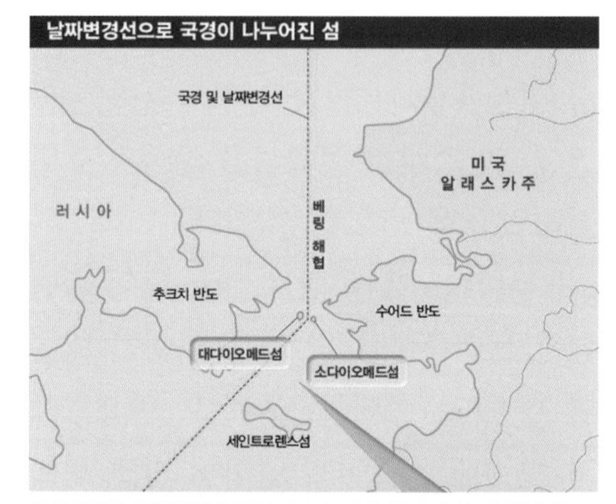

다이오메드 제도
다이오메드 제도는 미국 알래스카와 러시아의 시베리아 사이에 있는 베링 해협 중간에 있다. 두 개의 섬 사이는 약 3km로 날짜변경선이 지나는데 대다이오메드섬이 소다이오메드섬보다 20시간 빠르다.
1728년에 비투스 베링에 의해 발견되었으며, 1867년에 미국이 알래스카를 매수한 후 현재의 미국과 러시아의 영역이 확정되었다. 냉전 후 두 섬을 연결하는 해저터널이 건설 중이다.

한국전쟁 당시 어느 공군 정보원과 형제섬

2022년 10월, 손녀 탄생과 필자의 칠순을 겸해 마련된 2주 간의 호주 여행을 다녀왔다. 호주로 출발하기 직전, 한국전쟁 당시 공군 첩보원으로 4년여 기간 동안 눈부신 활약을 했던 이범구 선생을 어렵게 찾았지만, 그 분의 사정이 생겨 만나지 못했다. 다급해진 나는 귀국하자마자 다시 만남을 시도하여 극적으로 파주의 한 아파트로 찾아갈 수 있었다. 그분은 아흔 중반에 가까운 나이지만, '청봉산인'이라는 닉네임으로 인터넷 활동까지 하는 노익장을 과시하면서 건강한 노후를 보내고 있었다. 전국의 유명한 산은 모조리 올랐다고 한다. 그분을 만나 북한의 섬들에 관한 이야기를 들을 수 있었다. 황해도 00 출신인 그분은 고향에서 공산군들에게 잡혀서 죽을 고비를 넘기고 극적으로 탈출하여 서북청년단에 가입한 후 켈로부대에 자원하였고, 나중에 공군 첩보원으로 북한 곳곳을 누비며 활약했다. 그는 해주에 소속된 형제섬에서 전투를 여러 번 했는데 육군 「유격전사」에도 공식적으로 기록되어 있다(저미도 전투).

이범구 대원은 7명의 대원과 함께 형제섬의 파견 대장으로 나왔다가 연평도 본부에 잠시 들렀는데, 다시 귀대해보니 인민군의 습격으로 모두 사망한 뒤였다. 가슴을 쓸어내리면서 '인명재천(人命在天)'이라는 말을 실감하였다. 사람의 목숨은 하늘에 달려 있다는 뜻이며 내 목숨은 내 뜻이 아니고, 하늘이다.

한번은 이범구 씨가 대원들과 해주 근처에 침투했다가 발각되어 바다 쪽으로 후퇴를 하는데 뿔뿔이 흩어지면서 너무 다급한 나머지 아주 작은 무인도인 송장 섬으로 몸을 피했다. 밤이 되면 그 섬에서 신호를 하면 가까운 형제섬에서 구조대가 올 수 있었기 때문이었다. 그런데 낮에 송장 섬으로 굴을 채취하려고 왔던 3명의 아낙네에게 발각되고 말았다. 그렇게 숨을 곳이 없는 작은 섬에서 이제 꼼짝없이 죽게 생겼다. 할 수 없이 이들을 총으로 위협하여 물이 들어왔다가 빠지면 밤에 나가라고 하였다. 만약에 낮에 보내주면 신고로 인하여 영락없이 포위되어 죽을 수 있기 때문이었다. 그래서 밤이 되어 그들을 보내주고 나도 살 수 있었다고 증언하였다.

이범구 대원의 특기는 6명이 한 조가 되어 모선에 선외기 보트를 타고 공해상을 통하여 북한 깊숙이 침투했다가 모선에서 작은 보트를 몰고 북한의 대화도와 인근 바다를 순찰하면서 북한 배들과 선원들 군인들을 납치하여 백령도로 데리고 오는 역할을 하였다. 한번은 갈치 배를 납치하여 백령도 주민들이 갈치 잔치를 한 적도 있다.

▼ 한국전쟁 당시 공군 유격대원 이범구 선생

02. 과일군

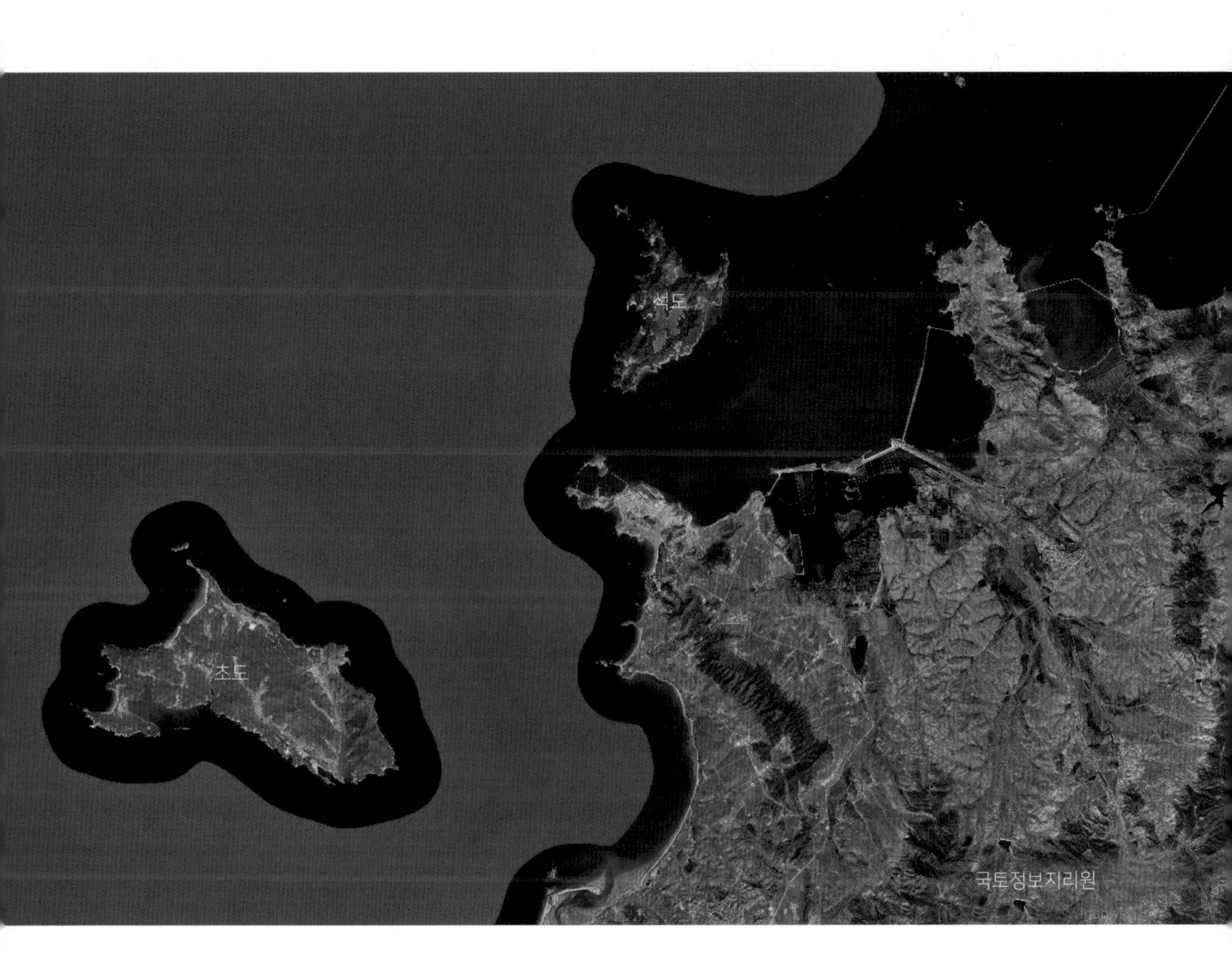

1) 석도(席島)

"흰색 섬광의 등대 불빛이 밤길 훤히 비추고"

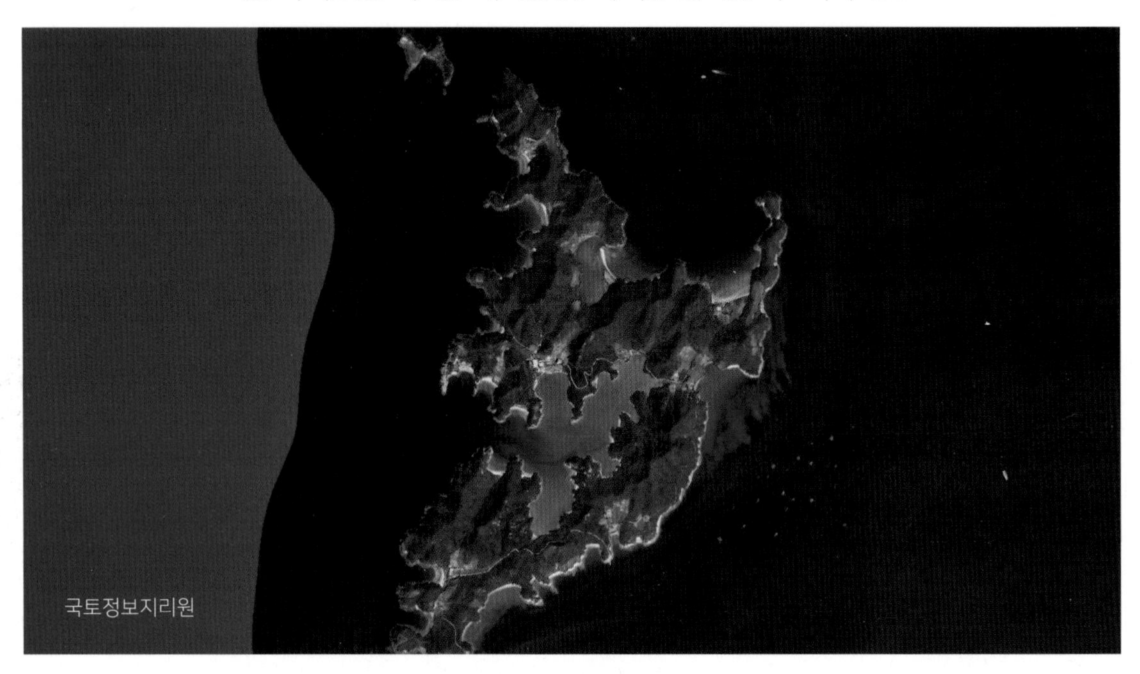
국토정보지리원

[개괄] 석도(席島)는 평안남도 남포시에 속하는 섬으로 면적 7.96㎢, 섬 둘레 42.4㎞, 산 높이 132m이다. 북부 월사반도 비파곶에서 북쪽으로 약 3.5㎞ 떨어져 있다. 북쪽에는 덕도(德島), 남서쪽에는 초도(椒島)가 있고, 남쪽에는 5㎞가량의 좁은 수도(水道)를 사이에 두고 진풍반도(眞風半島)와 마주하고 있다.

석도에는 크고 작은 산봉우리들이 있어 지형 기복도 심하고 해안선도 복잡하다. 해안선은 만, 갑 등이 발달하여 있어 썰물 때 간석지가 드러난다. 서쪽과 북서쪽을 향한 해안에는 계절풍에 의해서 두껍고 넓은 백사장이 발달하여 있고, 돌출한 곶(串)에는 높은 해식애가 발달하였으며, 특히 북서쪽으로 향한 해안에는 10m 내외의 비교적 높은 해안사구가 발달하였다.

석도에 있는 산에는 소나무, 참나무,

떡갈나무, 아카시아나무, 분지나무, 싸리나무 등이 있고, 마을에는 복숭아나무, 살구나무가 많다. 겨울철에 북서풍이 강하게 불며, 연평균기온은 9.8℃, 연평균강수량은 761.4㎜이다. 형성 및 변천 석도의 기반암은 고생대 황주계 석회암이 주를 이룬다. 본래 진풍반도의 일부이었으나 지반의 침강으로 분리되어 섬이 되었다.

섬의 서부 중앙에는 간석지가 발달하였으나 근년에 간척공사로 인해 농경지로 바뀌었다. 밀·보리·콩·조·강냉이·감자·팥·콩·무우·배추 외에 벼농사도 짓고 있다. 조선 시대에는 목장이 있었으며, 근해에는 조기·민어·가자미·갈치·새우·까나리·전어·오징어 등의 어획량이 많다. 섬의 동쪽 해안의 관전동과 서쪽 해안의 묘사동에 포구가 있다. 석도는 현재 고깃배들이 기항과 대피를 하기 좋은 곳이다.

흰색 섬광의 등대 불빛이 밤길 비추는 곳

섬 꼭대기에는 등대가 있다. 석도 등대는 흰색의 원형 콘크리트 탑으로서 그 높이는 8.8m, 불면으로부터의 높이는 94.2m이다. 등불은 흰색 섬광, 주기는 20초, 불빛임 거리는 32.2km이다. 석도 등대로부터 북동 방향으로 약 23km를 가면 자매도라는 두 섬이 있는데, 여기에도 등대가 있다. 1907년 처음 불을 밝힌 자매도 등대이다. 자매도 등대로부터 북쪽으로 약 4.3마일 가면 덕섬 등대가 있다. 덕섬 등대 높이는 물면으로부터 92m이고 등불은 흰색 섬광, 주기는 15초, 불빛임 거리는 16.1km이다.[49]

▼ 여수 오동도 등대

49) 「한국민족문화대백과사전」, 황해도지(黃海道誌)

[서해 전략도서, 석도 확보 작전]

한국전쟁 당시, 석도는 평양으로 들어가는 관문이자 항구도시인 남포를 마주하고 있는 전략적인 섬이었다. 중국은 서해를 통해 북한으로 군수품을 보냈지만, 평양으로 들어가는 해상보급로인 석도를 차단하면 적에게 커다란 심리적 타격을 줄 수 있는 곳이었다. 한마디로 석도는 적진 한가운데 구축한 천혜의 요새와도 같은 역할을 하게 된 것이었다.

또한, 석도 인근에는 비파곶이라는 북한 해군기지가 있을 정도로 중요한 거점이었다. 특히 석도는 북한의 서해 최대항구인 진남포와 30여km, 평양까지는 70여km의 거리에 떨어져 있다. 따라서 UN군의 석도 점령은 평양의 관문인 진남포를 통제해 버린 것과 다름없었기 때문에 북한의 긴장은 더할 수밖에 없었다.

1953년 휴전협정으로 인해 석도를 비롯하여 초도, 대화도 등에서 국군과 유엔군이 철수하자 많은 북한 주민이 피난길에 올랐다.
당시 석도는 육지와 가까워 수많은 피난민이 발 디딜 틈조차 없을 정도로 몰려들어 숙식 문제, 위생 문제 등으로 큰 혼란에 빠졌다. 물론 당시는 전쟁 상황이라 어떤 고난도 감내할 수밖에 없었던 시절이었다. 한국전쟁 당시의 북한 섬들의 존재는 대부분 잊혔지만, 유격군 근거지와 피난민 탈출을 위한 디딤돌로써 중요한 역할을 했던 사실은 기억되어야 할 것이다.

▲ 석도에서의 부상자 후송 모습. 당시 전투의 격렬함을 간접적으로 보여준다.

북한 언론 속의 「석도」

석도에 서린 원한

- 다천 수산협동조합 김상익의 해방 전 생활 -

「노동신문」 1979.10.22. 리석온 기자

다천 수선 협동조합 관리위원장 김상익 동무는 해방 전 서해의 외진 섬 석도에서 고깃배 어부로 살았다. 뭍에서부터 멀지 않는 자그마한 이 섬마을에는 해방 전에 250여 세대, 1,300여 명의 인구가 살았다. 그들 모두는 바다에 명줄을 걸고 고기잡이로 생활했다. 가난한 이 섬마을 어부들의 집에서는 풍파 사나운 바다에서 돌아오지 못한 남편과 아들들을 부르는 곡성, 원성이 하루도 그치는 날이 없었다.

바닷일에 골병이 든 상익의 아버지도 풍파에 시달리다가 앓아눕게 되었다. 상익이는 여덟이나 되는 식구들을 먹여 살리기 위하여 어린 나이에 일찍 고깃배를 탔다. 어느 날 상익이네는 태풍 직전의 검푸른 바다로 내몰리었다. 산 같은 파도가 일었다. 뱃사람들은 죽기 내기로 파도와 싸웠다. 서해의 파도는 동해나 남해보다 높기로 유명하고 사고가 가장 많은 바다가 서해이다. 상익이는 조난한 지 한 주일 만에야 거의 죽었다가 기적으로 살아나 겨우 포구로 돌아왔다.

그날 여러 배가 침몰했는데 바다에 떠밀려오는 시체라도 찾아보겠다고 며칠째 눈물 속에 바다를 지키고 서 있던 어부들의 가족들은 그들을 부여잡고 놓을 줄을 몰랐다. 그러나 이때 부둣가에 뒤늦게 배의 주인이 나타나더니 그새 물고기를 잡아서 어디다 팔아넘기고 돌아오느냐고 하면서 지팡이로 상익을 후려갈겼다. 그 바람에 앓아누운 아버지를 생각하여 햇빛에 말려 놓았던 마른 물고기가 상익의 옷 속에서 떨어졌다. 부둣가에 나와 형이 돌아오기를 기다리던 상익의 동생은 형의 옷 속에서 떨어지는 마른고기를 보자 자기도 모르게 집어 들었다. 소리를 지르던 배 주인은 이것을 보자 미친개처럼 달려들어 물고기를 발로 짓뭉개버리더니 바다에 차 넣었다. 그

바람에 구둣발에 채운 동생이 그만 까무러쳐 버렸다. 상익의 가슴은 부글부글 끓어올랐다. 상익은 더는 참을 수 없어 배의 주인인 선주를 힘껏 발로 걷어찼다. 울분에 떨고 있던 어부들도 모아들어 선주에게 뭇매를 가하였다. 이런 아픔을 간직했던 김상익이 석도를 떠났다. 그 후에 열심히 일하여 나라의 어엿한 수산 일군인 다천 수산협동조합 관리위원장이 되어 행복하고 보람찬 생활을 하고 있다.

▲ 록강 하구 단교에서 바라본 북한

▲【출처】통일부 「북한정보포털」에 수록된 「민주조선」 2017.06.29일 자 보도내용 재구성

6·25전쟁 미국군 전사·실종장병 추모식

돌아오지 못한 오빠에게 보내는 편지

국가보훈처

2) 자매도

"'빛을 통한 소통과 생명의 신호' 자매도 등대"

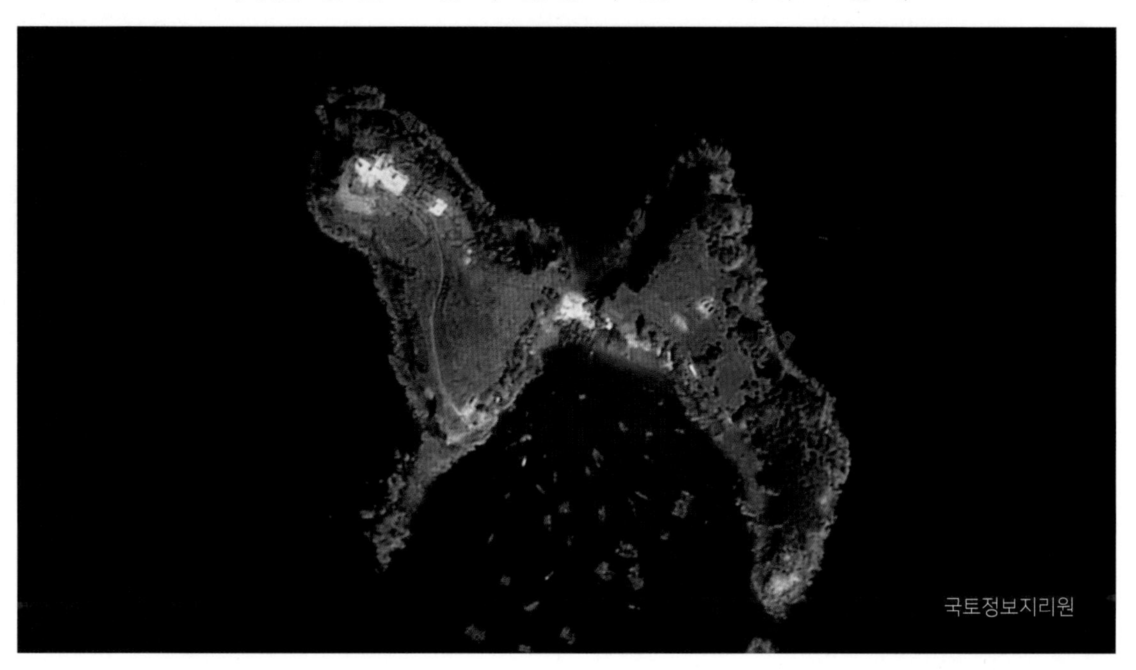
국토정보지리원

[개괄] 대동강 어구의 석도 서쪽 1.3km 지점에 있는 자매도는 이름 그대로 두 개의 섬으로 이루어져 있다. 면적 약 0.15㎢, 섬 둘레는 2.5km 정도 되는 작은 섬이다. 자매도 서쪽 섬은 높이가 43m인데 이곳에 등대가 있다.

등대지기 자녀들을 위한 학교와 섬 생활을 자원한 선생님

자매도가 북한에 널리 알려진 것은 등대지기 자녀 세 명을 위하여 학교가 세워지고 육지에서 자원한 선생님이 부임하여 아이들을 가르친 미담 때문이다.

자매도는 명절이나 김일성, 김정일 생일 때마다 전국의 학생들에게 돌려지는 사랑의 선물이 이곳 등대마을 아이들에게도 똑같이 가 닿도록 사랑의 비

[자매섬의 세 학생을 위하여]

남포에서 아득히 떨어진 곳에 자매섬이라는 외진 등대섬이 있다. 보통 지도에는 점으로도 표시되지 않는 작은 섬이다. 비애의 섬, 눈물의 섬이었던 이 외진 섬에 삶의 기쁨이 넘친 것은 조국이 해방된 다음부터였다.

위대한 수령님께서는 등대원들과 그 가족들이 도시에 사는 사람들과 똑같이 문명한 생활을 누리도록 텔레비전수상기도 보내주시고 손풍금을 비롯한 여러 가지 악기도 보내주시였으며 뭍에도 마음대로 나들이할 수 있게 발동선도 보내주시였다. (중략)

위대한 장군님께서는 그래도 어머니 품만이야 하겠는가고 하시며 자매섬에 학교를 세워주자고, 나어린 학생들이 집을 떠나 공부하게 해서야 마음이 편하겠는가 하고, 학교를 꼭 지어주자고 말씀하시었다. 그리하여 자매섬에 세 아이를 위한 학교가 세워지게 되었다.

이런 일이 있을 때로부터 며칠 후 자매섬에는 크나큰 경사가 났다. 시멘트를 비롯한 건설자재들과 교구비품을 실은 운반선이 달려오고 대학을 졸업한 여교원이 밝게 웃으며 배에서 내렸다. 뒤이어 뜻깊은 개학식이 있었고 새 학년도의 첫 수업이 있었다.

김일성종합대 학외 국어문학부 박사 부교수 리찬문, 2020.7.21.

▲ 자매도 분교 개학식

행기가 날고 있는 섬이다.

자매도 등대는 흰색의 원형 콘크리트 탑으로서, 높이는 7.6m이고 등의 높이는 물 겉면으로부터 42m이다. 등불은 흰색의 섬광등이고 주기는 18초이며 불빛임 거리는 약 29km이다. 이곳 등대는 서해 먼바다에서 조업하고 돌아오는 어선이나 외국에서 화물을 싣고 남포로 들어오는 길목에 위치하여 밤바다의 길을 안내하는 삶의 좌표 역할을 한다. 물론 요즘 등대는 그 역할이 많이 축소되었다. 인공위성의 발달로 GPS와 레이더가 배의 항해를 등대보다 정확하고 편리하게 안내해주기 때문이다.

한반도의 등대

『북한지역에 있는 등대는 동해 제일 북쪽인 함경북도 화대군 무수단리에 무수단 등대가 있다. 해안이 아주 높고 1,000m 정도 되는 절벽 위에 세워져 있다. 무수단리에서 조금 내려오면 신포 앞바다에 함경남도에서 제일 큰 섬 마양도가 있고, 여기에 마양도 등대가 있다. 마양도에서는 명태, 대구, 청어, 정어리가 많이 잡힌다.

〈동해〉의 등대로는 오갈산 등대, 난도 등대, 곽단 등대, 나진항 등대, 대초동 등대, 소초도 등대, 괘암 등대, 송도 등대, 청진 등대, 어랑단 등대, 경성만 등대, 성단 등대, 쾌단 등대, 운만대 등대, 무수단 등대, 성진 등대, 용대갑 등대, 단천항 등대, 천초도 등대, 죽도 등대, 신창항 등대, 동호동 등대, 송도갑 등대, 송령만 등대, 마양도 등대, 안성갑 등대, 서호진 등대, 광성곶 등대, 용진 등대, 장적도 등대, 원산동 등대, 신도 등대, 압룡 등대, 여도 등대, 고저항 등대, 총석단 등대, 사월각 등대, 장아대단 등대, 장천 등대, 수워단 등대 등이 있다.

〈서해〉의 등대로는 방도 등대, 초도 등대, 몽금포 등대, 서도 등대, 자매도 등대, 흑암 등대, 찬도 등대, 지리도 등대, 피도 등대, 오리포 등대, 마치지 등대, 비발도 등대, 덕도등대, 함성열도 등대, 남도 등대, 만낭기 등대, 수문도 등대, 운도등대, 다사도항 등대, 미안도 등대, 문박 등대 등이다.』

「등대의 세계사」, 주강현(서해문집, 2018년 6월)

『임채욱 선생은 자유아시아방송과 북한 등대에 대한 대담에서 '북한에서는 개별 등대에 대한 자료가 잘 보이지 않습니다. 그래도 등대원을 격려하는 이런 말을 보면 등대가 제 기능을 잘하고 있다고도 여겨집니다.' 하였다. "오늘 세계엔 수많은 등대와 등대원들이 있다. 하지만 우리나라 등대원처럼 크나큰 사랑과 온정 속에 있는 등대원은 없다. 그래서 우리나라 동서 해안을 밝히는 등대 불빛은 더욱 밝은 것이다."』
「지리상식 등대」, 명응범 부교수 학사(천리마, 2000년 1월호)

남북한의 등대는 반도 국가라는 지정학적 조건 때문에 섬 곳곳에 설치되어 있다. 서해안 등대는 중국으로, 남해안은 태평양으로, 동해안 등대는 일본과 러시아로 관련이 있다. 한반도는 세계의 새로운 중심으로 자리매김하였는데 그 중심에 남북한 등대가 포진해 있는 것이다. 북한의 남포시에서 남북한 등대대회가 성황리에 열리고, 섬을 사랑하는 사람들이 어깨동무하면서 자매도를 탐방하는 기회가 오기를 꿈꿔 본다.

자매도와 서도가 천도 개벽 되었다.

2014년 6월 22일 노동신문
특파기자 주창선 기자

남포시에 소속된 서해의 등대섬들은 자매도와 서도가 몰라보게 변모되었다. 두 개의 등대 탑과 여러 동의 살림집, 기계실과 분교 건물들은 물론 울타리와 안전난관, 집짐승 우리에 이르기까지 섬마을 전체가 시대의 요구에 맞게 재건되었다. 등대원들의 살림집에는 이불장과 옷장을 비롯한 새 가구가 일식으로 갖추어지고 출입문과 창문들이 새로 교체되었을 뿐 아니라 도배와 장판도 새로 하여 등대원 가족들은 새 집들이를 한 그것만 같은 기쁨과 격정에 넘쳐 있다. 섬마을 재건 공사가 완공됨으로써 등대원들과 가족들이 문명하고 행복한 생활터 전이 마련되고 등대원들은 조국의 뱃길을 지켜가는 긍지와 애착심이 한층 높아지게 되었다. 남포시 당 위원회 책임 일꾼들의 깊은 관심 속에 안윤덕, 박준호 동무를 비롯한 남포항의 일꾼들은 섬마을을 구체적으로 밟아보면서 공사를 최단기간에 다그쳐 끝낼 방도를 모색하였으며 구체적인 조직사업을 짜고 들었다.

시당 위원회의 지도 밑에 준공 조직 사업이 면밀하게 진행되고 능력 있는 일꾼들로 두 개의 공사 지휘부가 설립되었다.

건설자재와 후방 물자 보장은 물론 현장 치료 대까지 조직되었다. 등대 섬마을 재건 공사는 두 개의 섬에서 동시에 진행되었다. 일꾼들과 돌격대원들은 현지에 도착한 즉시 천막을 전개하고 세찬 바닷바람이 부는 속에서도 건설 전투에 착수하였다. 공사 조건은 매우 어려웠다. 수백 톤에 달하는 건설자재, 작업 공구와 후방 물자를 전부 배로 수송해야 하였고 섬에서 건설기재와 운반 수단을 쓰기 곤란한 조건에서 모든 작업을 인력으로 해야 하였다. 하루에도 수 십 번씩 가파른 계단을 오르내리며 방대한 물동을 등짐으로 날라 올렸으며 벽체 까기로부터 미장, 울타리 쌓기를 비롯한 모든 작업을 불이 번쩍 나게 해 젖혔다. 공사 지휘부의 일꾼들은 먼 훗날에 가서도 손색이 없게 모든 건물을 일겨 세우도록 돌격 대원들의 애국심을 높여 주기 위한 정치 사업을 진공적으로 벌이면서 이신작진의 모범으로 그들을 이끌었다. 남포항 일꾼들과 돌격대원들이 헌신적인 애국심에 떠받들려 섬마을 재건 공사는 한 달이라는 짧은 기간에 완전무결하게 결속되었다. 지금 섬의 등대원들과 가족들은 멀리에 있는 자식일수록 더 극진히 돌보아주는 어머니 당의 사랑에 감격을 금치 못하고 있으며 조국을 받드는 초석으로 한 생을 빛낼 불타는 결의에 넘쳐 있다.

은혜로운 사랑은 외진 섬마을에도

천리마 1988년 6호 신주식 기자

향도의 빛발 아래 사람들은 흔히 섬이라고 하면 물에서 아득히 떨어져 있고 파도 소리, 갈매기 소리만이 들려오는 한적한 곳으로 알고 있다.

그것은 사실이다. 그러나 오늘 우리나라 섬들은 비록 적은 사람들이 살고 있어도 따사로운 향도의 빛발 아래 행복한 동산으로 사람들 속에 널리 알려졌다. 자매섬과 서도는 아름다운 항구문화 남포에서 아득히 멀리 떨어진 외진 섬이다. 보통 지도에는 점으로도 표시되어 있지 않지만, 오늘 이 섬 이름은 세상에 널리 알려져 있다. 지난해에 자매섬에는 대양과 대륙을 넘어온 외국의 기자들까지 찾아와서 예나 지금이나 섬도 그 섬이고 등대도 그 등대이지만 오늘 이곳 섬이 그처럼 이름 높은 곳으로 될 수 있는 것은 당의 노력 덕분이다.

위대한 향도의 빛발을 따라 기행을 계속하고 있는 우리가 자매섬과 서도의 분교를 찾아 남포를 떠난 것은 이른 아침이었다. 봉사선은 잔잔한 물결을 헤 가르며 쏜살같이 날려 어느새 서해 갑문 가까이 이르렀다. 노동당 시대의 대 기념비 서해갑문이 바다 위에 눈뿌리 아득하게 펼쳐졌다. 수만 톤급의 배들이 쉴 새 없이 드나드는 갑문 방금 자동차와 기차가 지나간 육중한 회전다리가 서서히 돌아가더니 갑실문이 뒤따라 열리었다. 순식간에 수위 조절이 끝나고 배가 갑실을 유유히 통과하는 장면은 볼수록 희한한 광경이다. 그 장쾌한 모습을 보고선 우리에게 갑실 운전공들이 손을 흔들며 인사한다. (서해갑문을 통과할 때마다 우리는 이 뱃길에 깃든 우리 당의 은덕을 생각하곤 하지요. 우리가 탄 봉사선도 바로 당에서 등대섬 사람들을 위하여 보내준 사랑의 배입니다)

파도와 부대끼며 버림받던 자매섬에 등대가 생긴 이조말기로부터 갖은 천대와 멸시 속에서 눈물로 세월을 보내던 등대지기들 숙소와 등탑이 어떻게 생겼는지 궁금해 하면서 부풀어 오르는 가슴을 헤치며 갑판위에 나와서니 배는 어느덧 자매 섬으로 가까이 하고 있었다. 밀물 때에는 두 개로 보이다가 썰물 때는 하나의 섬으로 보인다는 자매섬, 부둣가엔 사람들이 나와 있었다. 반백이 된 등대장은 우리에게 지난날 섬사람이라는 말은 천대 말썽꾸러기를 뜻하였지만, 지금은 행복하다는 뜻으로 변했다는 말부터 하였다.

그때 그는 이런 말도 하였다. 이 자매섬 분교를 졸업한 아들이 조국 보위 초소에서 당원의 명예를 지녔다는 것, 몇 해 전까지만 하여도 사랑의 비행기를 타고 중학교에 다니던 맏딸이 벌써 대학을 졸업하고 교원이 되었다는 이야기를 찾아오는 사람마다 만나는 사람마다 벌써 몇 번이나 들려주었을 그에 말이었다. 이어 우리는 세 명의 아이들이 공부하는 분교로 향하였다. 사방이 탁 트인 경치 좋은 등대 탑 곁에 자리 잡은 분교 햇빛 밝은 교실에는 칠판, 책상, 걸상을 비롯한 교구 비품들과 갖가지 교편 물 그리고 손풍금을 비롯해 여러가기 악기들이 갖추어져 있었다. 1학년 생인 양철민과 3학년생인 그의 누나, 그리고 2학년생인 이영옥 세 명의 학생이 공부하는 교실은 수십 명의 학생이 교원의 설명을 듣고 있는 넓은 교실과는 너무도 대조되게 작았으나 우리의 가슴속에는 이름할 수 없는 격정이 파도쳤다. 자라나는 아이들이 있는 곳이면 그 아이들이 세 명이 되던 두 명이 되든 산속이건, 한 바다 섬이건 그 어디에나 배움의 교실이 마련되는 것이 당이 마련해 준 우리나라 교육 현실이다.

수업이 끝난 교원은 우리를 반겨 맞으면서 분교의 생활을 이야기하였다. 비록 세 명의 학생이지만 과정 안은 어김없이 집행한다는 이야기며 수영은 물론 달리기, 철봉, 그리고 악기 연주에서도 뭍에 있는 학생들에 뒤지지 않는다는 이야기이다. 크지 않는 체구에 날씬한 몸매, 웃을 때마다 덧이가 살짝 내비치는 여 교원은 첫눈부터 침착하고 인자해 보였다. 이제 겨우 30살 남짓해 보이는 전복순 교원을 만난 우리에게는 스무 살 나이의 처녀 시절에 이 외진 섬으로 자진하여 달려왔다는 용단이 어떻게 생겨났는가 하는 의문이 질었다.

우리의 속마음을 어느새 눈치챘는지 동행한 일군은 그의 용모도 용모이거니와 당을 따르는 마음이 더욱 고와 그에게 사랑을 고백한 총각들이 많았다고 웃음 섞인 소리로 말하였다.

이런 사람이 바로 시대의 사랑을 받

는다고 생각하며 우리는 그의 집을 찾았다. 아담한 문화주택에서는 등대원으로 일하는 남편 권용만 동무가 마침 책을 보고 있었다. 서글서글하게 생긴 활달한 청년이 우리의 손을 덥석 잡고 뜨겁게 흔들었다. 제대 배낭을 지고 섬으로 오게 된 동기를 물었을 때 그는 자못 감격에 넘쳐 말하는 것이었다. 당을 위해 청춘을 바치는 것은 인간의 참된 보람이고 행복이라고 생각했지요, 우리는 편지로 서로 뜻을 나누고 그것이 맞아서 이렇게 만나게 되고 여기까지 오게 된 거랍니다.

얼마나 높이 서 있는 청년인가?

제대 배낭을 메고 부모가 있는 고향으로가 아니라 서해 바닷가 섬으로 달려온 권 동무. 앞으로도 자매 섬을 떠날 수 없으니 나를 진정 사랑한다면 섬으로 오라는 처녀의 요구를 끝까지 지켜온 늠름한 청년 정년 이들 부부야말로 태양을 따르는 해바라기처럼 오로지 당이 바라는 길을 따라 영원히 한길을 걸어가는 진정한 혁명 동지이다. 이윽고 과외 활동 시간이 되었다. 넓지 않은 백사장에서 달리기를 하고 난 학생들은 이어 오락회를 벌이었다. 노래에 맞추어 춤을 추는 이영옥 학생의 무용동작은 참으로 곱다.

악독한 선주 놈에 의하여 바다에 끓여 간 아버지를 기다리며 자매가 그대로 바위로 굳어졌다는 구슬픈 전설이 전하여 오는 자매 섬, 하지만 오늘은 여기에서 어린이들이 마음껏 노래하고 춤을 추며 즐기고 있으니 얼마나 행복할 새세대들의 긍지 높은 시대상인가, 이미 이곳 분교에서 공부한 7명의 졸업생이 지금 중학생으로, 조국 보위 초소에 선 병사로, 사회주의 건설자로 자라난 이야기는 우리를 기쁘게 하였다. 피어나는 행복한 꽃봉오리들과 헤어진 우리는 또 다시 뱃길로 서도에 이르렀다. 동행한 일군의 안내를 받아 우리는 서도분교에 들어섰다. 두 명의 학생이 공부하는 교실치고는 너무 크고 훌륭하다는 생각이 든다.

멀고도 가까운 곳
자매분교를 찾아서 김수덕

우리 조국 땅에는 기나긴 세월 이름 없던 지역들이 많은데 그중의 하나가 평안남도의 조그만 섬인 자매도이다. 하늘도 푸르고 바다도 푸르른 쾌청한 날 자매분교를 찾아서 취재에 올랐다. 우리는 분교가 자리 잡은 자매도를 찾기 위하여 봉사선 등대 10~30호에 올랐다. 배에는 우리 일행만 외에도 몇 명의 동행자가 있었다. 그들도 자매도로 가는 사람들이었다. 알고 보니 날씬한 몸매에 제복을 차려입은 한 사람은 자매섬의 등대장 리근복 아저씨였고, 그 외 학생들은 이미 자매분교에서 졸업을 하고 지금은 남포의 항구 중학교에서 공부하는 학생들로 성열, 영상, 영진 동무였다. 결국, 취재는 배 위에서부터 시작된 것이다. 〈반갑습니다. 우리 섬 사람들에게 뭍사람들이 찾아올 때처럼 기쁠 때가 없답니다〉 등대장 아저씨는 우리에게 먼저 다가와서 상냥하게 말하였다. 〈정말 등대섬의 주인을 이렇게 만나게 되니 저희도 같은 심정입니다〉 서로 인사를 나눈 다음 자매도에 깃든 이야기를 들려 달라고 청하자 등대 아저씨는 무슨 말부터 해야 좋을지 망설이듯 미소를 지었다.

〈날씨가 좋은데 우리 배의 갑판에 나가서 바다를 보면서 이야기합시다〉 그는 앞장서서 배 간판 위로 올라왔는데 봉사선은 어느덧 서해 명승지 와우도 유원지를 뒤에 두고 계속 달려가고 있었다. 하얀 갈매들이 길잡이라고 하려는 듯 앞서거니 뒤서거니 하면서 하늘을 날아갔다.

순간 바다의 이채로운 풍경에 취해있던 우리가 갑판위에 놓인 긴 의자에 앉자 등대장 아저씨는 이야기를 시작했다. '자매섬에 등대가 서고, 사람들이 들어와 사는 것은 오랜 세월이었습니다.' 가장 애로사항은 교통이었고, 100리나 뭍과 떨어진 관계로 육지 나들이가 쉽지 않았습니다. 무엇보다도 자라나는 아이들이 소학교에서 공부해야 하는데 학교가 없는 것이 가장 큰 문제였습니다. 어떤 사람은 남포에 친척 집이 있어 맡기고, 친척 집이 없는 사람들은 아는 사람 집에 맡겨 공부를 시킬 수밖에 없었습니다. 부모님 곁을 떠나기 싫어하는 철부지들을 달래서 떠나보내면서 속이 아주 쓰리고 아팠습니다. 이런 세월이 많이 흐른 다음 당에서 자매섬의 애로사항을 아시고 당은 분교 건물을 지어주고 교육대학을 졸업한 여자 교사들도 보내주어서 이제는 마음 놓고 등대원으로 일하고 주민들은 어업에 종사합니다. 이 자매분교에서 소학교 과정을 마친 아이들이 중학교에 다니면서 장학금까지 받으며 공부를 한답니다. 바로 저 아이들이 우리 자매섬 아이들인데 지금 일요일인데 쉬는 날이기 때문에 집의 부모님께 가는 것입니다.

봉사선은 어느덧 대자연 개조의 거창한 물결이 높이 뛰는 남포 갑문 건설 현장을 곁에 두고 파도를 가르며 서쪽으로 계속 달리고 있었다. 자매섬은 여기서도 한참을 더 가야 나온다. 봉사선은 쉼 없이 달려서 자매섬 어구에 도착하였다.

〈저기 두 봉우리가 두 자매처럼 정답게 솟아 있는 섬이 자매섬이지요, 지금은 밀물 때라서 두 개의 섬 같이 보이지만 물이 빠지면 하나로 연결되어 하나의 섬이 됩니다. 비록 육지와 멀리 떨어진 섬이지만 철새들의 천국이며 고기들이 잘 잡히는 낚시 천국입니다〉

이제 우리는 자매도를 떠날 시간이 가까이 왔다. 자매섬은 몇 몇 안 되지만 주민들의 생활 편의를 위하여 아침저녁으로 봉사선이 남포를 오가고, 명절 때가 되면 헬리콥터가 출동하여 아이들에게 선물을 주는 것이다. 우리는 자매 섬의 어린이들이 받아 안을 모든 행복이 조국의 모든 어린이가 누리는 행복이며 기쁨임을 뜨겁게 느껴며 봉사선에 올랐다. 자매섬은 점점 멀어져 갔지만, 사랑의 섬은 자꾸 가깝게 만 우리들의 가슴속에 안겨 왔다.

자매도 등대원의 기적 같은 소생

노동신문 1980, 2, 15 조원재 기자

남포항에서 기관선을 타고 뱃길로 2시간 남짓 달리면 자그마한 외진 섬이 나타난다. 밀물 때면 섬 가운데의 잘록한 부분에 물이 차올라 두 개의 섬으로 갈라졌다가도 물만 타면 다시 하나로 이어지곤 하는 이 섬이다. 전해 내려오는 구슬픈 전설이 있다. 먼 옛날 선주

놈의 강요에 못 이겨 사납게 노호하는 바다에 고기잡이를 나갔다가 돌아오지 못한 아버지를 애타게 기다리며 구슬피 울던 나이 어린 자매가 그대로 굳어져 돌이 되었다고 하여 이 섬에는 자매도란 이름이 붙게 되었다고 한다. 자매도는 넓은 벽면을 거의 다 차지하는 지도에서도 가려 보기 어려운 점으로 표시되는 등대섬이다. 지금 이 섬에는 등대 탑과 등대원들의 살림집 두 동과 학교가 있다. 섬에 사는 사람이래야. 3명의 등대원과 그 가족들 그리고 교원까지 합해서 모두 10명 남짓하다. 비록 외진 섬이기는 하여도 뭍에서 사는 모든 어린이와 조금도 다름없이 행복하게 배우며 자라는 등대섬 아이들의 생활을 취재하려고 이 섬을 찾았던 우리는 자매도와 더블러 대를 이어 영원히 전해질 또 하나의 전설 아닌 (사랑의 전설)을 듣게 되었다.

자매도에서 날린 전파

미국과 판문점 사건으로 하여 우리 조국에 전쟁 전야의 긴장한 정세가 조성되었던 1976년 8월 하순의 어느 날이었다. 자매도의 등대원들은 긴장된 상태로 자기의 일터를 지켜가고 있었다. 그런데 긴장한 그 시각에 뜻밖에 일이 생겼다. 배터리에 충전 작업을 하던 등대원 이춘옥 동무가 저녁 무렵에 갑자기 중병으로 자리에 눕게 되었다.

가지고 있는 비상 약품들을 다 써 보았으나 환자의 병 증세는 시간이 갈수록 악화하여 갔다. 이미 의식마저 잃은 환자를 지켜보는 섬사람들의 가슴은 시간이 흐를수록 가슴이 더욱 타들어 갔다. 바다에서는 산더미 같은 파도가 밀려와 자그마한 섬을 집어삼킬 듯이 연이어 덮쳐들었다. 섬에 있는 기관선을 띄울 엄두조차 낼 수 없었다. 그렇다면 생사의 갈림길에서 허덕이는 동료를 구원할 길은 없단 말인가? 안타까운 가슴을 안고 안타까워하던 등대장은 그날 사업 보고를 하려고 여느 날처럼 무선기에 마주 앉았다. 그는 사업 보고를 하면서 등대원 이춘옥 동무가 위급하다는 것을 알리었다. 등대섬에서 날린 전보문을 받아든 육해운부에도 모두가 안타까워하였다. 동해·서해에 태풍 경보가 내리고 일체 선박들을 대피시킨 지금 무슨 방법으로 자매도의 등대원 이춘옥 동무를 육지의 병원으로 실어 올 수 있겠는가? 작은 배들은 파도에 휘말려 들 것이고 큰 배를 띄웠어도 자매도 섬 가까이에 들어갈 수가 없을 것이었다.

육해운부의 일군은 당과 연결된 전화기에 손을 가져갔으나 선뜻 수화기를 들 수 없었다. 첨예하고 긴장한 정세 아래에서 전 국가적인 사업이 집중되고 있는 당 중앙에 참아 이런 부담을 끼칠 수는 없다고 생각하였다. 그러나 순간 그의 머리에는 지난날 버림받던 등대지기들이 우리 당의 품속에서 조국의 불빛을 지키는 숨은 애국자들이라는 과분한 평가까지 받으며 살고 있다는 생각이 새삼스레 떠올랐다. 등대원들은 우리 당의 누구보다 귀중히 여기는 사람들이었다. 더 주저할 수 없었다. 그는 마음을 다잡고 수화기를 들었다.

하늘과 땅 바다에서

세상 사람들은 그 무렵 조선의 모든 것이 군사 분계선 일대에 쏠려지고 있으리라고 생각하였다. 그러나 바로 그때 당에는 사람들의 가슴을 격동케 하는 지시가 전해졌다. 자매도의 등대원을 구원하라.

▼ 헬리콥터 (직승기)

곧 직승기를 출동시키라 결과를 보고하라, 같은 시각 보건부에도 당의 지시가 전해졌다. 유능한 의사들을 동원하여 자매도의 등대원을 구원하라 륙해운부에도 남포시의 당, 전권 기관들에도 같은 명령이 내렸다.

외진 섬의 한 평범한 등대원을 구원하기 위한 비상조치들이 즉시에 취해졌다. 인민무력부는 공군 부대와 해군 부대에 임무를 하달하였다. 칠흑 같은 어둠, 먹장 같은 구름 속을 뚫고 하늘 높이 날아오른 직승기는 자매도를 향하여 기수를 돌렸다. 그 시각 사납게 노호하는 바다로는 세척의 쾌속정이 파도를 헤 가르며 자매도 향하여 쏜살같이 내 달렸다.

때를 같이 하여 평양에서 남포로 뻗은 큰 길로는 보건부의 책임 일군과 유능한 의료 일군들이 탄 여러 대의 승용차들이 다급한 경적을 올리며 전속력으로 내 달리고 있었다. 한편 현대적인 설비들을 가진 남포시 인민 병원에서는 비상 종업원 회의를 열고 1외과 과장 김혁관, 의사 전경화 동무들을 주치의사로 안경희, 라영실 동무들을 담당간호사로 한연옥, 홍기성 동무들을 담당 간병인으로 임명하고 자매도 등대원 이춘옥 동무를 구원하기 위한 준비를 빈틈없이 하였다. 하늘과 바다 땅에서 사경에 처한 한 생명을 구원하기 위하여 이처럼 거대한 작전이 벌어지고 있을 때 섬사람들은 한초 한초 애타게 가슴을 조이고 있었다. 과연 어떻게 해야 동지의 생명을 구원할 수 있단 말인가?

무겁게 내려 덮인 어두움 속에 사납게 울부짖는 바람, 미친 듯이 광란하는 바다는 등대원들의 가슴을 타들어 가게 하였다. 바로 그러할 때 육해운부에서는 자매도에 호출하였다. 〈당 중앙에서는 이춘옥 동무를 구원하기 위하여 명령을 내렸다. 비행기와 함정들이 출동된다. 직승기가 착륙할 수 있는 지점에 불을 피우라〉 지시가 내려왔다.

그 시각 한 치 앞도 분간할 수 없는 어둠 속을 뚫고 나는 직승기 승조원들은 자매도를 찾지 못하고 안타까이 가슴 조이고 있었다. 기수를 낮춘 직승기는 북에서 남으로 소해서 동으로 바다 위를 샅샅이 훑었으나 부서지는 파도의 물거품 뿐 폭풍이 휘몰아치는 밤바다에서 작은 섬 자매도는 나타나지 않았다. 지도 좌표상으로는 섬 상공으로 측정되어 몇 번이고 그 위를 선회하였으나 피워 놓았다는 불은 보이지 않았다. 하지만 승조원들은 기어이 등대섬을 찾아야 하며 사경에 처한 등대원을 꼭 구원해 내야 한다는 신념을 잃지 않았다. 잠시 후 그 들은 한 점의 불빛을 포착하였다. 얼마나 안타까이 찾던 불빛인가, 이들은 이춘옥 동무를 직승기에 싣고 남포 병원으로 달려갔다. 주치의 김혁관 동무와 전경화 동무는 최선을 다하여 수술한 결과 환자가 깨어났다. 아버지의 수술을 지켜보던 이춘옥 등대원의 딸 영실이가 〈아버지 여기가 병원이에요〉 아버지를 위하여 당에서 직승기를 띄어 주셔서 수술을 성공적으로 마쳤습니다〉 하며 흐느꼈다. 20여일이 흐른 어느 날 이춘옥 동무의 손에는 요양권이 쥐어졌다. 그는 여러 날 동안 요양을 잘하고 다시 자매도 등대에 복귀하여 등대원으로 다시 한번 열심히 일하고 있다. 자매도의 새로운 역사와 전설을 만들어낸 이런 사건은 감히 할 수 없는 불가능한 일이었다.

이런 귀한 일을 통하여 우리의 삶과 우리 조국은 영원히 빛날 것이다.

조원재 기자

3) 청양도

"'상처나 손상 없는 죽방(竹防) 귀족 멸치의 본고장"

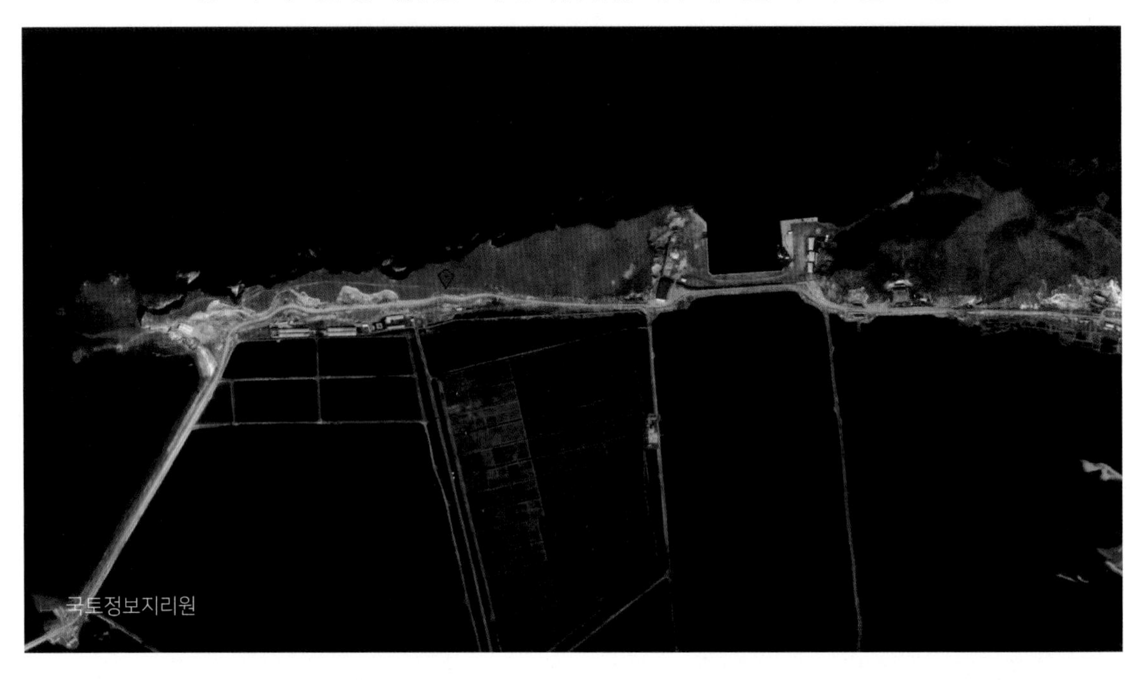

[개괄] 황해남도 은율군 해안선은 이도반도(二道半島)와 말전곶(末箭串) 및 그사이에 작은 많이 만입해 심한 리아스식 해안을 이루며, 앞바다에는 석도(席島)·청양도(靑洋島)·웅도(熊島)·능금도(陵金島) 등이 있다.

청량도는 은율군 삼리의 서북쪽에 있는 섬이다. 현재 육지와 잇닿아져 있다. 구글 위성사진으로 측정해 보니 섬 둘레는 4km, 면적은 약 0.4㎢ 정도이다. 이곳 사람들은 청양도를 '청양이'로 웅도를 '곰념'이라고 부른다. 이 두 섬은 은률읍에서 30리쯤 떨어져 있고 육지에서 5리도 채 안 되는 가까운 지점에 나란히 있다.

일본 수로국에 나온 죽방렴(竹防簾) 멸치잡이

합포말(合浦末)이라고 이야기한 일본 수로국의 활동지도이다. 수로국이라 그런지 내륙이 아닌 바닷가를 조사하였다. 일제 강점기에 이 수로국에서 나온 지도 중 흥미를 끄는 지도가 있다. 우리가 잘 아는 남해군에서 남해와 창선도 사이, 남해와 삼천포 사이의 바닷가에 설치한 그것이 죽방렴이다…. 51)

여기에 잡히는 멸치를 죽방멸치라고 하며 멸치에게 스트레스를 주지 않고 잡기 때문에 다른 곳에서 잡히는 멸치보다 가격을 높게 치고 있다.

죽방렴은 현재 남한에서는 남해군과 사천시에서 잡히는 것이 유일하다. 그런데 1904년 나온 일본 수로국에서 제작한 지도를 보니 죽방렴은 남해와 멀리 떨어진 황해남도 은율군에게서도 죽방렴을 하고 있다. 이도반도와 말전곶 사이에 능금도, 웅도 사이에서 죽방렴을 설치하였다는 것을 지도에서 보여준다.

현재에도 북한에서 죽방렴이 있는가 싶어서 구글 위성으로 살펴보니 이곳은 2018년부터 만을 막아 개간사업을 완료하였다. 능금도, 웅도, 청량도, 월사리 반도를 이어서 대규모 간척사업으로 농토를 만들었다. 은율군의 죽방렴은 일제 강점기 이후부터 언제 없어진 것인지는 확인할 수 없다.

일본 상민문화연구소의 섬 연구

2012년 2월에 목포대학 도서문화연구원과 일본 상민문화연구소에서 한국 서남해 섬에 대한 한일 공동조사를 했다. 76년 만에 다시 섬을 탐사한 것이다. 1936년에 처음 시도했던 다도해 학술조사의 과거 코스를 따라 조사하였다.

35명의 공동조사단을 구성해, 2012년 2월 13일부터 15일까지 신안군 임자해역 섬들에 대해 공동으로 조사했다. 공동조사는 "조선다도해여행각서(朝鮮多島海旅行覺書)"라는 기록이 매개체가 되었다. 이는 문화인류학의 선구자

---

51) 물살이 드나드는 좁은 바다 물목에 대나무발 그물을 세워 물고기를 잡는 전통적인 어구

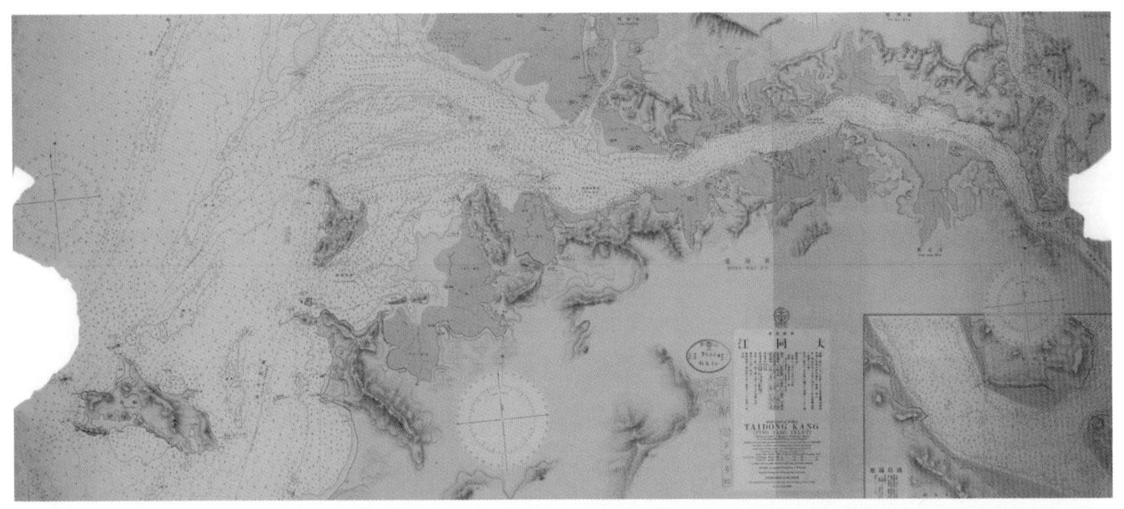

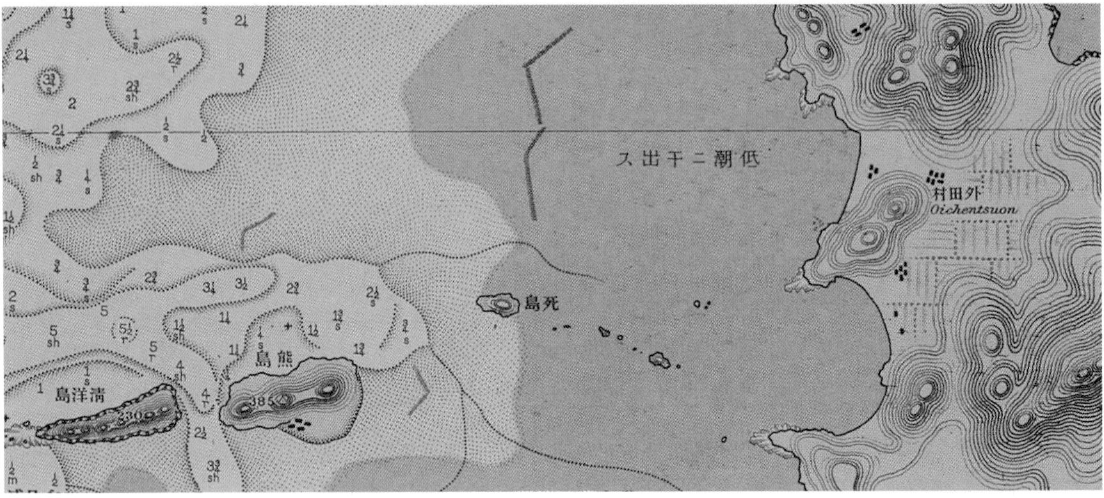

▲ 일본 수로국〈 〉크고 작게 표시된 곳이 죽방령

인 시부사와 케이조, 아키바 다케시 등이 1936년 여름 신안군 임자도, 증도, 수도, 영광 낙월도 등을 탐방하고 기록을 남긴 것이다. 이것은 한국의 섬에 대한 최초 학술조사보고 사례로 평가된다.

특히 영상기록 비디오와 사진까지 그대로 보존되어 있는데 생활상, 농어업 풍경 그리고 민어로 유명한 임자도 타리 파시의 생생한 모습이 담겨 있다. 기록에 있었던 한국의 섬을 76년 만에 다시 탐방하여, 경관 변화 양상과 문화상을 살피고자 기획되었다.

14일 저녁에는 신안군 임자면사무소에서 1936년에 촬영한 영상이 상영되었다. 영상의 전체 내용이 공개된 것은 이번이 처음이었다. 주민들은 영상을 보면서 기록이 잊혀 버린 추억을 되살려내고, 76년 전의 과거를 현재와 연결해 주는 순간이었다.

76년은 그리 길지 않은 세월이지만, 현존하는 사람들의 기억 속에서조차 이미 사라져 버린 경관과 문화가 많았다. 생활사 연구의 필요성과 자료의 중요함을 재인식하는 계기가 되었고, 한·일간 공동연구, 자료공유 등을 위해 지속적인 협력이 필요하다는 점도 공감하였다. 이런 면에서 한국의 섬과 북한의 섬이 지속적인 연구와 기록을 통하여 섬 문화유산으로 남겨 주어야 할 필요성을 느낀다.

「한국의 섬」 - 신안군 편, (이재언 2021.4)

03. 배천군

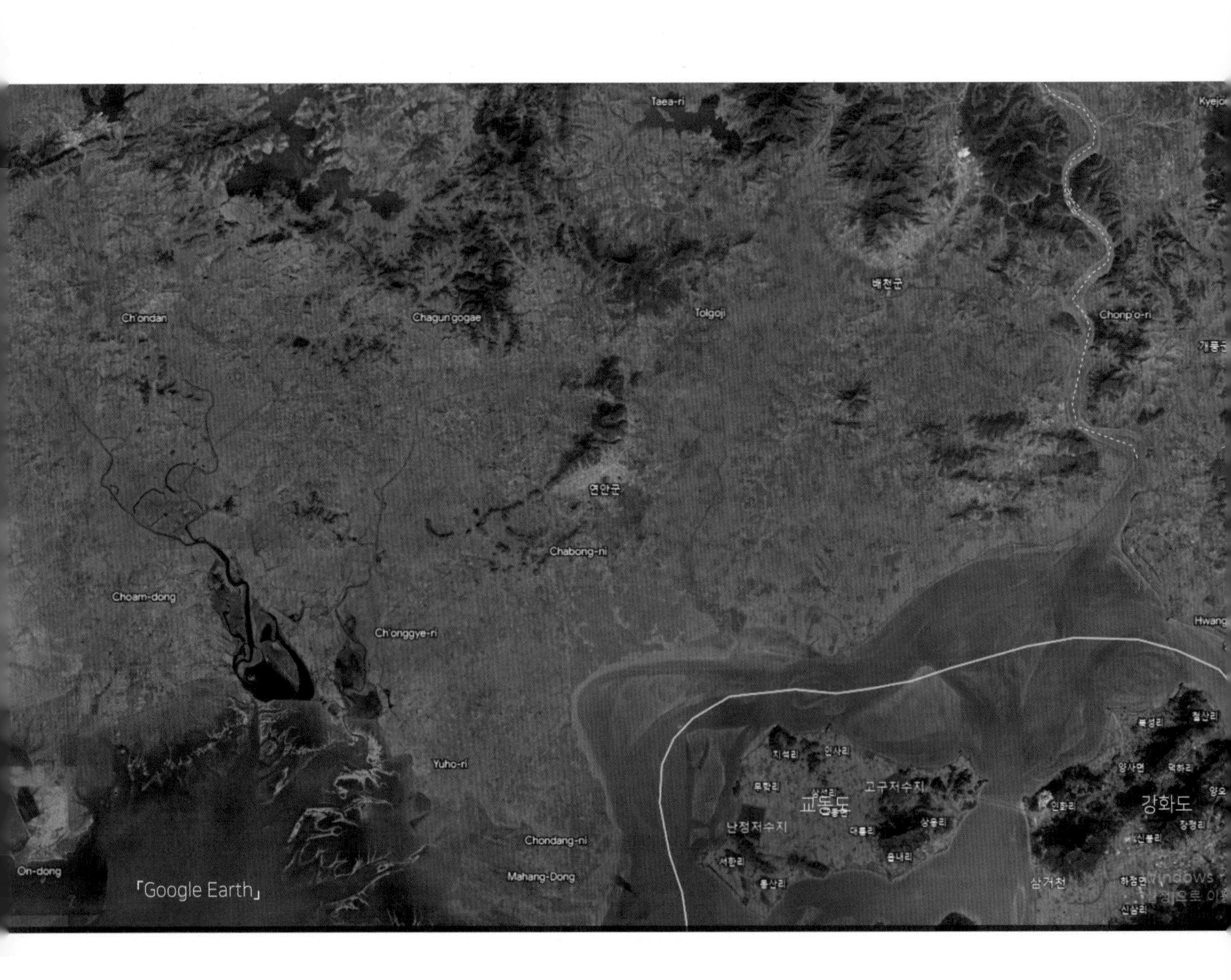

「Google Earth」

1) 역구도(驛驅島)

"'한국사를 압축한 역사 문화의 고장 앞에서"

[개괄] 역구도(驛驅島, 역귀도·逆歸島)는 황해남도 배천군 역구도리의 남쪽 강화도, 교동도와 마주하고 있는 섬이다. 지난날 사람들이 섬이 있는 곳까지 갔다가 앞이 막혀 되돌아가야 한다는 데서 유래된 지명인데 와전되어 역구도라고도 한다. 현재 대자연개조시책에 의하여 간석지별로 개간되어 있다. 52)

맞은편에 강화도가 있다. 북한의 생활상을 가장 잘 볼 수 있는 강화평화전망대가 있는 곳이다. 이 전망대에서는 북한 마을이 마치 건넛마을처럼 보인다. 그렇다. 제적봉 정상에 있는 강화평화전망대는 북한 주민들의 생활상을 지척에서 볼 수 있는 곳이다.

전방으로 약 2.3㎞ 해안가를 건너 예성강이 흐르고 있다. 우측으로 개성공

52) 「조선향토대백과」, 평화문제연구소 2008

단, 임진강과 한강이 합류하는 지역을 경계로 김포 애기봉 전망대와 파주 오두산통일전망대, 일산 신시가지가 자리하고 있다. 좌측의 강화도는 섬 전체가 안보현장이요, 호국현장이다. 한 걸음만 걸어도 애국애족의 역사현장이 눈에 들어온다. 고려 시대 '항몽(抗蒙)'과 조선 시대 후반 '반외세'의 생생한 문화유적들이 곳곳에 있는 것이다.

역구도에서 새알을 주워 먹던 시절.

설안기 씨는 올해 1936년생으로 황해남도 연백군 후남면 석천리 백석포 출신이다. 15살 때 중학교 2년 당시 1.4 후퇴로 남한으로 피난 왔다. "당시 교통의 요지인 백석포는 여객선이 인천과 서울 마포를 오가는 호황을 누렸지, 이것은 지정학적으로 교통의 중심지로 잘 알려진 탓에 한국전쟁 당시 평양과 개성에 사는 피난민들이 몰려왔어, 그런데 연안 장날 그만 유엔군이 폭격하였지, 인민군이 민간인으로 위장해서 온다는 거짓 정보를 받고 난 다음, 무차별 폭격으로 애매한 주민들이 많이 희생당하였지"하고 설 씨는 당시를 회고하였다.

설 씨의 아버지는 백석포에서 인천과 서울을 다니는 여객선 갑제환, 황보환 등이 있었는데 여기서 노조원으로 일했다. 육지에서 배로 싣고 가는 쌀과 수산물 등 각종 화물을 등에 메고 배로 실어 나르는 일이었다. 당시 배의 시간은 일정하지 않았고, 물이 들어오는 시간에 맞추어서 배가 들어왔다. 당시는 괜찮은 직업으로 가정이 안정된 생활을 하였다. 여객선은 요즈음 같이 선착장 시절이나 바지 시설이 미비한 탓에 종선(노 젓는 조그만 배)에 사람과 짐을 싣고 객선으로 가서 종선을 대 놓고 일하였고, 또 인천과 서울에서 싣고 오는 짐을 종선으로 내려서 백석포로 싣고 왔다.

예성강 하류의 철새 보호구역 역구도.

대부분 봄에 갈매기 낳고 그 알을 품

▲ 백석포 설안기 선생

어서 새끼를 기르는 시기이다. 아버지는 백석포 앞에 역구도라는 무인도가 있는데 1년 두 번 정도 이 섬에 노를 저어가서 알을 주어서 가져와 영양 보충을 위해 삶아 먹었다고 한다. 그때 아버지를 따라갔는데 인간들이 자기가 낳은 알을 훔쳐 가는 장면을 보고 갈매기들은 마구 울어대면서 똥을 막 싸면서 큰 날갯짓으로 위협하였다. 어찌할 줄을 모르는 그들이 안쓰러웠지만 어린 마음에 어찌할 도리가 없었다. 그때는 배가 고프고 가난하던 시절이라서 생태나 환경 보호, 자연에 대한 개념이 대부분 없었다고 볼 수 있다. 역구도리는 1964년 간척을 한 번 하였고 1980년도에 더 큰 간척을 하면서 완전히 육지와 연결되었다.

황해남도에서 제일가는 항구 백석포

백석포는 황해남도 연안군 남동부 호남리(湖南里) 남쪽 해안에 있는 포구이다. 이곳은 수심이 깊고 겨울에 얼음이 어는 기간이 짧다. 한편, 예성강 하

▲ 강화군 교동도 건넛마을 북한 땅 전경

류 강어귀인 해월면의 벽란도(碧瀾渡)는 비교적 수심이 깊어 선박이 자유로이 통행할 수 있었다. 고려 시대의 수도였던 개성과 가까이 위치하였던 관계로 벽란도는 고려 시대 실질적인 고려의 관문적 역할을 하던 곳으로 유일의 국제 항구로서 발전하였다.

개성은 우리나라가 38° 선을 중심으로 남북이 분리되었을 당시에는 남한에 속하였으나 6·25 이후에 북한지역에 속하게 되어 미수복 지구로 되어있다. 벽란도 부근 언덕에는 벽란정과 관사가 있어 중국 송나라의 사신과 상인들이 도착하였을 때와 떠나기 전에는 이곳에서 묵었다. 이 밖에도 해안에는 옥산포, 고미포, 나진포, 백석포, 신포, 수래포, 거래포, 불당포 등이 있어 해운업이 매우 발달하였다. 특히 강화도, 교동도와는 이웃으로 연백 지방과 결혼 문화권 이루었다.

백석포는 북쪽과 서쪽은 육지와 닿아 있고 바다 쪽에는 교동도와 강화도 등의 섬이 있어 바람과 파도를 막아주는 천연 양항이다. 교동도와 백석포의 거리는 불과 5.6 km 정도 거리에 있다.

백석포는 경기도와 수도권을 잇는 해상 교통의 요지였다. 여기서 서울, 인천, 강화도 등의 여러 지역으로 커다란 여객선과 화물선이 오고 갔다. 부두에는 여관, 상점, 선구점, 음식점 등이 있었으며 부두 서쪽에는 어선들이 정박하는 부두가 있었다. 백석포는 일제 강점기에는 연백평야에서 나오는 쌀을 비롯한 각종 농산물을 일본으로 실어 나르는 전진 기지 역할을 하였다. 현재는 한국전쟁 이후 군사 분계선이 가로놓여 있고 기차 등 내륙 교통의 발달로 널리 이용되지 못하고 있다. 백석포에서 연안읍까지는 6km, 분당포까지는 7.5km, 염전포구까지는 13km이다. 역구도는 백석포에서 약 1km 정도 떨어진 곳에 있다.

연백군이 지척에 있지만 갈 수 없는 곳

바닷물은 하루에도 자연법칙에 따라서 4번이나 들어왔다가 빠지기를 반복하고 있다. 그 바다는 누구든지 쉽게 배를 띄울 수 있지만, 이 한강하구는 한국전쟁 이후 금단의 바다가 됐다. 이곳 교동도는 북한과 바로 인접한 한강하구 지역으로 이 마을은 아픔과 슬픔을 안고 살아가고 있는 실향민들의 섬이다.

두 지역 주민들은 예전에 서로 장을 보려고 나룻배를 이용하면서 교류를 하였다. 교통의 요지인 연백군 백석포는 건너편 교동도 지석리가 나루터를 이용 하였다. 바머리 나루터라고 부르는 마을은 망향 동산이 있는 곳으로 군대의 경계선 철조망을 따라서 조금 가면 70년 전의 선착장이 나온다고 하였다. 방문할 당시는 물이 들어와 있는 관계로 그 선착장의 흔적을 보지 못하였다.

교동도 바머리 나루터는 황해남도 연백군 호남면 석천리의 백석포로 건너다녔으며 율두진이라고도 한다. 이렇게 북한과 지척의 거리에 있고 서로 지역에 익숙하여 북한 연백군 주민들이 강화도 특히 교동도에 디아스포라를 이루며 살아간다. 아름다운 서해 역사·문화가 있는 교동도는 시간이 멈춘 특별한 섬이었다. 북녘땅과는 거리가 불과

2.6km에 불과한 접경지역으로 북한의 생활상을 가장 잘 볼 수 있는 곳이다. 예성강 건너편 저기가 바로 북한인데 주민들이 일하는 모습이 보이고 달구지가 길에 있다. 우리와 똑같이 갯벌에 나가서 조개를 잡는 모습을 볼 수 있다. 저녁이 되어 가면서 굴뚝에 연기가 피어오른 것을 보니 저녁밥을 짓기 위하여 아궁이에 불 때는 모양이다. 우리나라에서 1980년대 모습을 볼 수 있다. 강 하나를 사이에 두고 이렇게 자유와 억압, 풍요와 빈곤으로 갈라놓은 이데올로기가 인간의 삶을 언제까지 지배할지 모르겠다.

▼ 농사를 많이 짓는 연백군의 집단 농장 농민들

04. 연안군

1) 구 증산도

"'당산제를 성대히 지내던 풍요로운 섬"

[개괄] 연안군은 8개 면이 해안을 끼고 있으며, 해안선의 총길이는 168㎞에 이르나, 지형이 완만하고 섬이 많지 않다. 군내에는 증산도, 반이도, 경말도 등의 12개 섬이 있는데, 모두 규모가 작고, 썰물 때면 육지와 연결되는 것이 특징이다. 다음은 증산도 출신 서정철 선생(1938년생)의 글을 소개한다.

증산도는 서(徐)씨 성을 가진 사람이 처음 들어왔고, 그 이후 김(金)씨 성을 가진 사람들이 들어와 터를 닦았다. 섬 주변에 각종 해산물과 조개, 맛, 게 등이 많아서 살기에 풍족한 마을이었으나 마실 물이 부족하여 우물을 많이 팠으며 섬 끝자락에 바위틈으로 흐르는 작은 웅덩이를 이용하기도 했다. 증산도는 어업의 성행으로 부자 섬마을에 속하였다. 부모들은 학구열이 높았으나 30리나 떨어져 있는 송봉초등학교를 다니는데 조석으로 열리는 바닷길이 시간을 맞출 수가 없어서 마을 주민들이 산을 깎아 학교를 세웠다. 증산도는 가구 수가 120여 호 인구는 약 230여 명, 학생 수는 약 130명 정도였다. 학교 뒷산에는 높이가 100m 남짓 되는데 정상에 일본인들이 만들었던 해안 감시탑을 2층으로 만든 콘크리트 건물 잔해가 있어서 어린이들의 좋은 놀이터가 되었다.

학교 건너편 당산에는 나무가 거의 없다시피 했는데 그리 높지 않은 야산에 신당 건물이 있고 그 뒤편에 커다란 말 무덤이 있었다. 그 아래에 매우 큰 팽나무가 세 그루가 있어서 애들에게 팽 열매를 따 먹었다. 건넌 섬(구 증산) 북쪽 끝머리는 높은 낭떠러지 구역인데 괭이갈매기의 서식지여서 갈매기 알을 주우러 험한 바위를 아슬아슬하게 누비기도 했고 낚시와 조개잡이, 맛잡기는 주민들의 일상이었다.

마을의 자랑 당산제

어업이 주산지인 관계로 풍어와 무사안일을 비는 당굿이 단연 증산도의 자랑거리였다. 우선, 신령님처럼 존경받던 큰 무당 할머니가 동네에 사셨고 그 밑에 잘 짜인 악사들이 있었다. 마을 주최로 1년에 한 번(단오 전후) 당굿을 하는데 그 규모가 대단하여 3~4일간 열었고 모든 배에 꽂는 깃발을 당에다 꽂아 놓고 그네뛰기, 씨름대회, 축구시합을 열었다. 학교도 휴학할 만큼 큰 잔치였는데 여기에 40리 떨어진 연안읍에 각종 장사꾼이 몰려왔다. 마지막 날에는 본당(구 증산도)로 깃발 이동 행렬이 이루어질 때 만신님인 큰 무당의 구령에 따라 두 패로 갈라진 깃발부대 싸움 광경은 가히 압권이었다. 큰 당 아래쪽에만 자생하는 봉죽 나무를 깃대 끝에 꽂는 것으로 복을 받고 굿이 끝나면 각자 배에다 수십 개 깃발을 휘날리며 농악을 동원하여 신나게 행사를 거행하였다.

증산도의 결혼 풍습

섬이 적고 좁은 섬마을이지만 가구수가 많다 보니 마을 처녀와 총각 모두가 어렸을 때 친구들이라 일찍 결혼 대상자가 결정되었다. 다른 지역 사람들과 혼인이 이루어지는 일은 손에 꼽을 정도로 드문 편으로 총각들의 텃세가 거센 편이었다. 결혼 풍속은 오색종이와 물감으로 종이꽃을 만들어 꽃가마를 꾸민 후 신랑을 태우고 장정들이 어깨 위로 가마를 메고 풍악대를 앞세우고 신붓집으로 향한다. 신부 댁에 당도하면 기다리고 있던 꼬마들이 번개같이 달려들어 꽃 무더기를 서로 빼앗느라 야단이었다.

집마다 끊어 온 종이꽃을 벽에 걸어놓은 사진틀 위에 겹겹이 걸어놓는 풍습이 있었다. 혼례식을 마치면 3일간 신붓집에서 머무르며 잔치를 하였다. 신랑이 신부를 데려오는데 신부 가마를 흰 띠로 칭칭 감은 후 금실로 호랑이를 수놓은 천으로 뒤덮은 후에 본가로 데려온다. 어둠 속에 갇힌 신부가 슬프게 울며 친정을 떠나는 풍경이 여러 아낙네의 눈시울을 뜨겁게 하였다. 신랑은 평복으로 갈아입고 가마 앞에 서서 행차하는데 이때에는 풍악을 울리지 않는다.

마을 청년들이 1년에 한 번 (섣달그믐께) 연극을 하여 사람들을 흥분하게 했는데 잘 생기고 능력 있는 청년이 주인공 그다음 순으로 인기 있는 청년들이 각자 역할을 맡는 게 불문율이었다. 이렇게 풍어와 당산제, 결혼 풍습이 다른 지역에 비해 앞서 나갔지만 6·25가 터지면서 모든 것이 물거품이 되어 버렸다.

피난민으로 넘치는 섬 증산도

지정학적으로 봐서 전쟁이 터진 다음 육로가 막히자 서해 쪽으로 피난길이 열린 곳은 용매도와 증산도밖에 없었다. 전쟁이 발발하자 개성, 서울로 가는 길이 막히니까 후퇴하는 군인이나 피난민 행렬이 걷잡을 수 없이 서해 쪽으로 몰려왔다. 좁은 섬이 터질 지경으로 거대한 피난 물결이 불어 닥친 것이다. 이미 증산도는 반공 마을로 낙인을 찍어놓은 북한군이 암암리에 기습 공격을 하려 한다는 소문에 온 마을을 불안에 몰아넣었다.

비상사태를 대비하여 피할 수 있는 배를 본섬과 경말도 사이의 바다에 비밀리에 띄어놓고 마지막 순간에 대비하고 있었다. 연백군과 불과 5.5km 떨어진 서해 북한 땅이 지척으로 보인다. 멀리 바라보이는 증산도는 물이 빠지면 다 같이 갯벌 우위에 드러난다. 증산도는 구 증산도를 뚝으로 잇기 위하여, 근처 무인도인 경말도를 폭파하여 그 돌로 뚝을 쌓았다. 지금은 육지가 되었고 증산도 옆에는 9.18 저수지라는 거대한 호숫가 생겨났다.

▼ 고통을 당하는 북한주민들, 수해

2) 반이도

"'한국전쟁 당시 남북의 교차 지점"

[개괄] 반이도는 황해남도 연안군 남쪽 바다에 있는 아주 작은 섬이다. 섬 둘레 1.57km, 면적 7.5정보, 산 높이 47m이다. 반이도 주위에는 증산도, 구증산도, 경말도, 여념도, 돌섬, 용매도, 함박도 등이 있다.

반이도가 속한 연안군은 황해도 동남부에 있는 군으로 1930년 수리 관계 사업 이전에는 중남부 지방보다는 오히려 북부 산간 지방의 농업 기반이 월등하여 전국 3대 평야의 하나인 연백평야를 이루게 되었다. 연안군은 남쪽에 해안선을 끼고 있어 예로부터 국방의 요충지이기도 하였다. 예성강의 어귀인 해월면 벽란리는 고려 시대 국제적인 항구였던 벽란도(碧瀾渡)로 널리 알려졌던 곳이다.

호남면은 바다에 접하고 있어 신포(新浦)·백석포(百石浦)·소야포(蘇野浦)·석포(石浦)를 중심으로 어업도 성하다. 어획물은 조기·민어·숭어·새우·뱅어·밴댕이 등이다. 앞바다의 역구도가 있다. 연안군은 8개 면이 해안을 끼고 있어, 해안선의 총길이는 168㎞에 이르나, 지형이 완만하여 섬이 많지 않다. 군내에는 증산도(增山島)·반이도(盤伊島)·경말도(京末島)·역구도(驛驅島) 등의 12개 섬이 있는데, 모두 규모가 작고, 썰물 때면 육지와 연결되는 것이 특징이다.

반이도는 한국전쟁 당시 남북의 교차 지점으로 유격 대원이 일시적으로 머물면서 전투를 벌이기도 하였다. 연안군은 해방 전에 북한 땅과 마주하여 아주 가까운 곳으로 교동도 지석리에서 나룻배가 오고 갔다. 객선이 연안군 백석포에서 서울과 인천으로 가는 객선이 지석리와 인사리 마을을 들렀다. 그만큼 두 지역을 가까웠고, 교류하며 살았지만 한국전쟁 이후 인적이 끊겼다.

▼ 강화도 한국군 초소, 건너편은 북한 배천군

반이도 간석지의 개간 특성

반이도 간석지는 9.18 저수지의 바깥 제방과 룡매도 5호 구역 1,200정보 간석지 바깥 제방 앞에 형성되어 있는 것으로서 룡매도로부터 각화도를 거쳐 연백염전 서쪽 제방 끝을 연결하여 개간하게 된다. 이 개간 대상지는 3개 구역으로 갈라지는데 1호 구역(용매도 5호 개간구역 앞)에 3,720정보, 2호 구역(9.18 저수지 바깥 제방 앞)에 4,880정보, 3호 구역(알칼리성 탄산납 염전 서부)에 1,500정보가 있다. 2호 구역은 9.18 저수지의 여념 도와 증산도 배수문을 통한 큰물 곬이 연장되므로 3개 구역 가운데서 낮은 지대가 제일 많다.

반이도 간석지 개간 대상지 안의 지반 높이별 분포 정형을 보면 －3m 이상 면적이 82%이며 그 이하의 면적은 18% 정도이다. 그리고 전체 방조제 건설 길이의 84%에 해당하는 방조제를 －3m 이상 지반 높이에 건설하게 된다. 나머지 방조제는 -3m보다 낮은 지대에 건설하여야 한다. 그러므로 반이도 간석지 개간 대상지는 대부분의 방조제가 비교적 높은 지대에 놓이고 한 정보당 방조제 건설 길이도 2.84m로서 해주만 지구 간석지 개간 대상지에 비하여 짧은 편이다. 반이도 간석지를 개간하자면 대략 208만㎥의 석재와 916만㎥의 산 흙, 27만㎥의 건설부 재가 필요하다.

예성강 어구지구의 채석장

예성강 어구지구 간석지 건설에 필요한 석재는 구 증산도, 발산, 반이도 채석장을 꾸려 이용할 수 있으며 이미 꾸려놓은 룡매도와 륙읍도, 대수압도 채석장들에서 돌을 날라다 쓸 수도 있다. 조사자료에 의하면 반이도, 룡매도 지구에는 화강암과 화강편마암, 혼성암 등이 많이 분포되어 있다. 신 증산도와 구 증산도 일대에 분포된 화강암은 7~8류의 암석으로서 굳고 치밀하며 박토 깊이는 1~5m 정도이다. 심부에 들어가면 덩이모양 풍화대의 암석을 개발할 수 있다. 파쇄물은 자갈버럭(남한말:버력)이 섞인 막돌이다.

<표> 예성강 하구 방조제 예정선 가까이 있는 주요 섬들 53)

번호	도, 시, 군별	개수	둘레(㎞)	면적(㎢)
1	**남포시계**	3	1.72	0.053
2	**황해남도계**	241	406.97	97.663
3	**은률군**	18	14.29	1.021
4	**과일군**	29	117.12	41.364
5	**장연군**	1	0.28	0.006
6	**룡연군**	16	12.11	0.743
7	**옹진군**	30	90.19	19.671
8	**강령군**	72	116.05	30.212
9	**벽성군**	4	1.07	0.013
10	**해주시**	1	0.53	0.010
11	**청단군**	57	44.44	4.089
12	**연안군**	13	10.89	0.534

53) 「북한지리정보」 1988

3) 신 증산도

"「쏘지 마라, 우린 넘어온 사람들이다」 탈북 루트"

국토정보지리원

[개괄] 구 증산도는 0.2㎢ 면적에 섬 둘레 2.13km, 신 증산도는 면적 0.28㎢, 섬 둘레 2.8km이다. 용매도와 거리는 11km 정도 된다. 물이 빠지면 섬이 그대로 드러나지만, 한강과 예성강의 하류이기 때문에 어업이 매우 발달하였다.

어업의 중심지는 송달면의 증산도와 호남면의 백석포이며, 홍어·조기·갈치·민어·농어·은어·조개·바지락·굴·뱅어·새우·가오리·밴댕이·황석어 등이 어획되고 채취된다. 증산도의 제1, 제2저수지에서는 붕어, 잉어, 장어 등의 민물고기가 많이 잡혀 서울 등 각 지방으로 실어 냈으며 해성면 해남리의 알칼리성 탄산납 염전은 60만 평의 대규모 염전으로 유명하며 전국에서 제일가는 소금 생산지였다.

용매도 출신 김기주(84세) 할아버지 이야기

김기주 씨(84세)는 황해도 벽성군 용매도가 고향이었는데, 일본의 보급대에 끌려가지 않으려고 이웃인 연백군 증산도로 숨어들어 갔다. 해방 직후 부친이 사망했고 한국전쟁 발발 이후 모친까지 열병으로 사망해 조실부모 처지에 있었는데, 3남 3녀 중에 큰형님과 남동생마저 전쟁 중 사망했다.

이후 '집안에 입 하나라도 줄인다'는 목적으로 독립해 나와 「대한청년단」 소속으로 활동했고, 미 극동사령부 8240부대 소속으로 용매도 일대에서 정보수집 업무를 수행했다. 전쟁이 끝난 후 인천에 터를 잡고 27살에 결혼을 하였다. 그때 아내 나이는 24살 때다. 슬하에 1남 3녀를 두고, 인천항에서 외국 배들이 들어오면 화물을 하역하는 일을 하였다. 이후 약 30년 동안 한 직장에서 열심히 일하다가 은퇴하였다.

김 씨의 소원은 건강하게 살다가 생을 마무리하는 것이라고 한다. 그는 초등학교 때 선교사가 용매도에 들어와 전도를 받고 난 다음 지금까지 종교활동에 열심이다. 그의 아내는 교회에서 권사로 일하고 있다.

어느 탈북자와의 대담 (1)

황해도 해주 앞 증산도란 섬이 있다. 강화군 최전방 말도 건너편에 있는 섬이다. 김영철 씨는 직접 만든 조그만 무동력선을 타고 일가족 친척 등 모두 9명을 태우고 밤 10시에 북한 증산도를 출발하였다.

그날 밤은 물때가 썰물인데 이 물을 따라서 북한 함박도까지 왔다. 함박도에서 날 밝을 때까지 있다가 새벽에 우도로 들어왔다.(우도는 강화도와 연평도 중간에 있는 섬으로 해병대만 주둔하는 아주 작은 섬이다. 「한국의 섬」 인천 편에 소개)

김 씨는 깃발을 들고 귀순 의사를 표시하며 크게 소리 질렀다. 그때 방송을 통해 "귀순하는 겁니까?"라고 하였다. 배가 갯벌에 걸려 닻을 내려놓고 갯벌 위를 걸어서 우도에 상륙하였다. 나중에야 일가족이 귀순한 것을 알고 증산

▲ 박명호 가족 사진

도에서 북한 경비정이 출동했지만, 그 때 남한 경비정 3척이 출동하여 대기하는 것을 보고 북한 경비정은 돌아가 버렸다. 우도의 군인들은 우리를 따뜻하게 맞이해 주었다.

김 씨는 제비뽑기로 김포 아파트로 오게 되었다. "어디로 가겠느냐?"고 물어와, 공항이 있는 김포를 생각했는데 막상 와 보니 공항은 보이지 않았다. 자유총연맹, 복지사, 경찰 등 관계자들이 많은 도움을 주었다.

하나원에서 알게 된 수녀님도 오시고, 목사님도 오셨다. '한국에 가면 먹고 살게는 해 주겠지.'라고 막연하게만 생각했는데 남들보다 빠르게 적응하여 아내는 공무원이 되었고, 자녀들은 대학생이 되었다. 북한에서 상상도 못 할 일이다. 김 씨는 콤프레사 관련 사업을 하는데 거래처도 많고 사업이 잘된다고 한다. 그는 우리 국민이 탈북민의 부정적인 면만 보지 말고, 긍정적인 면도 함께 봐 주었으면 좋겠다고 당부하였다.

어느 탈북자와의 대담 (2)

박명호 씨는 강원도 고성군 대진항 인근에서 잠수부 활동을 하며 횟집을 운영하는 어엿한 사장이다. 2006년 5월 24일, 박 씨는 아내와 두 아들, 그리고 이불과 된장 등 살림살이까지 몽땅 배에 싣고 황해남도 옹진군의 장연 앞바다를 떠나 남쪽으로 향했다.

과거 북한 공군 중대장 시절 식량난을 해소하기 위해 수시로 잠수부 활동을 하면서 남한과 북한의 섬 지리를 공부하였다. 탈북을 오랫동안 준비해 온 박 씨는 어느 날 아내와 두 아들을 배에 태우고 마침내 남한 땅에 도착하였고, 이후 고성에서 정착하게 되었다.

강원도 고성에서 운영하는 횟집을 찾아가 박 씨를 만나, 탈북 과정과 북한 섬 사정을 자세히 들을 수 있었다. 박 씨를 만난 후 곧장 고성통일전망대로 달려갔다. 금강산 가는 길목인 동해안 최북단 강원도 고성군 현내면 명호리 산 31번지의 해발 70m 고지 위에 있다. 해금강이 불과 5km 정도 거리로 한눈에 든다. 주변에 있는 섬과 만물상(사자바위), 현종암, 사공암, 부처 바위 등도 조망할 수가 있다.

탈북 루트가 된 북한의 섬들

북한의 섬들은 한국전쟁 당시 육지로 침투할 때 징검다리 역할을 했다. 아무리 작은 무인도라 하더라도 전투를 하고 난 후 다른 곳으로 빠져나갈 수 있었다. 섬들은 평화의 시기에 북한 주민들의 탈북 루트가 되어있다. 섬 주변의 경비가 강화되었지만, 평소에 어업에 종사하면서 경비병들에게 수시로 고기와 수산물을 주면서 신뢰를 쌓은 다음 탈북한 경우가 많다.

「북한의 섬」을 집필하는 과정에서, 목숨 걸고 탈북에 성공한 김포의 김영철 씨나 고성의 박명호 씨와 같은 분들을 만나 생생한 경험담을 한마디 한마디 들을 때마다 새로운 엔도르핀이 솟아나는 것을 느낀다.

"쏘지 마라, 우린 넘어온 사람들이다"

북한 주민 9명이 11일 서해 우도 인근 해상으로 귀순한 것으로 밝혀졌다. 정부 소식통은 15일 "북한 주민 9명이 11일 오전 6시 5분 전마선(소형 선박)을 타고 서해 우도(인천 강화군 서도면 말도리) 인근 해상으로 넘어왔다"라며 "이들은 손을 흔들어 귀순 의사를 나타냈다"라고 말했다. 귀순자들은 성인 남자 3명과 성인 여자 2명, 어린이 4명으로 황해도 내륙지역에 거주하던 형제의 가족인 것으로 알려졌다. (중략)

북한 주민의 남하는 2월 초 표류하던 주민 31명이 연평도 동북쪽 해상을 통해 넘어온 지 4개월여 만이다. 당시 귀순 의사를 밝힌 4명을 제외한 27명은 자유의사에 따라 3월 27일 북측으로 돌아갔다. 당시 북한은 주민들의 남하가 '남측의 납치'라고 주장했고 귀순 의사를 밝힌 4명에 대해서도 북측 가족과의 대면접촉을 요구하며 거세게 반발했다.잇단 남하 사건을 계기로 서해 연평도에서 우도에 이르는 해상 라인이 북한 주민의 집단 귀순 루트로 떠오르고 있다는 분석이 나온다. 연평도는 북한 해안으로부터 거리가 12km에 불과하다. 마음만 먹으면 얼마든지 북한을 탈출할 수 있다. 무동력선을 타면 조류를 따라 연평도에 이르는 경우도 많다. 정부 소식통은 "최근 북한 주민이 탈북해 연평도로 향하거나 조류에 떠내려온 사례가 점점 늘고 있다"라고 말했다.

「동아일보」 2011.6.16.

어업이 풍성했던 부자마을 증산도 이야기

증산도 출신 서정철 선생(1938년생)과의 인터뷰는 2022년 11월 19일 문산에서 이뤄졌다. 서정철 선생은 화가이며 만화가로 증산도의 자세한 마을의 집과 약도를 가지고 나오셨다.

연안군 증산도는 육지와 접근성이 좋고 어업이 잘 되어 부자 섬으로 알려졌다. 서정철 선생은 14살인 1951년 1.4 후퇴 때 피난 나와 남한에 정착했다. 증산도는 1945년 해방 당시 120여 호, 인구 230명, 초등학교 130명 정도였다고 기억한다. 여기는 연평 바다 근해로 조기, 갈치, 새우, 꽃게 등 천지였다. 이 수산물을 모아서 한강을 따라서 서울 마포로 싣고갔다.

선생은 "당시 증산도에 큰 배는 10척 정도 작은 배는 6척 정도 있었다. 큰 배 선원 12명, 작은 배 선원은 6명으로 가난하고 배가 고프던 시절 일거리를 찾아서 증산에서 젊은이들이 많이 왔다. 주로 조기가 많이 잡히던 연평도 가까이 있어서 조기와 갈치, 새우 등을 많이 잡았다. 김장하면 배추 수백 통 하였고, 떡도 많이 해서 선원들에게 돌리고 이웃과 나누어 먹었다" 하면서 "보잘것없는 아주 작은 섬에서 이만큼 풍성한 삶을 누리던 비결은 어장 덕분이었다"라고 회고하였다.

증산도에 통조림이 있었는데 여기서 맛조개가 삶아서 통조림을 만들었다. 이것을 일본으로 수출하고, 군대에 납품할 정도로 활기찬 섬이었다. 1945년 해방 후에 일본 사장 공장에서 철수하자마자 공장은 순식간에 일꾼들이 몰려들어 각종 물건을 가져가 버렸다. 아마도 임금을 못 받아 그런 것 같다.

증산도 당산 이야기

서정철 선생의 증산도 이야기 중에 빼놓을 수 없는 것은 당산 이야기이다. 증산도의 당산제는 단오(음력 5월 5일)에 성대하게 지낸다. 서 선생은 마을 그림에 당산이 두 개 있었는데 하나는 구증산도, 하나는 증산도에 있었다고 회고하였다. 당시 당제를 지내던 만신 할머니를 어릴 때 우리는 신으로 생각하였다. 그분이 아주 영험한 무당으로 굿도 잘하여 육지에 불려갔다고 기억하고 있다.

증산도에서 예로부터 전해 내려오는 당산제는 매년 마을의 안녕과 풍어를 기원하는 민속행사였다. 증산도 주민들은 바다에서 어업에 종사하는데 고기는 많아 잡았지만, 항상 풍랑과 안개로 위험에 처할 때가 많았다. 증산도 어선들이 항로를 잃고 표류할 때 용왕님과 증산도 당산을 향하여 무사히 귀향을 빌었다. 증산도 어민은 용왕님과 당산 할머니가 자신들을 보살펴 준 신성한 곳이라 하여 이곳에 당집을 짓고 제사를 모시게 되었다고 한다.

증산도 당산제는 1년간의 풍어와 마을과 어선의 평안과 무사를 기원하는 의식이다. 의식을 주관하는 제주는 1년간 부정하지 않고, 외출을 삼가고, 부정한 것을 보지 않으며, 목욕재계하고 정결한 마음으로 근신해야 한다. 당제 날은 동료 한두 명을 대동하고 제당에 올라가 제 의식을 진두지휘하며 일사불란하게 당산제를 지낸다. 먼저 증산도 당산에서 제사를 거창하게 지내고 농악 놀이를 한다. 그리고 구 증산도로 건너간다.

이때 물이 빠져서 바닷가 길이 딱딱하여 건너가기가 좋았다. 어선에는 모두 깃발을 달아놓고, 주민들은 수십 개 각종 깃발을 들고 북, 꽹과리, 장구 치면서 만신인 제주를 따라서 구 증산도 간다. 이 축제를 4일 정도 벌이는데, 당산제를 동안 지내고 난 다음 마을 잔치로 나흘 동안 축제로 벌어진다. 주민과 육지에서 구경 나온 분들이 함께 어우러지는 한마당축제로 열린다. 그때 연안읍 장사꾼들이 몰려와서 장사하여 조그만 섬마을이 떠들썩하였다. 서정철 선생은 공식 문서에는 나오지 않는 최초 증언으로 증산도에 유격대 활동이 있었다고 하였다. 다음은 서 선생의 회고이다….

"1950년 6.25 당시 근처 용매도 본부에서 유격군 1개 소대 32명을 파견, 소대장은 중학교 선생 출신으로 성과 이름이 생각나지 않는다. 당시 나는 14세로 소대장에게 스카우트되어 학교를 마치면 거의 같이 살다시피 하였다. 이유는 공부도 잘하고, 노래도 잘 부르고, 그림도 잘 그리고 축구, 배구, 달리기 등 만능선수로 초등학교 1~6년까지 반장을 하였다. 유격군 취사반에서 나온 누룽지는 내 차지가 되어 가난한 아이들에게 같이 나누어 먹었다.

한국전쟁이 후반기에 접어들면서 휴

▲ 증산도의 출신 서정철선생은 신증산도에 대한 자세한 지도를 그려 왔다.

전선 근처에 중공군의 경계가 강화되어 유격 활동의 위축으로 주춤한 상태였다. 유격대원들은 대부분 연백군 출신으로 친척들과 친구들, 그리고 지형을 잘 아는 관계로 정보수집이 쉬워 북한군과 중공군을 많이 괴롭혔다. 그래서 북한 당국은 연백군 해성면 염전 근처 주민들을 몽땅 강원도로 보내고, 강원도 주민들은 이리로 이사 오게 하여, 갑자기 통째로 주민 교체가 이루어졌다. 이때부터 정보가 막히고 경비의 강화로 유격군들의 피해가 늘어나자 이 부대가 증산도에서 철수하게 되었다. 이 부대는 1년 정도 주둔하였는데, 겨울에 와서 초가을에 철수하였다."

북한 주민들의 강제 이주 정책

중공군도 서해 연안 도서 지역에 주둔하고 있는 유격대의 측후방에 대한 위협을 제거하고, 판문점 협상에서 '도서 지역 부대 철수문제'에 대한 압력을 가하기 위해 1951년 11월 5일부터 11월 말까지 팽덕회 사령관이 지시한 "가까운 데부터 멀리, 섬에서 적을 몰아내는 작전" 방침에 따라 4차례의 공여 월남 가족들을 격리 조치했다.

유격대원 가족들을 반동분자의 가족으로 분류하여, 원산지방 주민을 신의주로, 평양지방 주민을 무산으로, 강원도 지방 주민을 재령과 안악으로, 황해도 주민들을 자강도로, 함경도민을 황해도 등으로 강제 이주시켰다고 한다. 예를 들면 은율군 출신의 유격대원의 가족을 함경북도 명천으로, 평안북도 선천으로 축출했다.

그러므로 '적지 침투의 징검다리' 역할을 하던 친지나 주민들의 협조가 없어지자 유격대원들은 활동에 어려움을 겪었다. 또한 유격대원들은 자기 가족이 타지방으로 강제 이주를 당하자, 적지에서 가족을 구출하려는 계획을 포기할 수밖에 없게 되었다. 유격대에 동조한 북한의 현지 주민들은 전후에도 감시와 탄압의 대상이었다. 휴전 직후인 1953년 7월 28일, 최고 인민회의 상임 회의에서는 '전쟁승리'를 기념하는 대사면을 실시하면서 '반국가적 범죄'는 제외했다. 「유격전사」

서정철 선생이 지금도 생생히 기억하

는 것은 유격 전사들이 출동하기 직전에 운동장에 모인 대원들을 위하여 꼭 두세 곡의 노래를 부른 다음에 출동하였다. 이렇게 각종 유행가를 잘 부른 이유는 할머니가 여관을 하시었는데 삼촌 집(노두진), 약국집, 학교의 윤태호 선생 등 유일하게 3집에 축음기가 있었다. 삼촌 집에서 노래를 혼자 다 배워 기억할 정도로 기억력이 뛰어나고 노래에 소질이 있었다.

약국집 아들 홍성윤 후배는 부경대 부총장 지냈는데 3살 아래 후배로 그의 아버지는 집이 두 개로 부자였다. 지금도 광명에서 개인택시를 운전하는 이경호 후배도 집이 부자였는데 유일하게 기와집이었다. 배 사업이 잘되어 중선배를 가지고 많은 돈을 벌었다. 이경호 후배는 개인 사업을 하면서 고향을 위하여 향우회를 만들고 앞장서는 자랑스러운 후배라고 치켜세웠다.

"우리 집 형님 2명은 서정식, 서정훈으로 증산도 최초로 서울로 유학 갈 정도였는데 시대를 잘못 타고 태어나서 어려운 일들을 많이 겪었다. 전쟁이 격화되면서 당국은 작전상 증산도에서 당시 모든 주민이 집을 버리고 피난 나가게 하였다. 증산도가 공산당의 근거지가 될까 봐 유엔군이 폭격하였는데 그때 배를 타고 나온 나는 경말도에서 폭격으로 불타는 마을을 바라보았다. 학교와 집과 당산에 연기가 피어올랐다. 어린 나이에 얼마나 참담하고 충격을 받았던지 한동안 두려워서 말을 하지 못할 지경이었다.

용매도로 건너가서 어머니를 만나고 난 다음 공부를 하면서 그때도 나는 군인들과 같이 활동하였다. 여기서도 인기가 좋았는데 노래도 잘 부르고 유격군들이 기특하다고 많이 아껴 주었다. 당시 나를 아껴 주던 소대장 동생이 강화군 매음 초등학교, 어류정 분교에 선생으로 근무하였다. 지금은 이 학교가 수개월 동안 있다가 간척공사도 없어졌는데 이 선생님을 찾으면 나를 아껴주시던 소대장님의 이름을 알 수 있을 것이다. 나를 많이 도와주신 소대장님은 전쟁 중에 돌아가셨는데 이름이라도 알고 싶다. 그분이 그립고 보고 싶다."

▲ 충남 태안군 황도 당산제, 증산도도 이렇게 당산제를 지냈을 것이다.

05. 옹진군

태탄
Anhyol-li
Sanggun-dong
Ugom
Gyumei-
강령군
Chungga-dong
Monggumpo-ri
옹진군
Chung-ni
Sondup yong
Sigyo-ri
옹진반도
Hyu-dong
소강리
강령반도
Sogimdo
Changdae
창린도
순위도
기린도
국토정보지리원

1) 기린도

"'이제나저제나 실향민들의 한이 서린 옹진반도"

[개괄] 기린도는 황해남도 옹진군에 자리한 섬으로, 옹진군에서 순위도 다음으로 큰 섬이다. 면적 7.1㎢, 해안선 길이 26㎞, 최고점 132.6m이다. 기린도는 옹진군의 대기리에서 남서쪽으로 5.4㎞ 해상, 읍저반도의 남서쪽에 자리하고 있다. 기린과 같이 길게 생긴 섬이라 하여 '기린도'라고 하였다 하나, 구글 지도상으로는 아무리 살펴보아도 기린의 형태는 찾을 수 없다. 섬은 전체적으로 리아스식 해안이며 해안선의 드나듦이 복잡하고 북쪽에서 남쪽으로 갈수록 지대가 점점 낮아지면서 이곳에 농경지들이 발달해 있다. 농경지는 대부분 밭으로 되어있으며 약간의 천수답이 있다. 주요 곡물은 쌀, 보리, 고구마, 옥수수, 콩, 녹두 등이 있다.

기린도는 여의도 3배 정도 크기이다.[54]

---

54) 여의도 면적은 약 2.9㎢ (약 87만 평)

섬의 절반 정도가 산림지역으로 떡갈나무, 신갈나무, 소나무, 싸리나무 등이 자라고 있다. 섬 한가운데는 대나무가, 해안지대에는 감나무가 분포되어 있다. 과거에 나무로 밥을 지어 먹던 시절, 이곳에서 생산된 나무가 연료로 요긴하게 사용되었다. 연평도 조기 파시가 한창이던 시절에는 이곳에서 자라난 나무들을 땔감으로 만들어 어선에 팔기도 하였다. 상당량의 농토가 있어서 섬 주민들이 자급자족할 수 있다.

부근 해역은 연평도 수역과 가까워, 조기가 많이 잡힌 곳으로 수산업이 매우 발달하였다. 주변 바다에서 소라, 해삼, 굴, 꽃게, 청각, 가시리 등은 예로부터 이 고장의 특산물로 알려져 있다. 해안 일대는 바다가 얕고 잔잔하며 일제강점기 시절부터 지주식 김 양식이 매우 발달하였다. 주요 업체로는 기린도 협동농장과 교회가 있었다. 교통은 해상수로가 개설되어 있는데, 군 소재지인 옹진읍까지는 약 36km이다. 55)

이제나저제나 갈 수 있을까, 옹진 실향민들의 아픈 역사

옹진(甕津)이란 이름은 '독을 엎어 놓은 듯한 나루'가 있다 해서 고유어로 독나루라고 불리던 것이 한자로 옹진, 즉 독 옹(甕), 나루 진(津)으로 된 것이다. 옹진군은 삼면이 바다로 둘러싸인 관계로 크고 작은 섬들이 많다. 기린도를 비롯한 대부분은 분단 이래 한국전쟁까지는 남한 영토였다. 하지만 옹진과 서울 간 교통로 사이에 있는 황해도 해주시는 38선 이북지역으로 분류되었다. 그래서 기린도를 비롯한 나머지 섬들은 북한지역이 되었기 때문에 육상교통로가 막혀서 사실상 섬이나 다름이 없는 고립지역이었다.

대신에 북한은 해주항에서 해상을 통하여 서해와 인천으로 나갈 수 있는 출구인 해주만의 출구가 38선 이남에 있던지라 사실상 해주항을 봉쇄당하고 말았다. 이런 연유 때문에 한국전쟁 이전에도 수시로 북한군과의 충돌이 빈번했던 지역이다. 1950년 3월 옹진군

55) 「조선향토대백과」, 평화문제연구소 2008

▲ 한강을 건너면 바로 북한 땅, 교동도 망향 동산에서

의 인구는 18만 명이었다. 한국전쟁을 계기로 북한은 옹진반도를 점령하였고, 휴전협정 이후 서해 5도를 제외한 전 지역이 완전히 북한 영토로 귀속되었다.

옹진군이 고향인 실향민들은 북한의 공세에 밀려서 국군과 함께 기린도, 용호도, 창린도, 어화도, 순위도 등으로 피난 갔다가 다시 연평도와 인천으로 옮겨갔다. 1950년 9월 15일, 인천상륙작전을 통해 북한 대부분 지역이 회복되자 인천 등지로 피난 갔던 옹진군 주민들은 고향을 찾아와 무너진 집을 고치고 생업에 종사할 준비를 했다. 그런데 난데없는 중공군의 개입으로 결국 옹진군은 북한 영토로 편입되었다. 이들은 이제나저제나 고향으로 돌아갈 날만 기다리면서 남한 땅 백령도, 대청도, 연평도, 강화도, 인천 등지에 둥지를 틀고, 어업에 종사하거나 바닷가에 살면서 반농(半農) 반어업(半漁業)에 종사하며 살아가고 있다.

『인천시 옹진군이 기초자치단체로서

▲ 옹진군의 미역 수확 광경

는 처음으로 북한 황해남도 옹진군 측과 이산가족 상봉을 추진하고 있다. 조건호(趙健鎬) 옹진군수는 9일 올 추석(9월 27일)을 전후해 황해남도 옹진군이 고향인 남한의 옹진군 거주 70세 이상 실향민(89명)들을 대상으로 이산가족 상봉주선사업을 추진키로 했다고 밝혔다.

옹진군은 이를 위해 북한 황해남도 옹진군 윤준기 행정·인민위원장과 접촉기로 하고 통일원 등 정부 기관에 승인을 요청했다. 현재 옹진군 거주 실향민은 모두 4백36명, 군은 옹진군 출신 실향민 중 70세 이상의 주민 50명을 선정해 가족과 만남을 주선할 계획이다. 만남의 장소로는 북한 서해상의 기린도나 순위도, 남한의 백령도. 연평도 등 4개 섬 가운데 1개 섬을 택일하는 방법을 구상 중이다.』

「중앙일보」, 1996.7.10.

기린도의 대리석 광산 이야기

한국전쟁 이전에는 옹진군에서 생산하는 해산물과 소금 등을 싣고 해주와 인천, 서울을 왕래하였다. 당시에 기선이 있었지만 바람으로 의지하여 가는 친환경 풍선을 타고서 한강의 조류를 따라서 인천과 서울을 오고 가면서 생활필수품을 조달하면서 살았다.

[二八歲 少婦(이팔세소부) 厭世自殺(염세자살)]

二十八(이십팔)이란 꽃다운 청춘을 음독으로 청산한 여자가 있으니, 이제 그 실정을 조사한 바에 의하면 본적을 황해도 옹진군 교정면에 주소를 둔 김보금(金寶金)이다. 너무 가난했던 그가 十八(십팔)세 때 화류계에 나가 객지로 전전하다가 작년 6월경에 어떤 남자와 서로 알게 되어 백년가약을 맺고 생활에 안전지대를 찾아 옹진군 기린도(麒麟島)에 들어왔다.

기린도 대리석(代理石) 공사장에서 품을 팔아 그날그날을 살아왔는데 생활에 궁핍함과 신변에 부자유함을 항상 비관해왔다 한다. 지난달부터는 그곳에 "가시리"(細毛. 세모)를 사러 온 목포(木捕) 상인 김모와 종일 술을 마시고 집에 돌아가 독약을 마시고 죽었다는데 그 원인은 세상을 비관한 까닭이라한다.

「동아일보」 1937년 7월 2일

▼ 중국의 불법 어선들을 검거하는 해경, 인천해경 제공

[2007 남북정상선언]
"백령도 등 4곳 평화의 섬으로"

▲ 이 사진에는 북한의 대표적인 섬 기린도와 창린도가 나온다.

남북 정상이 북한의 해주와 주변 해역에 '서해 평화협력 특별지대'를 설치키로 합의한 가운데 국책 연구기관인 국토연구원이 해주와 백령도, 대연평도, 교동도를 '평화의 섬'으로 지정해 남북 교류의 전진 기지로 활용할 것을 정부에 제안했던 것으로 밝혀져 관심을 끌고 있다. 특히 이 제안은 평화 협력지대 설치안의 이론적 토대가 됐던 것으로 알려져 실현 여부가 주목된다.5일 건설교통부와 국토연구원 등에 따르면 연구원은 2004년 9월 작성한 '평화 벨트 조성을 위한 서해 접경지역 이용방안' 정책보고서에서 우선 백령도, 대연평도, 교동도 등 3곳을 '평화의 섬(교류협력지구)'으로 지정한 뒤, 순차적으로 해주까지 4곳으로 확대해 서해 접경지역을 평화·번영의 공간으로 전환할 것을 제안했다.

▶ 백령도가 가장 높은 점수

보고서는 백령도 대청도 소청도 대연평도 소연평도 등 서해 5도와 한강하구 인근인 우도 말도 교동도 등 모두 8곳을 '평화의 섬' 후보지로 선정해 장·단점을 비교·평가했다. 이들 가운데 백령도와 대연평도는 지구형성 토지여건, 남북 연계성, 기반시설, 지역 생활 중심성, 대외 중추 기능 등 5개 항목별 3단계(우수·보통·낮음) 평가에서 모두 우수한 것으로 분석됐다. 특히 백령도는 가장 높은 점수를 받았다. 이곳은 서해 5도 중 가장 규모가 크고 분단 전에는 북한의 옹진군과 동일생활권이었다는 점이 높게 평가됐다. 또 대연평도는 북한의 해주항 입구에 있어 교통과 교류협력의 요충지인 데다 수도권과 해주를 이어 주는 해상 거점이라는 점이, 교동도는 토지이용 잠재력과 대규모 항만 입지 가능성이 큰 곳으로 낙점됐다.

▶ 3단계 구축방안 제시

보고서는 서해접경지역 평화 벨트는 3단계로 조성하는 것이 바람직하다고 제안했다.

1단계(준비기)에는 군사적 긴장 완화와 교류협력 여건 조성에 주력하면서 해운 협력 및 남북어업 협력 구역 설치, 생태자원 공동조사, 해상 재난 협력대처, 서해 연안의 평화구역화 착수 등이 제시됐다.

2단계(형성기)에는 평화의 섬(교류협력지구) 조성, 해상교통망 복원, 교동도~연백(황해도), 철산(강화)~해창(개풍군) 간 연륙교 설치, 산업협력 및 역사·문화유적 공동조사 및 보전과 함께 평화구역을 북한 연안과 남측 어로 저지선까지 확대할 것을 제시했다.

마지막 3단계(완성기)는 남북한 경제공동체 기반 형성과 함께 환황해 경제권의 경쟁력 확보를 위해 평화의 섬 등 서해 연안의 경제 공동구역 및 관광·교역특구(평화관광벨트) 조성 등 평화 벨트를 북한의 황해도 연안과 경기만으로 확대하는 시기로 분석했다.

▶ **해주직항로·NLL 공동어로 등 선결돼야**

보고서 집필을 주도한 김영봉 국토연구원 연구위원은 "지금은 평화 벨트 준비기에서 2단계인 '형성기'로 접어드는 단계"라며 "다음 달 열리는 총리급 회담 등에서 해주 직항로와 NLL 공동어로구역 설치문제 등이 마무리되면 평화의 섬 설치문제가 급진전할 가능성이 크다"라고 설명했다.그는 "NLL 안에 공동어로구역이 설치되면 백령도나 연평도는 남북 간 어업 전진 기지로 즉시 활용할 수 있고 교동도 역시 다리(연륙교)만 놓으면 북한과 곧바로 연결될 수 있어 잠재력이 크다"라고 강조했다.다만 보고서는 현행 접경지역 지원 특별법 등의 정비와 특별법(가칭 남북해운·어업 특별법) 제정을 서두르고, 민간 및 국외자본 유치기반을 만들어야 한다고 지적했다. 북한도 해주 등 서해 연안을 특별지역으로 지정·관리해 효율적인 남북 협력이 가능하도록 특별법 형태의 제도적 기반을 마련해야 한다고 덧붙였다.

「한국경제신문」 2007.10.5. 강황식 기자

북한 언론 속의 「기린도」

석도에 서린 원한

- 서해의 외진 섬 분교들에 진출한 조옥희 해주 교원대학 졸업생들과 그들을 키운 교육자들 -

「교육신문」 2012.6.21. 전흥만 기자

지난 4월 조옥희 해주 교원대학은 뜨거운 환송 열기로 달아올랐다. 다섯 명의 졸업생들이 서해의 외진 섬 분교로 자원하여 떠난 것이다. 그 어떤 명예나 보수를 바라지 않고 오직 순결하고 변함없는 충성으로 당을 받들어 가는 선군시대 공로자들처럼 살겠다는 맹세를 교정에 남기고 웃으며 떠나가는 이창화, 김은심, 백정심, 이현주, 류송임 동무들...

어제까지만 해도 대학생이었고 오늘은 교단에 서서 선생님으로 불릴 제자들과 스승들이 울고 웃으며 포옹하는 작별을 하는 이런 광경은 비단 올해만 펼쳐지는 것이 아니다. 지금까지 70여 졸업생들이 남한과 경계선을 이루고 있는 이곳, 남한과의 분쟁으로 언제 불길이 휩싸일지 모르는 무도와 대수압도, 창린도, 기린도, 순위도 등 서해의 최전선 마을 분교들에 자원 진출하였다.

같은 대학 졸업생인 김강남 동무는 부부 교사가 되어 기린도 분교에 뿌리를 내리고 지금까지 열심히 제자들을 가르치고 있다. 리봉희 선생은 비압도 분교에 진출하여 영원히 뿌리를 내릴 것을 결심하고 지난 8년간 다양한 매체의 편집물, 지능참고서, 식물표본 등 수백 건의 교수 자료들을 가지고 학생들을 훌륭히 키워나가고 있다. 나무가 별로 없는 바위투성이인 돌섬 비압도 분교는 학생이 불과 두세 명밖에 안 되는 외로운 섬이지만 모범적인 이봉희 교사의 행동은 산울림이 되어 모교에 울려 퍼지고 있다.

조옥희 해주 교원대학의 책임 일꾼은 한평생 교단에 서서 수많은 제자를 섬 분교에 떠나보낸 국어 문학 강좌장 윤재상 교수, 수학 강좌 박명희 교수, 무용 강좌 김옥금 교수를 비롯하여 모범적인 교수들의 교양 경험 발표회와 제자들과의 상봉 모임도 의의 있게 조직하곤 하였으며 섬 분교에 자원 진출한 제자들을 도와주기 위한 사업도 대학적인 사업으로 적극적으로 벌여 나가도록 하였다.

비록 몸은 육지와 멀리 떨어져 있어도 졸업생들의 마음은 언제나

친정집과도 같은 모교와 잇닿아 있고 대학의 일군들과 교원들은 그들의 영원한 제자로 갓난아이 자식처럼 여기는 온 대학에 날을 따라 차 넘치고 있다. 이런 영양소를 자양분으로 하여 자라난 대학생들이기에 정다운 교정을 떠날 때의 삶의 좌표는 언제나 나의 조국이며 이런 다짐과 결심이 제자들도 힘차게 이어 나갈 것이다.

▲【출처】통일부 「북한정보포털」에 수록된 「교육신문」 2012.6.21일 자 보도내용 재구성

2) 마합도·麻蛤島

"'서해 북방한계선(NLL) 인접 최전방의 전략 거점"

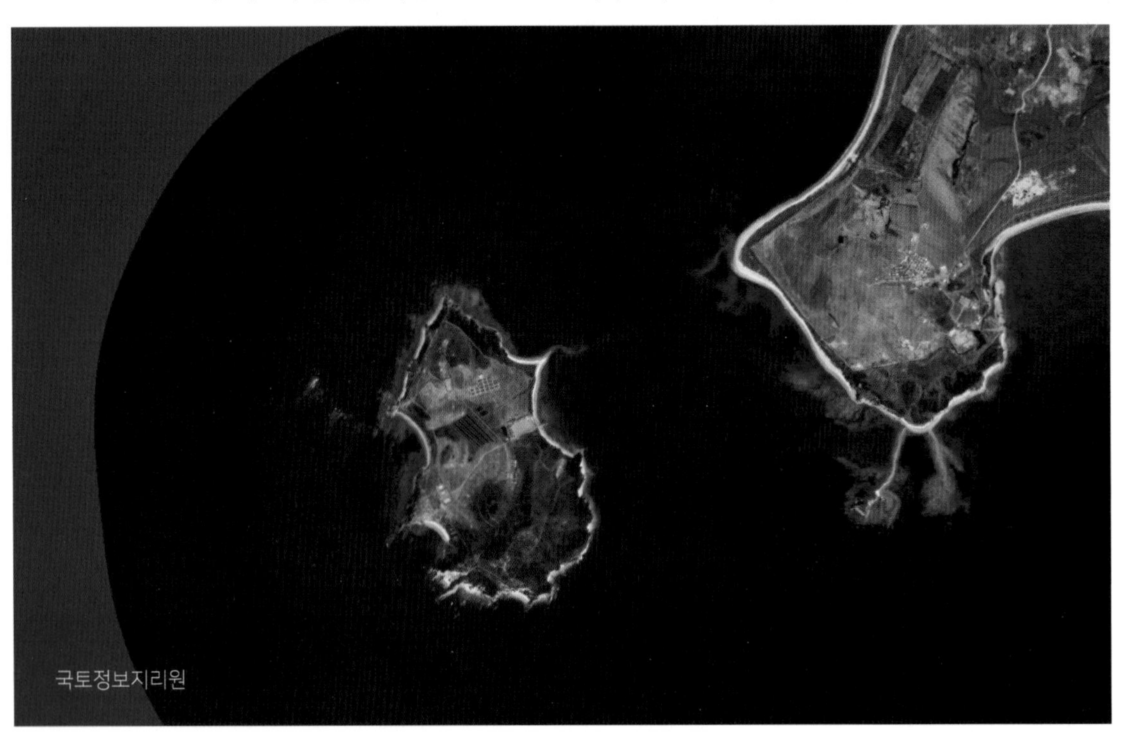
국토정보지리원

[개괄] 마합도는 황해남도 옹진군 읍저반도의 서쪽 바다에 있는 섬이다. 옹진군 제자리에서 남서쪽으로 1.6km 정도 떨어져 있다. 면적 0.94㎢, 둘레는 4.93km, 높이는 110m이다. 섬은 북~남 방향으로 길쭉한 모양을 이루고 있다. 마합도는 서해 북방한계선(NLL) 인접 최전방이라고 할 수 있다.

황해남도 옹진반도 끝부분에 있는 마합도는 백령도에서 18㎞가량 떨어진 곳으로 포병부대가 주둔하고 있다. 기반암은 주로 화강편마암으로 되어있으며 토양은 적갈색 산림토양이다. 섬에는 마합산을 비롯한 낮은 산들이 있으며 여기에는 소나무, 참나무, 아까시나무 같은 나무들이 자란다. 섬 안의 마을에 감나무가 많다.

해안선의 굴곡은 비교적 단조롭다. 기후는 바다 기후의 특성을 띠어 따뜻하다. 특히 안개가 끼는 때와 서풍이 세게 부는 때가 많다. 연평균기온은 10.6℃, 연평균강수량은 1,075mm이다. 섬에서는 옥수수, 콩, 밀, 보리, 고구마 등의 농작물이 재배된다. 주변 바다에는 숭어, 전어, 갈치, 민어, 망둥이, 까나리, 조기, 미역, 해삼 등 수산자원이 풍부하며 바다 기슭에는 물개도 자주 출몰한다. 마합도에서 자생하는 우뭇가사리와 같은 종으로 파악된 국내산 우뭇가사리가 서해 5도 소청도에서 서식하고 있는 것으로 조사됐다.[56]

김정은 국무위원장, 마합도에서 포사격 훈련 지도

『2016년 11월 11일 북한 김정은 노동당 위원장은 마합도의 포병부대를 찾아 포 사격 훈련을 지도했다고 조선중앙통신이 밝혔다. 통신은 김정은이 소형 선박과 고무보트를 타고 이동하는 장면과 부대원들이 김정은을 반기는 장면, 포 사격 현지 지도 모습, 해안포를 발사하는 장면, 해상표적에 포격하여 명중하는 장면, 해안포 동굴기지를 방문 장면, 단체 사진 촬영 등을 방영했다.

56) 여의도 면적은 약 2.9㎢ (약 87만 평)

김정은 위원장이 서해 북방한계선(NLL) 인접 최전방인 마합도까지 내려와 포 사격 훈련을 참관한 것은 언제든지 백령도 등 서해 5도를 타격할 수도 있다는 신호라고 보인다. 통신은 김정은은 "싸움이 터지면 마합도 방어대 군인들이 한몫 단단히 해야 한다."라며 "이곳 방어대와 같이 적들과 직접 대치하고 있는 최전방의 군인들은 그 누구보다 혁명적 신념이 투철해야 한다."라고 말했다고 전했다. 북한이 마합도 방어대 이름을 공개한 것은 이번이 처음이다. 김정은이 방문한 마합도 부대는 지난 2010년에도 연평도 부대를 기습 공격해 우리 국민 4명이 희생되기도 했었다.

북한 중앙통신은 이어서 김정은이 연평도 부근의 서해 최전방에 있는 갈도 전초기지와 장재도 방어대를 잇달아 시찰했다고 13일 보도했다. 갈도는 연평도 북쪽으로 불과 4.5km밖에 떨어져 있지 않은 무인도이며, 장재도는 연평도에서 북동쪽으로 7km 지점에 있어 있다. 갈도는 원래 무인도였으나 2015년 7월 군사시설이 건설되고 122mm 방사포가 배치됐다.

김정은은 군사시설을 둘러본 다음 초소에 올라 연평도를 바라보면서 우리 군과 갈리도 전초기지 설비들의 배치 상태 등에 대한 설명을 들었다. 이어서 돌아오던 길에 인근에 있는 장재도 방어대도 방문하였다. 김정은은 지난 2012년 2013년 등 모두 세 차례에 걸쳐 이 방어대를 찾은 바 있다.』

「조선중앙통신」

▼ 北 김정은 서해북방한계선 인근 마합도서 포격 훈련 참관, 사진「뉴스1

섬 분교에 새겨지는 아름다운 생의 자국

- 마합도 분교 오옥련 박철수 부부 교사 -

「교육신문」 2017.2.2. 전흥만 기자

지금부터 25년 전인 1992년 3월 오옥련 동무는 조옥희 해주 교원대학을 졸업하고 그처럼 열렬히 희망하던 교원 혁명가의 대열에 들어섰으나, 그의 얼굴에서 만족의 빛이라고는 찾아볼 수 없었다. 졸업을 앞두고 섬 분교 교사로 보내줄 것을 거듭 제기했으나 누구도 그의 심정을 알아주려고 하지 않았기 때문이다. 당국은 27살의 나이 찬 처녀가 이제 섬으로 들어가면 일생 문제는 어떻게 하겠는가 하면서 그의 요구를 들어주지 않았다. 그리하여 고향인 장연군의 소학교에서 교편을 잡았으나 그의 결심은 조금도 변하지 않았다.

오옥련 동무는 중학교를 졸업하고 사회생활을 하던 24살 늦은 나이에 진로를 바꾸어 해주 교원대학에 들어가 공부하였다. 이렇게 배려해준 당국에 고마움과 보답으로 남들이 가기 싫어하고 교통이 불편한 섬 지역에서 교편을 잡기로 하였다. 이때 옥련 동무는 당국의 일꾼들을 찾아다니며 자기의 희망을 실현해 달라고 거듭 요청하였다. 그래서 마침내 서남단 창린도의 학교로 가게 되었다.

이때 옥련 동무의 심중을 누구보다 깊이 이해하고 열렬히 공감에 나선 청년이 있었다. 그는 대학 기간 같은 학급에서 공부한 박철수 동무였다. 졸업 실습을 하는 날 그들은 서로를 깊이 알게 되었으며 섬 분교에서 만나자는 약속을 하였다. 대학 졸업 후 부모들이 사는 개풍군의 어느 소학교에 배치되어 일하던 박철수 동무 역시 아무런 주저와 망설임 없이 섬 학교로 보내줄 것을 탄원하였다. 그래서 서해 남단의 창린도에 자리 잡은 창신중학교에 가게 되었다.

여기서 열심히 학생들을 가르치던 중에 본교와 멀리 떨어진 자그마한 섬 마합도에 몇 명의 아이들을 위한 분교가 있는데 교대할 교원이 없어 애를 먹곤 하였다. 그래서 이들 부부 교사는 이제는 정든 고향이라고 말할 수 있는 창린도의 본교를 떠나 마합도 분교로 자진하여 옮겨갔다. 창린도는 아주 큰 섬에 속하지만, 마합도는 아주 작은 섬으로 여러 가지로 불편하기 짝이 없는 섬이었지만 거기도 내 조국의 한 부분이며 목숨보다 귀중한 조국을 지키는 군인들의 자녀가 있으므로 그들을 훌륭히 키우고 싶었다.

마합도 분교에 울려 퍼지는 아이들의 낭랑한 글 읽는 소리, 노랫소리, 셈 치기, 붓글씨 쓰기, 그림 그리기 등을 열심히 가르쳤다. 이들은 수십 년 세월 여가를 이용하여 개, 토기, 닭, 오리 등을 길러 학부모들인 군인들과 같이 요리해 먹었다. 어떤 때에는 분교에 단 한 명의 아이도 없는 때도 있었다. 있다면 그들의 막내아들인 진성이 뿐이었다.

이제는 분교 교사가 더는 이 섬에 필요 없지 않겠는가 하는 사람도 있었다. 어느 분은 섬이 정이 들어서 떠나가기 싫은 모양이라고도 하였다. 그럴 때도 그들의 마음은 흔들리지 않았다. 이제라도 도시에 나가 남들처럼 거리를 오가며 혈육들과 수많은 학생, 학부모들과 정을 나누고 자식들을 보란 듯이 키우는 것이 좋은 줄 몰라서가 아니었다.

인생의 희망과 보람, 행복과 괴로움을 오로지 섬 분교에 묵묵히 묻으며 25년 세월을 보냈다. 막내아들 진성이는 분교 시절 조선 소년 창립당 대표로까지 선출되었고, 박철수 선생은 제13차 전국 교육일꾼대회 대표로도 선출되었다. 몇 해 전 그들이 사는 마합도에는 서해의 다른 섬과 마찬가지로 최전방이라서 그런지 오랫동안 근무한 경력이 알려지면서 전국 곳곳에서 선물과 편지가 많이 왔다. 한평생을 섬 분교에 일생을 바친 이들 부부 교사는 인생을 후회 없는 아름다운 삶의 자국을 남기게 되었다.

▲【출처】 통일부 「북한정보포털」에 수록된 「교육신문」 2017.2.2일 자 보도내용 재구성

3) 신도·信島

"'갯내음 가득하여라, 영양 만점의 옹진 참김"

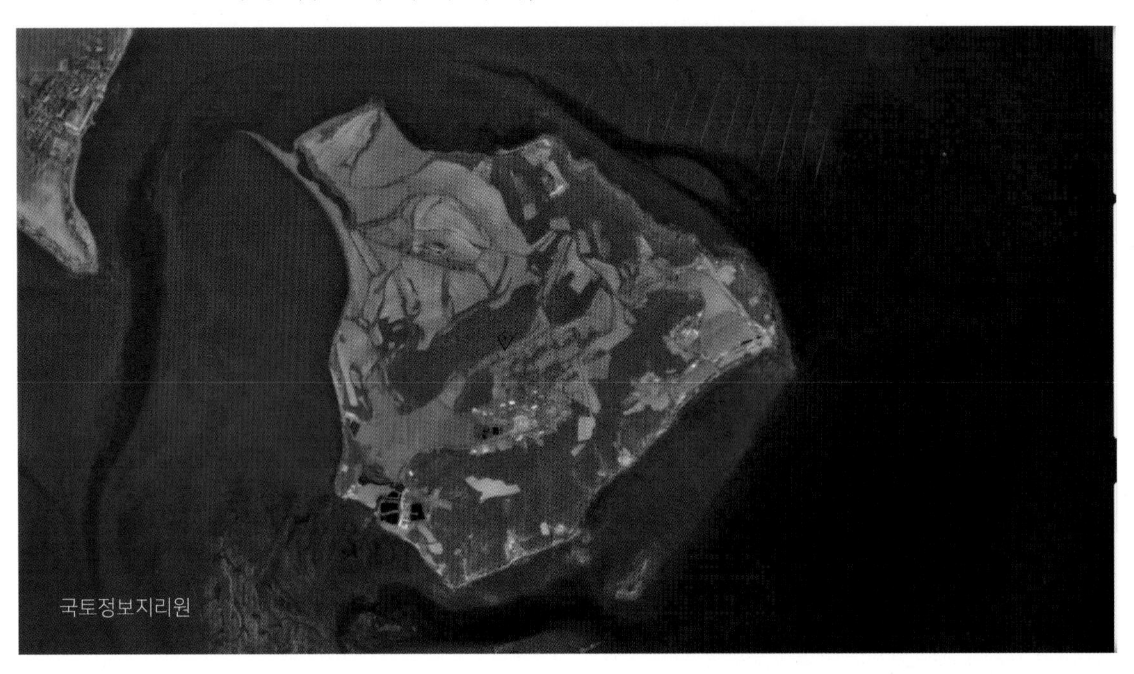

[개괄] 신도(信島)는 황해남도 옹진군 마산반도의 남동쪽 바다에 있는 섬이다. 옹진군 남해 노동자구에 속하며 솔몰에서 약 0.5km 떨어져 있다. 면적은 0.92㎢, 둘레는 5.2km, 북남 길이는 1km, 동서 너비는 1.2km, 해발 40m이다.

섬은 둥근 모양을 이루고 있다. 기반암은 주로 화강편마암으로 되어있다. 남동부에 바닷가와 나란히 구릉이 놓여 있으나 평탄하다. 구릉의 남동 경사면 물매는 비교적 급하고 굴곡부들에 바위들이 드러나 있다. 섬의 남동쪽 기슭에는 물이 깊고 물결이 잔잔하여 배들이 나들기 편리한 만이 있다. 섬의 다른 주변에는 간석지가 펼쳐져 있다.

섬에는 소나무, 아까시나무, 밤나무, 굴피나무, 참나무, 복숭아나무 등이 자란다. 연평균기온은 10.8℃, 1월 평균기온은 -5.9℃, 8월 평균기온은 25.4℃,

연평균강수량은 914mm이다. 섬에는 40여 정보의 농경지가 있으며 이곳에서는 옥수수, 밀, 보리, 감자, 고구마, 무, 배추 같은 농작물이 재배된다. 섬 주변에는 김, 미역, 굴, 바지락 같은 것을 양식하는 천해 양식장이 있다. 주변 바다에는 전어, 멸치, 오징어를 비롯한 물고기들이 있다.

따뜻한 기후조건으로 천해 양식이 활발한 옹진만

신도가 자리하고 있는 옹진만은 황해남도의 마산반도와 읍저반도 사이에 있다. 만의 남서쪽은 열려 있고 그 밖의 변두리는 해발 200m 안팎의 산들로 막혀 있다. 옹진만은 제3기 말~제4기 초 지각운동의 결과에 형성되었다. 만의 경계는 창린도의 서쪽 끝~북항동 남쪽 끝을 연결한 선이다. 해안선의 길이는 85.6km, 만 어귀의 너비는 10.3km, 만의 깊이는 17.7km, 면적은 125㎢, 최대 물 깊이는 28m이다. 저질은 주로 감탕, 사니, 모래 등으로 되어있다. 해안선은 굴곡이 심하고 복잡한 편이다.

만에는 창린도를 비롯한 몇 개의 섬이 있다. 만 안에는 간석지가 넓게 발달해 있다. 따뜻한 기후조건을 가진 이곳은 북한의 주요 천해 양식장의 하나이다. 여기서는 김, 다시마, 미역 등이 생산된다. 만일대에는 멸치, 전어, 숭어, 까나리, 바지락, 굴, 대합조개 등 수산자원이 풍부하다. 만에는 옹진항, 본영포구, 창린도 포구가 있다. 57)

57) 「조선향토대백과」, 평화문제연구소 2008

[바다 갯내음 가득한 영양 만점 옹진 참김]

- 천연기념물 제134호 -

바다 갯내음 가득히 품고 있는 옹진 참김, 황해남도 옹진군의 남해 노동자구 앞바다의 섬 주변에는 천연기념물인 옹진 참김이 퍼져 있다. 남해의 앞바다 주변에는 파도, 용호도, 신도가 있는데 이 섬들의 주변이 참김의 분포지대로 되어있다.

옹진 참김은 특별히 질이 좋은 것으로 널리 알려져 있다. 원종 보전에도 큰 의의가 있으므로 1980년 1월 국가 자연보호연맹에 의해 천연기념물 제134호로 지정되어 보호되고 있다.

옹진 참김은 바다에 있는 바위와 돌에 붙어 자라며 포자로 번식한다. 참김의 이런 특성을 이용하여 떼를 설치하고 씨앗을 붙여 생산한다. 말린 참김에는 탄수화물 7~18%, 단백질 25~30%, 비타민 등과 여러 가지 무기염류들이 들어있다. 참김은 영양가 높은 부식물로 이용되고 있다.

「북한지역정보넷」 2014. 8. 27

4) 용호도·龍湖島

"'한국 해양수산인 배출의 원조(元祖), 용호도 수산학교"

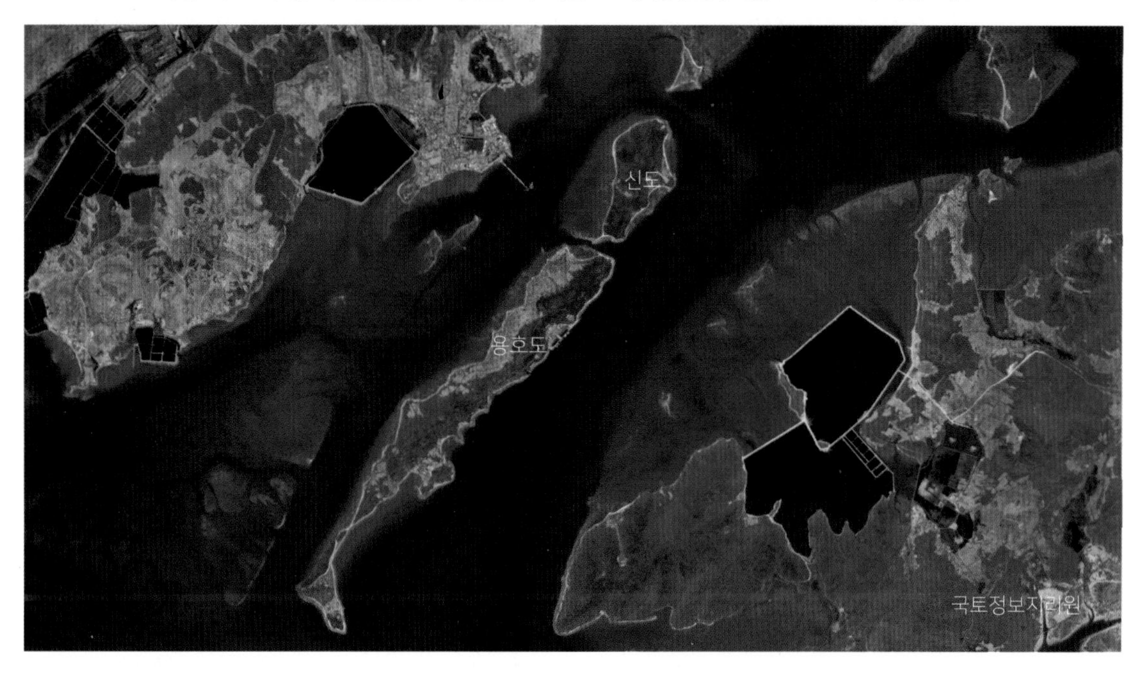

[개괄] 용호도(龍湖島)는 황해남도 강령만 안쪽에 자리 잡고 있다. 해방 당시 행정구역은 황해도 옹진군 동남면 용호도리로, 38선 이남 지역이었는데 휴전협정으로 북한에 귀속되었다. 면적은 2.0㎢, 둘레는 12.65km, 길이는 4.7km, 너비는 0.8km, 가장 높은 곳은 99m 용호산으로, 섬 크기는 서울 여의도보다 약간 작다.

섬은 북동~남서 방향으로 길쭉하게 놓여 있으며 북동부 지역은 대부분 높고 남서쪽으로 가면 점점 낮아진다. 남서쪽 끝에는 작은 평지에 농토가 있고 그곳에는 주민들이 먹고살 수 있는 우물이 있다. 해안선의 굴곡은 비교적 심한 편이며 남쪽 해안은 대부분 험한 절벽으로 되어있다.

섬에서는 옥수수, 밀, 보리, 고구마 같은 농작물을 재배한다. 바다에서는 일제 강점기부터 김 양식을 많이 하였다.

당시 용호도는 인구 960여 명 되는 부동항으로 용당포 다음가는 어항이다. 러일 전쟁 당시 일본 군함이 출동 준비를 하던 항이다. 주변 바다는 조기 어장의 전진 기지였으며 새우, 전어, 민어, 갈치 등이 많이 잡혔다. 염전을 만들어 소금을 생산했기 때문에 용호도 주민들은 비교적 풍요로운 생활을 누렸던 것으로 전해진다. 섬에서는 소나무, 아까시나무, 떡갈나무, 싸리나무, 칡 같은 식물들이 자란다…. 58)

섬의 남서쪽 1km 정도 떨어진 곳에 순위도가 있다. 육지인 사곶 포구를 이용하여 육지 나들이를 하는데, 용호도는 사곶에서 남쪽으로 약 1.5km 떨어져 있는 섬으로 육지와 접근성이 아주 좋다. 사곶의 북쪽과 서쪽은 육지이며, 서해 쪽으로 보면 신도·군만도·하도·용호도 등의 섬이 있고 그 남쪽에는 비교적 큰 섬인 순위도와 어화도가 있다. 용호도는 파도가 약하고 수심이 깊어서 배의 정박과 김과 바다 양식에 유리한 조건을 갖춘 곳이다.

용호도에는 황해도 수산 시험장과 수산 검사소도 있었다. 수산 시험장은 원래 해주시 용당포에 있다가 1927년 용호도로 이전하여 서해안 전역에 걸쳐 어장 개척, 해안 수심 탐사, 어패류 양식의 타당성 조사, 등 각종 시험을 시행하였다. 수산 검사소에서는 황해도 전역에서 생산되는 해태와 가공 수산물, 해초류 등을 검사하여 품질에 등급을 정하였다.

한국 해양수산인 배출의 산실(産室) 인천 수산고의 역사

용호도 정기여객선 취항, 섬과 육지를 경제적으로 연결하다

옹진반도는 해상 교통이 주를 이루는 지역이다. 인천과 옹진군 서면 소강 간 정기여객선 경복환이 1주일에 1회 운항하였다. 경복환이 인천~소강 간을 내왕할 때, 용호도를 경유한다.

정기여객선 이전에는 작은 배가 부정

58) 「조선향토대백과」, 평화문제연구소 2008

[“물高?” “쑤고(水高)?” 텃세 부리던 난투극의 주인공들, 100년간 한국 해양수산 분야의 핵심 인재들로 활약]

일제 강점기인 1926년, 해양수산 기술자 양성을 목적으로 용호도 수산보습 학교가 개교하였다. 당시 교통조차 불편한 섬에 국립 수산학교를 설립한 것은 아주 특이한 일이다. 일제는 한반도의 해양 자원을 눈여겨보고 해양수산인을 양성하려 한 것이었다.

1928년 첫 졸업생 31명을 배출하였다. 1951년 용호도 공립수산고등학교로 교명을 변경하였다. 이후 1954년 경기수산고, 1982년 인천수산고, 그리고 1997년 인천해양과학고등학교로 교명을 변경하여 오늘에 이르고 있다.

한국전쟁 이후 가난하고 혼란했던 시기에 인천 앞바다의 영종도, 덕적도, 대부도, 강화도, 김포를 비롯해 백령도, 연평도는 물론 경기, 충청지역에서도 학생들이 모여들었다. 오랫동안 인천과 수도권 일대의 해양수산 관련 직업의 주요 자리에는 대부분 이 학교 출신들이 차지할 정도였다. 가히 한국 해양수산인 배출의 산실이나 다름없었다.

그 당시 “물고”? 혹은 "쑤고"? 로 불리던 인천수산고 학생들의 재미있는 이야기가 전해지고 있다. 당시 시내에서 여러 차례 있었던 고등학생들의 난투극은, 인천 토박이 올드보이들을 중심으로 아직도 전설처럼 회자되고 있다. 다소 거칠다는 인상을 주었던 그들을 맞닥트리기라도 하면, 누구나 슬그머니 뒷걸음쳤다고 한다.

1926년에 개교했으니, 몇 년 있으면 개교 100주년을 맞이한다. 한국전쟁 통에 인천으로 내려와 둥지를 튼 '피난 학교'가 3년 후에는 100주년을 맞이한다니, 졸업생을 중심으로 '개교 100주년 모교 방문의 날'을 추진해 보면 어떨까 싶다. 서해는 하루에 네 번 남과 북을 넘나들면서 서로 만난다. 바다 사나이들의 열정과 꿈이 있기에, 남북의 바닷길도 언젠가는 자연스럽게 연결될 날이 있을 것이라 기대해 본다. 이 학교의 교가 첫 소절은 이렇게 시작된다.

"황해의 창파를 무대로 삼고서 미래를 이상 하는 우리의 학원."

기적으로 오가며, 크고 작은 사고도 빈번했다. 그러나 1900년 무렵부터 정기적으로 연안항로가 열리면서 체계화되어 갔다. 1920년대에는 발동선들이 급격하게 늘어나면서 섬과 육지 항구 사이를 운행하는 여객선 노선들이 크게 활성화했다.

해상 교통 발전과 함께 섬 주민들의 일상에도 많은 변화가 일어났다. 이 당시는 여성의 승선을 노골적으로 거부하기도 했다. 지금 뒤돌아보면 웃기는 이야기이지만, 당시는 '여자가 배를 타면 재수가 없다'라는 터무니없는 괴담이 나돌던 시절이었다. 섬에 정기여객선이 취항하면서 섬 경제가 살아났다. 어민들은 각종 해산물을 내다 팔 수 있는 판로를 얻고, 육지 농수산물이 섬 안으로 쏟아져 들어왔다. 바야흐로 섬이 육지와 경제적으로 연결된 것이다.[59)]

용호도의 착한 聖者 문창모 의사 이야기

『황해도 옹진군 동남면 용호도에 사는 의사 문창모 씨는 용호도 주민들로부터 '성자'처럼 존경받는 인물이다. 이유는 뭘까?

용호도는 3~4월 조기철이 되면 조선 팔도 각지로부터 어선과 상인이 구름처럼 모여든다. 돈과 사내가 모여드니, 덩달아 술과 여자가 따라 들어올 수밖

59) 「옹진군誌」, 1995년

에 없고, 섬 안에 사는 순진한 청년들까지 술과 여자에 빠져들어 방탕한 생활을 피할 수가 없었다.

이에 문창모 씨는 넉넉하지 않은 살림에도 불구하고, 사재(私財) 천여 원을 들여서 용호도에 교회당을 신축했다. 교회당은 문 씨 내외가 직접 흙도 파고 돌도 들여와 고된 노력 끝에 겨우 완성했다. 이후 술과 여자에 빠져 있던 섬 안의 청년들이 하나둘 교회당에 출입하기 시작하면서, 그들의 방탕했던 생활에 큰 변화가 일어났다.

이후에도 문 의사는 학교에 못 가는 아이들을 모아 한글과 동화를 들려주고, 가난한 주민들에겐 무료로 치료해주었다. 그뿐만 아니라 교통이 불편한 섬 주민들에게 병이라도 생기면, 자신의 발동선을 이용해 풍랑을 무릅쓰고 달려가 치료해주니, 여기저기서 문창모 의사의 성의에 감복하고 있다고 한다.』

「조선일보」 1937년 8월 4일

▼ 문창모 선생 동상

▲ 창린도 피난 생활 당시 민간인 군무원 해군 보도 대장으로 활동. 용호도에서 어렵게 구한 라디오를 통해 전선 소식을 청취하던 중, 섬에 있는 모든 피난민과 함께 들어야겠다고 생각하고 라디오 뉴스를 필경(筆耕)으로 등사해 나누어주었다. 이 일을 계기로 해군으로부터 '민간인 군무원 해군 보도 대장'이라는 명칭을 부여받고 쌀도 20포대나 원조받았다. (평안북도 박천 출신 피난민 김상복 교수)

북한에는 '분교'가 많다

농촌 지역의 소규모 학교 통폐합이 이뤄지는 남한과는 달리 북한에서는 분교가 많이 설립되고 있다. 평양방송은 최근 북한의 교육실태를 소개하는 보도물에서 '공화국(북한)에는 분교가 1천 600여 개에 달한다.'라고 밝혔다. 노동당 기관지 노동신문도 최근호(7.22)에서 북한에서는 두메산골이나 섬에 사는 소수의 학생을 위해 분교를 설치하고 있다고 소개했다.

교육부가 발행하는 교육통계 연보에 따르면 2001년 기준 남한의 분교는 초등학교 631개교, 중학교 59개교, 대학 19개교 등 모두 709개교로 북한의 분

▲ 용호도 피난 생활 때의 음악단 단원들과 함께 한 모습. 용호도 피난 생활은 다양한 체험의 기간이기도 하였다. 용호도에 있었던 기간은 불과 9개월 정도였고 창린도에서 3개월 합해서 1년 남짓 되는 짧은 기간이었지만 그 피난 사절은 그야말로 일각이 여삼추라는 말이 실감 나는 시절이었다. (평안북도 박천 출신 피난민 김상복 교수).

교 수가 남한의 갑절 이상이나 된다. 북한 방송과 신문에 따르면 해당 인민위원회(남한의 도. 시·군청)는 특정 지역의 학생이 일정 수 이상일 때는 물론 몇 명에 불과한 지역에도 분교를 설치하고 있다.

황해남도 구월산의 경우 이 지역 혁명사적지에서 일하는 강사와 관리원 등 상주 가구 수가 두 가구뿐인데도 은률군 원평 고등중학교 `구월산성 분교`가 있다. 이 구월산성 분교에서는 사범대학 출신인 혁명사적지 강사가 자신과 옆집의 자녀 등 3명의 학생을 가르치고 있다. 황해남도 옹진에서 1천500m가량 떨어진 외딴섬 용호도에도 최근 인민학교(초등학교)분교가 문을 열었다. 옹진군 인민위원회는 학생들의 편의를 위해 장학선인 `통학 827`호를 운항하며 군내 학교에 다닐 것을 권유하기도 했지만, 아이들이 통학을 힘겨워하자 인민학교 분교를 설립했다.

황해북도 서흥군의 경우 문무고등중학교 본교가 있는 문무리에서 아주 가까운 은덕리 `은덕분교`를 설치하고 이 마을 50여 명의 학생을 수용하고 있다. 분교 설치가 어려운 곳에는 통학버스나 통학 열차, 장학선을 학생들이 등하교 때 이용할 수 있도록 하고 있는데 황해북도의 경우 연산군에는 통학 열차를, 린산군에는 통학버스를 각각 운행하고 있으며 호수가 있는 연탄군에는 장학선을 투입했다.

「연합뉴스」 2001.08.05.

5) 창린도(昌麟島)

"'왕자의 표류, 선교사 입도 등 다채로운 역사의 군사기지"

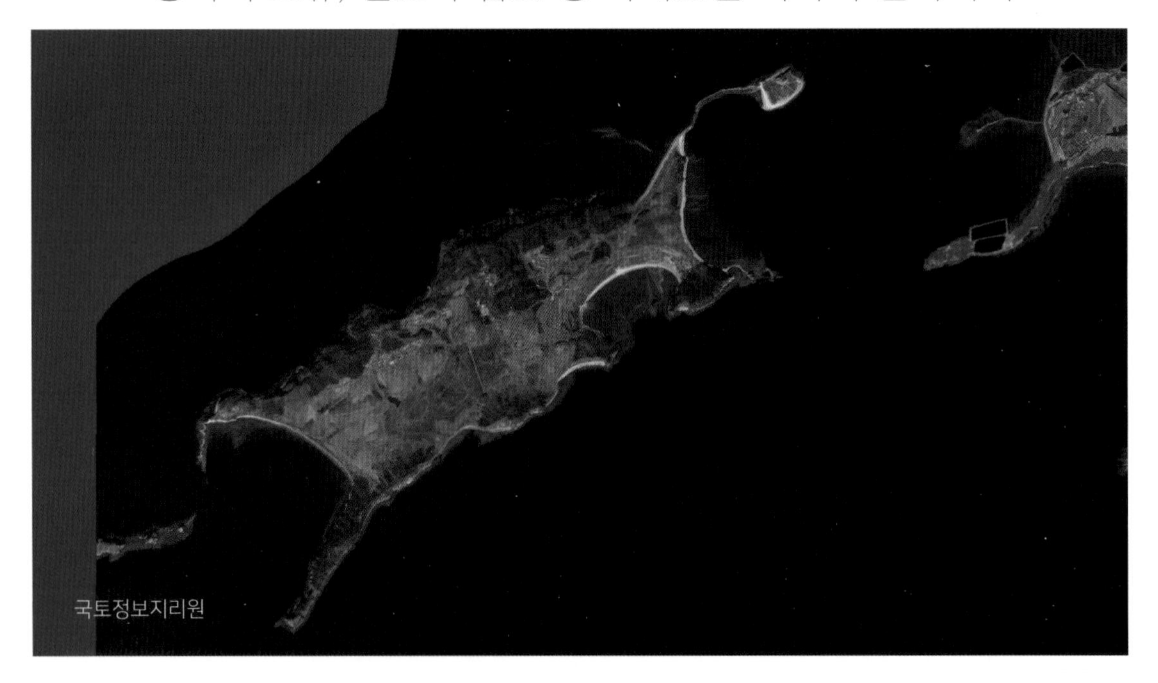

[개괄] 창린도(昌麟島)는 해방 당시 행정구역상 황해도 옹진군 서면 창린도리였으나, 휴전협정으로 북한에 귀속되었다. 현재는 황해남도 옹진군에 속해 있다.면적은 약 7.0㎢, 섬 둘레는 21.5km, 산 높이는 84m이다.

창린도는 옹진군의 70여 개 섬 중, 순위도에 이어 두 번째로 큰 섬이다. 예로부터 주변 바다에는 조기, 갈치, 전복, 해삼이 많았으며 김 양식으로도 적합한 지역이다. 주요 기관으로는 창린도 협동농장, 창린도 수산협동조합 등이 있다. 교통은 해상수로가 개설되어 있는데, 군 소재지인 옹진 읍까지는 약 36km이다.

조선 시대 국영 말 목장으로 운영되던 섬

창린도는 지정학적 특성상 고대로부터 해상 교통의 요충지 역할을 해왔다. 옹진반도와 강령반도 사이, 옹진군의 중앙부에 위치하여 지정학적으로 매우 중요한 섬이었다. 조선 시대에는 창린도에 말을 키우기에 적합한 물과 풀이 풍성하다 하여 국영 목장을 설치하고 말을 방목하였다. 「세종실록지리지」에는 황해도의 용매도, 기린도, 창린도, 백령도, 초도, 석도에 말 목장이 있었다고 기록돼 있다. 섬이 말 목장으로 주목을 받은 것은 사면이 바다로 둘러싸여 있으므로 바다가 울타리가 되어 관리가 비교적 쉬웠기 때문이다.

1905년 옹진군 호적 자료를 보면 남면에 있는 총 7개 리 가운데 창린도리가 가장 많은 주민 수 94호·385명이 거주하고 있는 것으로 나타났다. 이곳은 수산업이 활발하였다. 연평도와 같은 조기 어장터로 조기가 서해안의 수온을 따라 계속 올라오면 어선들이 그물을 내려서 조기를 잡았다.

특히 창린도는 중앙에 평평한 곳으로 발달하여 있어 다른 섬에 비해서 주거 환경이 비교적 양호하였다. 실례로 고려 중기 무렵에 몽골군이 대규모 군대를 이끌고 무단 침입하자 옹진현은 물론 북쪽의 고을 수령이 관내 주민들을 집단으로 이끌고 창린도로 들어와 안전을 도모하기도 하였다.

창린도는 글로벌 入島 구역? 베트남 왕자, 토마스 선교사 등 줄줄이 창린도에 入島

화산(花山) 李氏 시조이자 800여 년 전 안남국(安南國, 베트남) 이씨 왕조 6대 왕인 영종의 왕자 이용상 씨가 고려 23대 고종 12년에 창린도에 표류해 왔다. 베트남에서 한반도까지의 거리가 3,600km, 요즘 비행기로 5시간 거리인데, 표류 기간에 대한 기록은 없다. 운명은 하늘에 맡기고 구사일생으로 한반도 옹진군 창린도에 도착한 것이다. 우리나라에 온 최초의 베트남 선상난민인 셈이다.

이런 사실을 전해 들은 고려 조정이

▼ 베트남 리 왕조의 태조 리 꽁 우언(李公蘊)의 동상(하노이).「위키피디아」

이들을 자세히 조사한 결과, 이용상이 안남국의 왕자라는 사실을 확인했다. 고종은 같은 왕족으로서 이들의 처지를 이해하고 동정하여, 사방 30리의 토지와 20여 채의 집을 지어줘 옹진군 광대산 일대에 소 안남왕국을 이루어 살도록 해주었다. 고려 고종의 호의를 잊지 못하고 있던 이들은 고종 40년 몽골군이 무단 침입하여 옹진을 포위하자 몽골군을 물리치는데 크게 활약하였다. 이에 대한 공로로 고종은 뢰릉 투옹을 화산군으로 봉했고, 양국 왕족 간 결혼도 이뤄져 오늘에 이르게 된 것이다.[60)]

창린도는 한국의 기독교 역사와도 인연이 깊다. 한국 기독교 역사는 매우 짧지만, 조선왕조 500년의 전근대적 전통에서 벗어나 개화하는데 많은 공헌을 하였다.

1865년 9월, 영국의 청년 토마스 선교사는 해외 선교의 뜻을 가지고 중국으로 떠났는데, 그곳에서 조선인 가톨릭 신자를 만나게 된다. 이를 계기로 청년 토마스는 1865년 9월 황해도 연안 창린도에 들어와, 약 두 달 반을 머물면서 중국어 성경을 나누어 주고 한국어를 열심히 배운 후에 중국으로 다시 돌아갔다. 토마스는 중국에서 옌타이 중국 해관의 통역관으로 취직한다. 이곳에서 8개월을 지내는 동안 중국어, 몽골어, 러시아어를 자유자재로 구사할 정도로 어학에 탁월한 재능을 가진 청년이었다. 이듬해인 1866년, 조선 정부가 프랑스 신부들을 학살한 사건에 항의하기 위하여 조선으로 떠나는 프랑스 함대에 통역관으로 합류하기로 되어있었으나, 당시 프랑스 함대는 때마침 베트남에서 일어난 반란을 진압하기 위하여 상하이로 떠났다는 소식을 듣고 미국 상선 제너럴셔먼호에 통역관으로 탑승하여 조선으로 떠나게 된다.

하지만, 당시 조선은 외국 상선을 받아들일 준비가 되어있지 않았다. 이렇게 해서 '제너럴 셔먼호 사건'이 발발한 것이다….[61)] 당시 흥선대원군의 통상수교 거부정책으로 평양감사 박규수는 퇴각 요구를 무시한 제너럴 셔먼호를 불태웠고, 이때 토마스 선교사도 선원

60) 「조선일보」 1967년 12월 3일

61) 1866년 미국 상선 제너럴 셔먼호가 조선에 통상을 요구하다가 대동강에서 불에 탄 사건.

들과 함께 최후를 맞이하였다. 이 사건이 원인이 되어 1871년 미국이 강화도를 공격하는 신미양요가 발생한다.

이로부터 18년 후인 1884년 9월, 미국 선교사 알렌이 의료선교를 위해 내한한 이래 미국의 언더우드와 아펜젤러 선교사의 파송으로 한국 선교가 본격화되었다. 이처럼 창린도는 우리나라 역사에 세 차례 등장한다. 몽골의 침공, 베트남 왕자의 표류, 그리고 미국 토마스 선교사 입도 등이다.

북한의 최전선 군사기지로 변한 오늘의 창린도

북한은 창린도를 '전선(戰線) 섬'이라 부른다. 창린도는 서해 북방한계선(NLL)에서 18㎞ 정도 떨어져 있는데, 북한이 창린도 해안 곳곳에 있는 벼랑 아래 갱도나 가림막에 해안포를 숨겨놨다가 기습 사격할 수 있는 곳이다. 이 때문에 남한에서 자세한 군사 동향을 관측하기가 까다로운 지역이다.

▼ 제너럴 셔먼호 사건과 심미양요

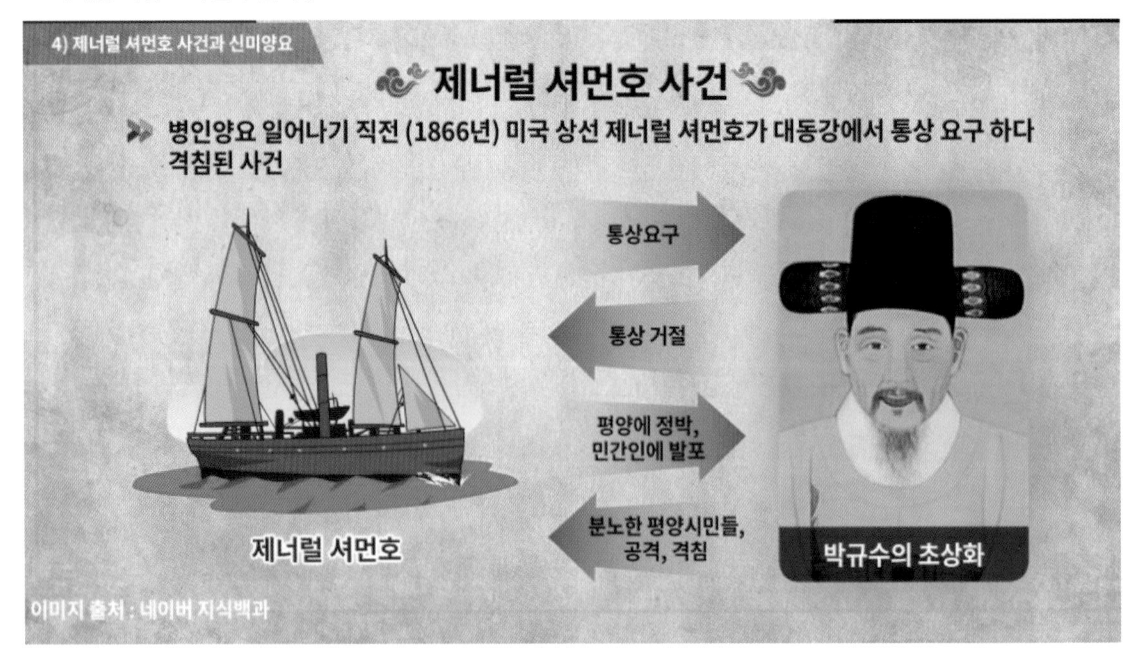

▲ 2014년 1월 28일 취역한 유도탄 고속함 13번 함인 '한문식함'의 위용. 유도탄 고속함은 해군의 노후 고속정을 대체하는 함정으로 연안·항만 방어, 초계작전 등의 임무를 수행한다. 450t급으로 최대 속도는 40노트(74km/h)다. '한문식함'의 이름은 한국전쟁 당시 금강산함 함장으로 참전해 북한군이 점령하고 있던 서해 창린도 탈환에 이바지한 고 한문식 대령의 이름을 딴 것이라고 한다.

백령도에서 창린도까지 거리는 40여 ㎞인데, 중간에 기린도가 자리하고 있어 잘 보이지 않는다. 연평도에서 창린도까지 50㎞쯤 떨어져 있는데, 이 또한 황해남도 강령반도에 가려져 관측이 어렵다.

그래서 북한 김정은 국무위원장이 2019년 12월 23일 포 사격을 지시했던 창린도에 지휘통제자 동화시스템(C4I)을 구축했다는 분석이 나왔다. 최전선 지역에까지 데이터통신망을 구축해 평양 지휘부와 야전 현장 간 실시간 작전 지시와 실행이 가능해지도록 했다는 의미다. 그 근거로 북한 노동신문은 2019년 12월 25일 김 위원장의 창린도 포 사격 현지지도소식을 전하면서 "자료전송체계가 세워져 매일 군인들이 당보와 군 보를 어김없이 독보하고 학습하고 있다"라고 설명했다. 군사전문가들은 노동신문이 보도한 '자료전송체계'가 단순한 사상교육, 체제선전시스템이 아니라 군사지휘 통신체계(C4I)일 것으로 추정하고 있다.

북한 언론 속의「섬 분교」

섬 분교들을 또다시 지원

「교육신문」 2015.3.12. 특파기자

조옥희 해주 교원대학에서 서해의 최대 전방 지대인 순위도, 기린도, 창린도 등에 자리 잡은 10개의 분교에 각종 도서와 교편 물들, 위문편지들과 학용품을 비롯한 8종 1만 300여 점의 지원 물자들을 보내주었다. 수십 년간 조옥희 해주 교원대학에서는 수많은 졸업생이 서해 섬 분교들에 자원 진출하여 온 나라에 크게 소문이 났다. 졸업생들을 진출시킨 데에 만족하지 않고 진출생 모두가 모교와 조국 앞에 다진 맹세를 후회 없이 지켜가도록 계기 때마다 상봉 모임도 조직하고 많은 도서와 교편 물, 위문편지, 생활필수품들을 보내주었다.

대학에서는 이번에 뜻깊은 새해를 맞으며 또다시 섬 분교들에 성의 어린 지원 물자들을 보내주었다. 지원 물자 속에는 언제나 마음 속에 나라를 생각하면서 최고 전방 지역의 교단을 믿음직하게 지켜갈 결심을 안고 순위 고급중학교 교원으로 진출한 조봄향 동무에게 보내는 교직원, 학생들의 마음도 담겨 있다. 모교의 스승들과 재학생들의 변함없는 당부가 깃든 지원 물자들은 모교와 조국 앞에 다진 맹세를 지켜 섬마을 학생들을 훌륭히 키워가고 있는 분교 교육자들에게 커다란 힘과 고무를 안겨주게 될 것이다.

▲ 해주교원대학교

▲【출처】통일부「북한정보포털」에 수록된「교육신문」2015.3.12일 자 보도내용 재구성

6) 파도

"'바다 잔잔하니 6월 육젓과 8월 추젓 풍성하도다"

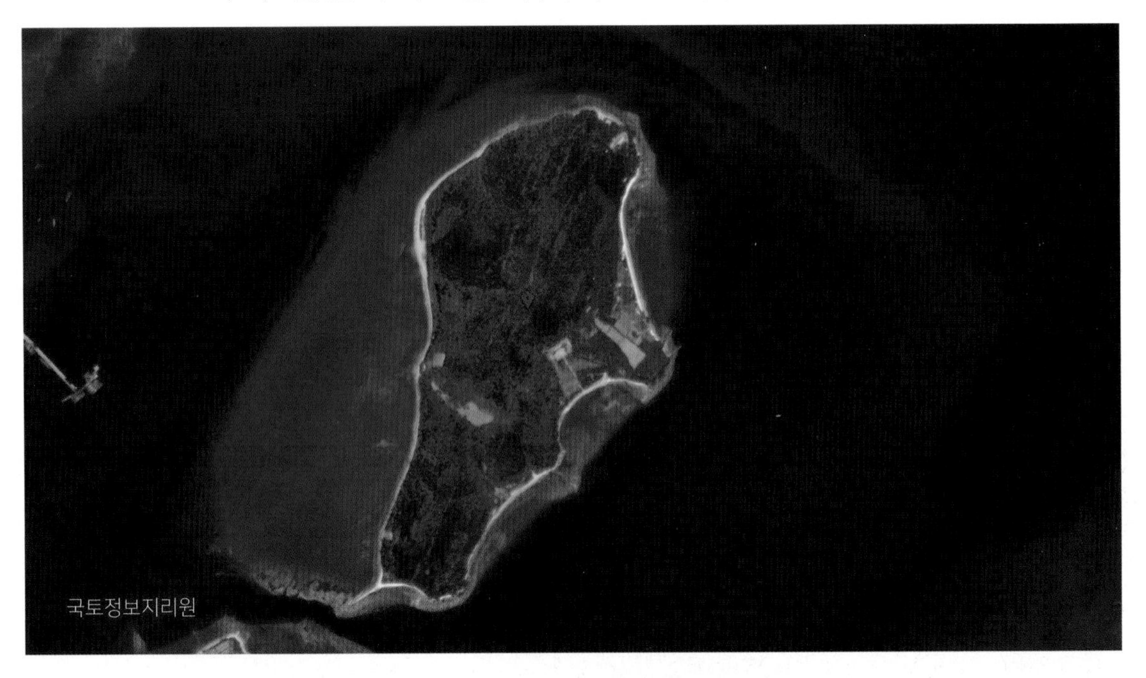

[개괄] 파도는 황해남도 옹진군 남해 노동자구 동남쪽에 있는 섬이다. 면적 약 0.6km2, 섬 둘레는 3.5km이다. 파도는 육지에서부터 신도, 군만도, 파도, 용호도 순서로 자리하고 있다. 주요 생활권인 사곶항과 파도 마을 선착장 간의 거리는 2.3km이며, 사곶과 직선거리는 1.2km 정도 있다.

파도는 옹진반도와 강령반도 사이에 있는 섬으로 바다가 잔잔하고 해산물이 풍성하다. 양쪽 반도 사이에 바다와 접해 있어 수산업에 유리한 조건이다. 근해에서 조기, 민어, 갈치, 홍어, 도미, 광어, 준치, 목대, 낚지, 꽃게, 새우, 주꾸미, 굴, 어패류 등이 잡힌다. 음력 6월~8월에는 백하 새우가 많이 잡히며 6월에 잡는 백하를 육젓, 8월에 잡는 젓은 추젓이라고 하였다. 62)

62) 「조선향토대백과」, 평화문제연구소 2008

06. 용연군

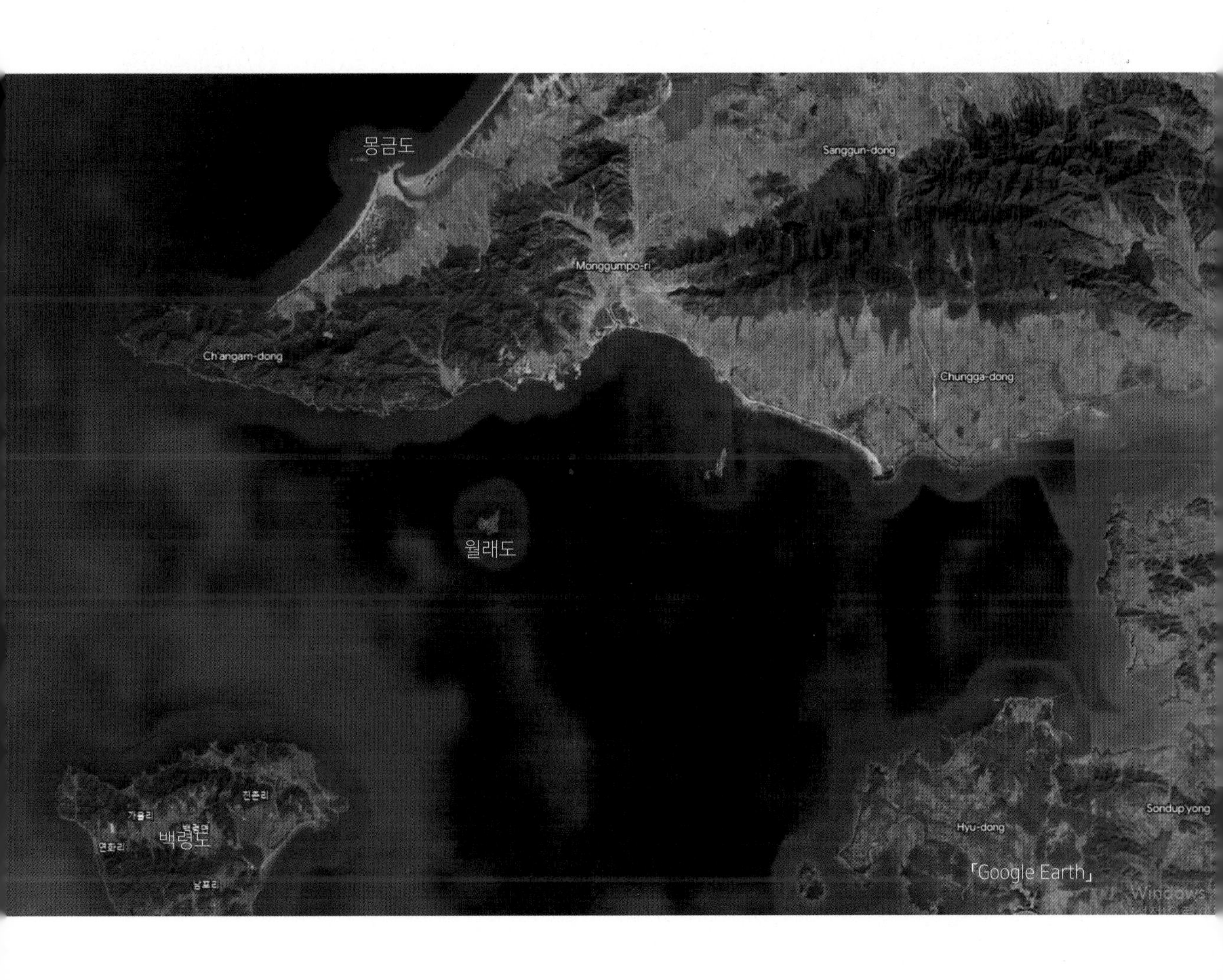

몽금도
Sanggun-dong
Monggumpo-ri
Ch'angam-dong
Chungga-dong
월래도
진촌리
가을리
백령면
백령도
연화리
남포리
Hyu-dong
Sondup'yong
「Google Earth」

1) 몽금도(몽금포) · 夢金島

"'금모래에서 놀다 보니 어느덧 석양이 지는구나!"

축복받은 천혜의 명승지

황해남도 룡연군의 몽금도(夢金島)는 면적 0.13㎢, 섬 둘레 2.1km의 작은 섬으로, 서해를 대표할 수 있는 과일군 초도와 43km, 남한의 백령도와는 33km 떨어져 있다. 몽금도(夢金島)는 원래 섬이었으나, 오랜 세월 서해의 거센 파도에 의한 퇴적작용으로 육지와 연결되면서 몽금포로 변하였다. 몽금포와 유사한 퇴적작용으로 생긴 대표적 육계도 섬과 육지 사이의 얕은 바다에 모래가 퇴적하여 사주를 만들어 연결되면, 이러한 섬을 육계도[63]는 부산의 동백섬, 제주도의 성산 일출봉, 양양의 죽도, 전북 선유도, 그리고 신의주의 다사도, 원산 영흥만의 호도반도와 갈마반도 및 충남 태안의 마검포 등이 있다.

---

63) 섬과 육지 사이의 얕은 바다에 모래가 퇴적하여 사주를 만들어 연결되면, 이러한 섬을 육계도라 하며, 사주는 육계사주라 한다. 「두산백과」

지중해에 있는 지브롤터(Gibraltar)도 여기에 해당한다.

몽금포구는 몽금도라는 섬이 있기에 가능한 것이다. 몽금포는 천혜의 항구로, 수많은 배가 이곳에 정박하면서 수산업이 발달하였다. 주위에는 황금 어장터로 조기·새우·갈치·도미·꽃게 등의 수산자원이 풍부하여 어항으로 발달하는 좋은 조건을 갖추었다.

조선 시대에는 몽금도에 아랑포영(阿郎浦營)과 조니포진(助泥浦鎭)이 있었으며 수군만호(水軍萬戶)가 한사람 배치될 정도로 국방상의 요충지였다. 서해에 출현하는 이양선을 감시하는 데 최적의 장소이기 때문이다. 조선 후기 무렵 서해에는 이양선(異樣船)들이 수시로 출몰했다.

해방 이후, 북한은 몽금포, 장산곶 지구를 경승지(국립공원에 해당) 제9호로 지정하였고, 몽금포 사구를 천연기념물 제142호로 지정하였다.

몽금포의 '몽금(夢金)'이란 의미는 우리나라의 고유한 말에서 그 유래를 찾아볼 수 있다. 우리나라 해안에 발견되는 '구미'는 물굽이, 굽이, 돌아가는 곳, 곶(串)에 해당하는데 그 표현은 한자로 仇味, 久美, 九味, 九美 등으로 나타낸다. 몽금포의 경우에는 '먼 굽이(遠구미)'가 방언으로 몬구미, 몽(夢)이라 한 자음으로 차음, 夢仇味, 말이 줄어들어 몽금(夢金)으로 불리게 되었다.서해의 푸른 바다와 바닷가에 펼쳐진 흰 모래밭, 푸른 소나무, 해당화들과 조화된 절경은 꿈에서나 볼 수 있는 정도의 드문 곳이라고 하여 '몽금포리'로 이름 지어 전해오기도 하며 모래언덕이므로 몽금포 사구라고 한다….[64]

코끼리바위, 금사십리(金沙十里), 몽금포타령이 있는 천혜의 명승지

몽금포 코끼리바위는 해안 침식작용과 풍화작용 때문에 코끼리 모양을 이루었는데, 바위 높이는 약 15m이고 코 부분의 둘레는 3m 정도 된다. 밀물 때에는 코끼리가 긴 코를 바닷물에 드리우고 물을 마시는 것같이 보인다. 몽금포 코끼리바위는 북한 천연기념물 제

64) 「한국민족문화대백과사전」

143호로 지정돼 보호되고 있다.

북한 주민들 사이에서 가장 인기 있는 해수욕장은 서해의 몽금포와 원산의 송도원인 것으로 알려졌다. 몽금포 해수욕장은 남북 2km, 동서로 8km의 흰 모래사장이 펼쳐져 있다. 모래알이 너무 작아서 맨발로 딛고 가면 발아래에서 소리가 난다고 하여 오사(嗚沙), 모래알이 맑고 깨끗하다고 하여 명사(明沙)라고 한다. 해수욕장 뒤에는 소나무가 병풍처럼 둘러서서 숲과 어우러진 해당화는 서해 최고의 명승지로 만들었다. 특히 6~7월이면 해당화가 만발하여 이른바 3 합(백사·청송·해당화)의 조화를 이루고 있다.

율곡 이이는 몽금포 해수욕장에 대해 다음과 같이 노래하였다.

"송림 사이 거닐다 보니 낮 바람 시원하고,
금모래에서 놀다 보니 어느덧 석양이 지는구나.
천년 지나 아랑의 발길 어디서 찾을 것인가?
고운 주름 다 걷히니 수평선은 더욱 멀어라."

몽금포는 이 밖에도 장산곶의 무대이며, 「몽금포타령」은 포구의 정경과 고기잡이의 생활을 낭만적으로 묘사한 노래로 전해 내려왔다.

"장산곶 마루에 북소리 나더니
금일(今日)도 상봉(上峯)에 임 만나보겠네.
에헤요 어헤요 임 만나보겠네.
갈 길은 멀고요 행선(行船)은 더디니
늦바람 불라고 성황님 조른다." 65)

칠흑 어둠 속에서 뱃길 밝혀주는 생명의 등불, 서해 등대

황해남도 서해에는 반도와 만이 많아 해안선이 복잡하다. 만들의 물 깊이는 얕고 규모는 작은 편이다. 북한 서해에는 길게 뻗은 해안에 걸쳐서 섬들과 사주들이 아주 많이 있다. 특히 간만의 차가 심하여 최고 10m 차이가 난다. 물이 빠지면 수심이 얕아지고 밑바닥이 드러나는 곳이 많아 배가 돌아가기도 하고 물이 들어오기를 기다리기도 한

65) 「한국민족문화대백과사전」

다. 만약 여객선이 통과할 때는 무정차 항해를 한다.

황해남도 해주항과 평안남도 남포항 사이에 중간에 몽금포항이 있는데 해주 몽금포 사이의 배길 거리는 99마일이다. 이 뱃길은 북한 서해안에서 굴곡이 가장 심한 곳으로 분류된다. 해주에서 출발하는 배는 해주만에서 구월포갑과 강령반도 끝에 있는 등산곶을 지나 순위도, 창린도, 기린도를 거쳐 장산곶을 돌아 몽금포에 이른다. 몽금포~남포 사이의 배길 거리는 53마일이다. 초도를 비롯한 크고 작은 섬들과 암초, 풀등 위험물이 많아 수도가 복잡하다. 그러나 수많은 등대가 설치되어 있어 배들은 안전하게 항해할 수 있다. 삶의 안내자인 셈이다.

초도 북쪽 끝에서 서남 방향으로 약 2.5마일 되는 곳에는 서도가 있는데 무역선들의 통로로 되어있다. 서도의 높이는 92m, 섬의 꼭대기에도 등대가 있다. 서도 등대는 흰색의 원형 콘크리트 탑으로서 그 높이는 8.8m, 불면으로부터의 높이는 94.2m이다. 등불은 흰색 섬광, 주기는 20초, 불빛임 거리는 20마일이다. 서도 등대로부터 북동 방향으로 약 14마일 가면 자매도 등대가 있다. 자매도 등대로부터 북쪽으로 약 4.3마일 가면 덕섬 등대가 있다. 덕섬 등대 높이는 불면으로부터 92m이고 등불은 흰색 섬광, 주기는 15초, 불빛임 거리는 10마일이다. 이처럼 서해 섬 곳곳에는 등대가 있어, 칠흑같이 어두운 밤바다에서 삶의 등불이 되어주고 있다.

63년 만에 세상에 알려진 몽금포 작전

한국전쟁이 끝난 지 70년이 된 지금까지 우리에게 잘 알려지지 않은 전투가 하나 있다. 바로 몽금포 전투이다.

황해남도의 수산기지 배치와 그 특성

황해남도의 해안은 조선 서해에 돌출되어 있으면서 굴곡이 심하고 만입부가 많으며 앞바다는 좋은 어장으로 되어있다. 그러나 황해남도의 앞바다는 남한의 해안 및 수역과 직접 잇닿아 있

[정치적 이유로 침묵을 강요당했던 몽금포 작전, 뒤늦게 공적 인정되어 천만다행]

1949년 8월 10일, 해군 인천경비부 군사고문단장 윌리엄 로버츠 준장의 전용 G 보트가 사라지는 사건이 발생했다. 조사 결과 범인은 해군 인천경비부 소속 부사관이었는데, 그가 짝사랑한 남로당 공작원 여동생의 꼬임에 빠져 벌어진 일이었다.

이에 북측 몽금포 항에 계류돼 있던 보트를 다시 찾아오기 위해 8월 17일 새벽 6시쯤 우리 해군 함정 5척이 기습하여, 북한군 5명을 생포하고 35t급 제18호 경비정까지 나포해 남하했다. 몽금포 전투는 한국 역사상 유일하게 가해진 대북 보복 공격이었다. 그러나 로버츠 준장의 전용 보트는 이미 평양으로 이동한 상태여서 되찾아오지는 못하였다.

그러나 이 전투 이후 군은 큰 곤욕을 치렀다. 미국은 주한 미 대사를 통해 '해군의 38선 월북작전'에 항의하였고, 우리 정부도 이 작전을 쉬쉬했다. 급기야 김일성은 "6·25전쟁 발원이 몽금포 작전"이라며 선전하는 등 정치적 이슈로 비화하면서, 이 사건은 발언 자체가 금기시되었다.

그러던 중, 우리 해군은 2012년 「6·25전쟁과 한국 해군작전」이란 책을 통해 비로소 몽금포 전투 기록을 해금(解禁)했다. 몽금포 작전의 실체가 공개되면서 인천 월미도에는 몽금포 작전 전적비(戰績碑)가 세워졌고, 작전 당사자들에게 훈장도 수여되었다. 만시지탄의 감은 있으나, 이렇게 뒤늦게라도 전공이 인정되어 얼마나 다행인지 모르겠다.

어 수산업 발전에 큰 장해를 받고 있다. 을 보면 다음과 같다.

황해남도에는 국영 수산부문으로 몽금포, 해주의 두 개 수산사업소와 부포(강령군), 옹진, 평화(강령군), 구미포(룡연군) 등 4개의 바다가 양식사업소가 배치되어 있다. 그밖에 협동경리부문에 32개의 수산협동조합과 100개의 협동농장 수산 반이 망라되어 있다.

황해남도는 전국 수산물 생산량의 9.5%를 차지하며 생산량에서 서해지구 도들 가운데서 첫 자리를 차지한다. 그러나 황해남도 수산물 생산에서는 물고기 아닌 수산물의 생산이 기본을 이루고 있다. 황해남도는 물고기 생산의 전국적 비율이 1.1%밖에 되지 않으나 물고기 아닌 수산물 생산의 비율은 34.97%로서 도들 가운데서 첫 자리를 차지한다.

강령반도 앞바다와 옹진만은 바다 밑 지형, 물 온도, 기상조건, 기타 자연 지리적 및 해양학적 특성으로 보아 바다나물 양식에 매우 유리한 조건을 가진다. 부포, 옹진은 전국적으로 제일 큰 다시마, 미역, 김 등 바다나물 양식기지이다. 황해남도에서 많이 잡히는 물고기는 까나리, 맥개, 멸치 등이다. 주요 수산기지는 몽금포이며 이곳에는 냉동공장이 있다. 해주에는 선박공장과 어구공장이 배치되어 있으며 기타 수산기지에는 배 수리소들이 꾸려져 있다.

황해북도의 수산기지 배치

황해북도는 직접 바다를 끼고 있지 않으나 재령강과 대동강 하류에서 물고기를 잡고 있다. 송림에는 국영 수산사업소가 있고 사리원을 비롯한 4개소에 협동경리기업체가 있으며 그밖에 23개의 협동농장 수산 반이 있다. 개성시에도 4개의 수산협동조합과 8개의 협동농장 수산 반이 조직되어 임진강 어구와 인접 바다에서 물고기를 잡고 있다. 대동강을 끼고 있는 평양시에는 강남, 낙랑을 비롯하여 5개의 수산협동조합과 24개의 협동농장 수산 반이 있다. 66)

66) 「북한지리정보」, 공업지리, 1988

▲ 몽금포 항 앞바다의 어선들

몽금도 앞바다에 나타난 이양선

카를 귀츨라프(1803-1851, 폴란드 태생, 루터교 목사)는 1832년 7월 17일 한국에 온 첫 번째 기독교 선교사였다. 그는 마카오에서 영국 동인도회사와 용선 계약을 맺고 507t의 범선 '로드 애머스트호'에 통역관 자격으로 승선했다.

1832년 7월 17일 오전 10시경 귀츨라프 일행에게 조선의 연안이 눈에 들어왔으며 오후 5시경에는 처음으로 조선인들과의 우호적인 만남이 있었다. 귀츨라프가 타고 있는 앰허스트 호가 조선에 최초로 정박한 곳은 몽금포 앞바다의 몽금도(대도) 앞이었다.

통영관 귀츨라프는 조선에서 제일 처음 만난 어부들과 필담을 나누었는데 장산을 가리키며 위치를 묻자 어부들은 '장산'이라고 글자를 써 주었다고 한다. 조선 후기에 황당 선들이 심심 않게 교역을 위하여 조선에 드나들었지만, 실제 이들은 국가 안보에 크게 위협하는 존재는 아니어서 묵인하거나 돌려보내는 실정이었다.

이 배는 다시 남하하여 뱃길을 따라 외연도(7월 21일)-녹도(7월 22일)-불모도(7월 23일)-고대도(7월 25일) 순으로 항해하였다. 특히 고대도(古代島)는 귀츨라프가 8월 12일 그곳을 떠날 때까지 선교기지의 역할을 했다. 고대도를 기점으로 하여 근처 도서와 내륙까지 선교할 수 있었으므로 한국 선교사적으로 큰 의미를 지닌 섬으로 기록된다.

또한, 이 배는 조선에 통상을 요구했던 최초의 서양 선박으로 기록되었다. 귀츨라프가 순조 왕을 위해 준비한 진상품에는 지리, 천문, 과학서 외에 천, 모직물, 망원경, 유리그릇 등의 선물이 있었고 중요한 것은 한문 성경 한 권과 기독교 전도 책자들이었다. 특히 한문 성경은 '신천성서'(神天聖書)인데, 이 성경은 중국어로 된 최초의 신구약 완역 성경으로 킹 제임스 성경의 중국 번역으로 귀츨라프의 동역자 로버트 모리슨 선교사가 1823년 말라카에서 출판한 21권 낱권을 선장본으로 엮어 한 권으로 만든 성경이었다.

귀츨라프가 고대도를 중심으로 펼

친 선교 활동은 문화적 중개 활동으로 이어졌다. 선교하면서 귀츨라프는 조선 언어를 통한 소통에 대한 필요성을 절감하게 되었다. 7월 27일 귀츨라프는 오랜 설득 끝에 고관의 비서 양이(Yang-yih)로 하여금 한글 자모 일체를 쓰게 하였다. 또한, 그에게 한문으로 주기도문을 써주면서 읽게 하고, 이를 한국어로 번역하게 하였다.

한 달간 서해안 지역을 선교한 후 8월 17일에 애머스트 호는 제주도 연안에 도착했는데, 귀츨라프는 제주도가 지리적 특성 때문에 일본, 조선, 만주 그리고 중국을 잇는 선교기지로써 적합할 것으로 보았다. 제주도에서 얼마나 머물렀는지 정확한 기록은 없으나 잠깐 머물고 간 그는 제주도가 동방 선교의 기지로 확신했다.

홍콩으로 간 후 조선에게는 자신에 대한 자신의 방문이 효과 있는 선교의 결실, "이 외딴 나라에 좋은 씨가 뿌려졌고, 머지않아 영광스럽게 싹이 돋아날 것이고, 열매가 맺힐 것"이라고 기대했다. 1851년 8월 9일 48세의 일기로 홍콩에서 숨졌고, 홍콩 공원묘지의 기독교 구역에 안장되었다. 홍콩에는 그의 이름을 딴 귀츨라프 거리가 있다. 보령시는 한국 최초의 기독 선교사 칼 귀츨라프 188주 기념대회를 2020. 7. 26 열었다. 귀츨라프는 1832년 한국에 온 첫 번째 개신교 선교사인 칼 귀츨라프(1803-1851)의 조선 선교 방문은 순교한 토마스 선교사보다는 34년, 의료 선교사 알렌보다 52년, 언더우드와 아펜젤러 선교사보다 53년이나 앞서 한국을 방문한 최초의 선교사이다….

「굿모닝 귀츨라프」, 오현기

2) 육도(오작도)

"사진은 살아있는 역사의 초고(草稿)"

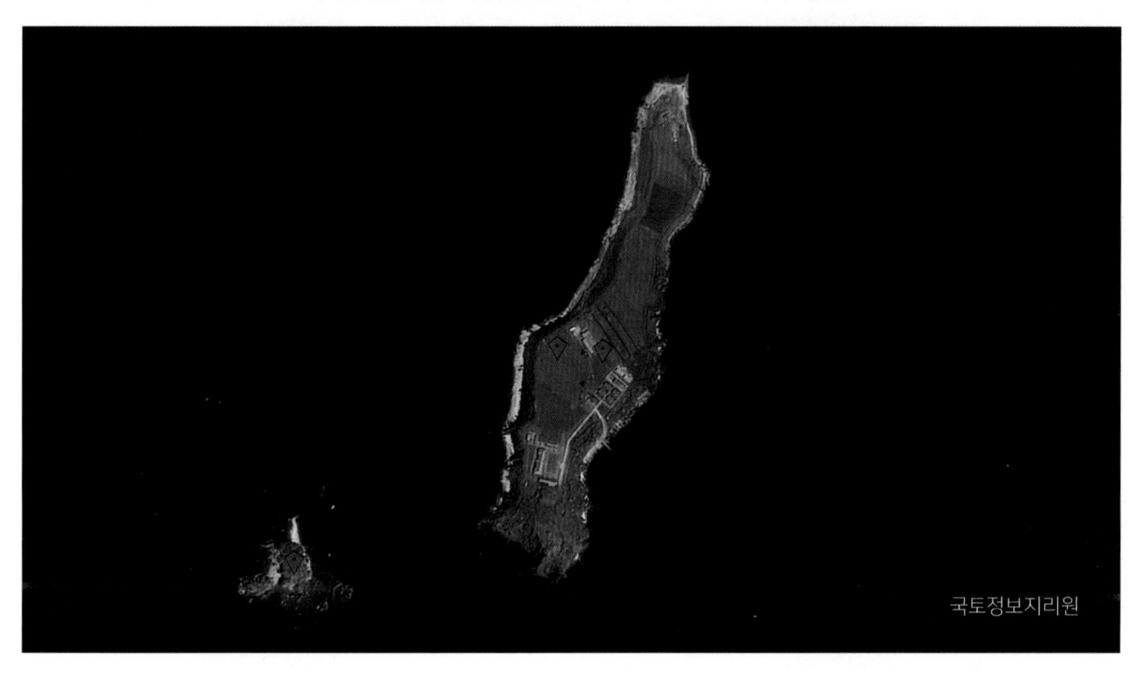

[개괄] 육도(오작도)는 황해남도 용연군에 속한 조그만 섬이다. 섬 둘레 2.82km, 면적 0.204㎢, 산 높이 42m, 경도 124° 56', 위도 38° 04'에 위치한다. 북한과의 거리는 2.2km, 백령도와 21km이다. 육도의 부속 섬 오작도는 물이 빠지면 육도와 하나가 되고 물이 들어오면 각각 독립된 섬으로 변한다. 이 두 섬의 숨겨진 이야기가 지난 2013년 7월 4일 사진 몇 장으로 인하여 세상에 공개되었다.

8240부대 부부대장 최희하 유격군

청량리에서 노숙자들을 위한 밥퍼 목사로 유명한 최일도 목사의 아버지 고 최희화 씨는 6·25 전쟁 당시 서해의 여러 섬을 거점으로 유격전을 펼쳤던

▲ 북한에 네 번 이상 침투한 대원에 '휘장'… 8240부대원 수백 명 중에 일부 부대원들이 단상 앞에서 가슴에 휘장을 달고 꽃다발을 들고 서 있다. 워낙 전사자와 실종자가 많다 보니 네 번 이상 침투해 생존한 대원에게 미군 측에서 휘장을 달아줬다고 한다. 이 사진은 1952년 3월 월내도에서 찍은 것으로 추정 /최일도 목사 제공

▲ 최일도 목사, 최일도 목사 아버지와 어린아이는 최일도

8240부대 부부대장이었다. 황해도 장연에서 1922년 2월 5일에 태어난 최희화 씨는 반공 투사로서 중공군 개입 후 육도에 들어와 게릴라 전투를 벌이면서 구사일생으로 살아난 분이다.

2013년 7월 4일 최 씨가 남긴 기록 사진 24장을 최 목사가 언론에 공개하면서 우리의 아픈 역사가 일부 드러났다. 최 목사가 공개한 문서 중 하나는 “최희화를 부산에 보내니 교통편을 제공하라”는 내용의 문서가 나왔다. 군번이 없고 북한 말투를 쓰는 유격대원을 아군이 의심할까 봐 일종의 ‘통행증서’를 발급한 사실을 기록해 놓은 것이다. 최희화 씨의 아들 최일도 목사는 “전사(戰史)에 기록이 없어 아버지 친구분들로부터 말로만 듣던 아버지 참전 사실을 이렇게 확인하게 되다니 꿈만 같다.”라고 했다.

이 기록 사진은 최희화 씨가 작고한 뒤 보관해오다 정전협정 60주년을 앞두고 공개하였다. 최 씨는 현순옥 씨와 1948년 5월 5일 결혼했다. 현 씨는 황해도 송화군 대지주의 딸이었는데 "북한군이 부자라는 이유로 오빠들을 죽창으로 찔러 죽이고 탄광으로 보내 모두 행방불명이 됐다"라고 말했다.

최 씨는 1951년 1월 중공군의 개입으로 유엔군이 서울까지 후퇴하자 장연 치안대에서 활동 중에 건너편인 백령도로 철수했고, 그해 3월 8240부대 소속인 동키 4부대(일명 백호부대) 대원이 됐다. 당시 동키 부대원들은 대부분 북한 출신으로 섬에 가족들을 데려와 함께 살았다고 한다. 동키 4부대는 황해남도 지역의 섬인 월내도, 육도(오작도), 마합도, 남포의 초도 등에 기지를 두고 활동했다. 최씨는 내륙에서 2.24㎞ 떨어진 육도를 전초기지 삼아 유격전을 펼쳤다.

최 목사는 아버지가 낙하산을 타고 북한을 스무 번은 넘게 갔다고 하는 말을 들었다. 부인 현 씨는 "남편이 인해전술로 나오는 중공군을 당할 수 없어 한 번은 죽은 척 누워 있었는데 중공군이 시체들을 밟으며 생사를 확인했는데 기적적으로 살아남았다는 거야."

전쟁사에 따르면 동키 4부대는 휴전을 한 달 정도 앞두고 유엔군 지시에 따라 월내도, 육도, 초도 등에서 대청도로 철수했다. 당시 육도(오작도)를 사수하던 8240 부대원들과 최 씨는 전우들의 피로 사수한 섬인데 이렇게 그냥 내줄 수 없다며 모두 통곡했다고 한다. 최 씨는 전쟁이 끝나 민간인 신분으로 되돌아간 다음, 사업을 하다가 최 목사가 중학교 3학년 시절 1971년 7월 10일 심장마비로 사망했다. 최 씨는 맥아더 사령관에게 상으로 받았다는 권총한 자루를 가족들에게 남겼다. 부인 현 씨는 "남편이 사망 직후에 불법 무기류를 자진 신고해야 한다고 해서 권총을 명동파출소에 맡겼다"라고 했다.

우발적 무력 충돌 예방, NLL 설정

유엔군 사령관 클라크 대장은 1953년 8월 30일 남한과 북한의 우발적 무력 충돌을 예방하기 위해 NLL을 설정하면서 백령도 등 5개 도서를 북한지역의 중간선으로 결정했다. 국방부는 "당시 클라크 사령관은 유엔군이 점령했던 서해와 동해의 섬들을 모두 고수할 경우 북한 코앞에 있는 북한 섬들 때문에 무력 충돌과 함께 국력 낭비로 생각하고 유엔군이 담당했던 점령한 대부분 섬을 북측에 양보했던 것이고 육도(오작도)도 그중의 하나" 라고 하였다.

당시 해군력이 거의 전무 상태인 북한은 이 NLL이 울타리가 돼 유엔군 측의 해상봉쇄 위협에서 벗어날 수 있었다는 것이다. 북한은 NLL이 설정된 다음 20년 동안 아무런 이의 제기하지 않다가 1973년부터 NLL을 부정하기 시작했다. 1959년 북한 조선통신사가 공식 발간한 '조선 중앙연감'은 NLL을 군사 분계선으로 표기해 이를 인정하기까지 했다. 당시 8240부대는 정전협정에 따라 현재의 서해 5도를 제외한 나머지 섬에서 모두 철수했다. 철수할 당시에 수많은 해병대와 유격군들은 울분을 토하면서 약소국가의 서러움을 삼킬 수밖에 없었다.

▲ 오작도 선돌

3) 월래도·달래섬

"긴장과 적막이 공존하는 충돌의 진앙지"

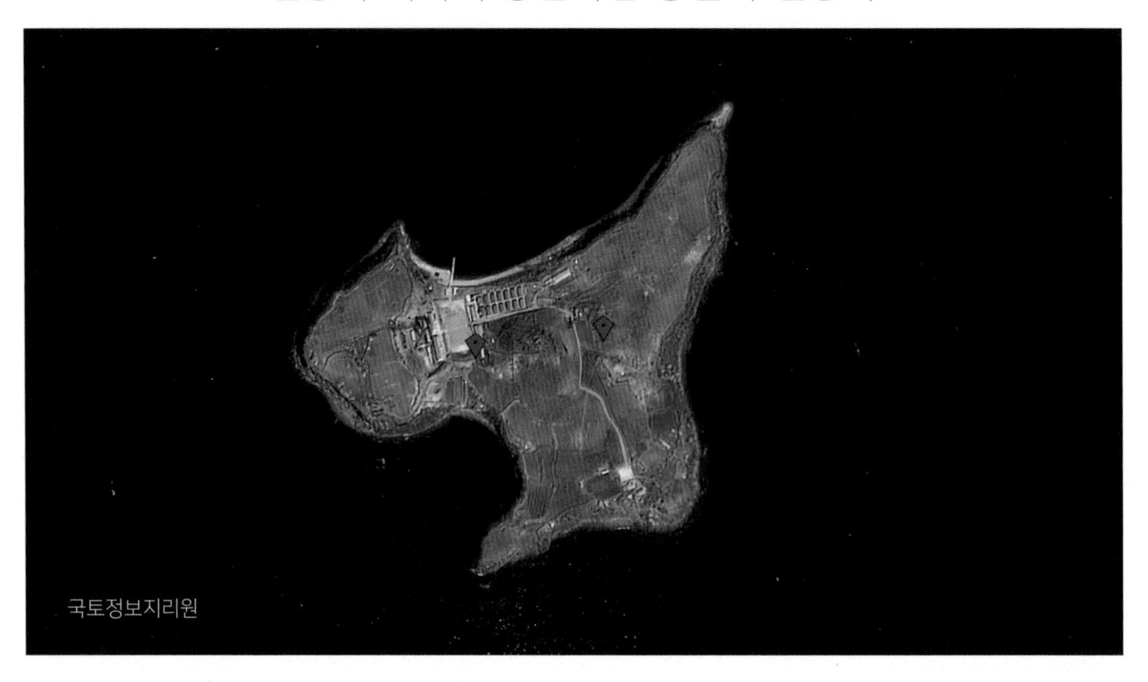
국토정보지리원

[개괄] 월래도는 작은 섬이다. Google Earth」로 측정한 해안선 길이는 3.9km, 크기는 0.44 ㎢이다. 북한 섬 중에서 남한의 백령도와 가장 가까운 거리에 있다. 백령도 옹기포 항에서 월래도까지는 15km 남짓에 불과하다.

백령도 바로 코앞이 장산곶이고, 백령도는 북방한계선(NLL)까지 5km 떨어져 있다. 백령도 바로 우측에 월래도, 마합도, 기린도, 비압도가 줄지어 서 있다. 모두 북한 땅이다. 연평도는 북방한계선(NLL) 불과 3.4㎞, 북한 섬인 석도와는 채 4㎞도 떨어져 있지 않다.

우리나라 서해 최북단의 섬, 백령도에서 북한 땅까지의 거리는 10km가 채 되지 않는다. 인천항에서 백령도 용기포항까지의 직선거리는 194㎞이다. 하지만 여객선은 북방한계선(NLL) 때문에 약 28㎞를 더 돌아 222㎞를 주간에만 운항한다. 북방한계선에서 불과 3㎞

에 거리에 있어, 안전을 위하여 멀리 돌아갈 수밖에 없다. 인천과 백령도의 거리를 보면 월래도가 얼마나 백령도와 가까운지 알 수 있다.

▼ 월대도 방어대를 시찰 한 후 출발하는 김정은 위원장

남북 분단 이전에는 백령도와 월래도 사람들은 자주 왕래하였다. 월래도는 수산물이 풍성해 어업으로 생활하는 민가가 여러 채 있었다. 한국전쟁 당시 주민들이 백령도로 피난 갔다가, 이제나저제나 돌아갈 수 있을까 기대하며 살아왔지만, 지금은 허망한 꿈이 되었다. 지금 월래도는 북한의 군사기지로 변해 있다.

백령도 심청각에서 바라보는 월래도는 손에 잡힐 듯 시야에 들어온다. 월래도는 북한 김정은 국무위원장이 세 차례나 방문한 곳이다. 그만큼 전략적으로, 군사적으로 중요한 섬이라는 의미이다. 멀리서 보는 월래도는 마치 거대한 군함 같기도 하고, 커다란 고렇게 같기도 하다. 월래도 근해에는 북한과 중국어선이 그물을 내리고 조업하고 있고, 지척에는 한국 해군 경비정이 주변을 순찰하고 있다. 겉으로 보기엔 한없

이 평화로운 곳이다.

▲ 긴장과 적막이 항상 공존하는 월래도. 흡사 군함 같기도 하고 고래 모습 같기도 하다.

▲ 서해에서 불법으로 조업하는 중국어선들. 해양경찰청 제공

월래도 특수임무 수행 중 순직한 14위 영령

지난 2022년 5월 10일, 백령도 진촌면에 있는 '해군 14 용사 충혼비' 앞에서 해군 첩보대 14위 추도 행사가 거행되었다. 이 자리에는 행사 관계자들과 유가족 등 100여 명이 모여, 1950년 3월 25일 월래도 탈환 작전 중 순직한 14명을 추모하였다.

1950년 3월에 남한은 백령도 코앞에 있는 월래도를 탈환하기 위해 해군 첩보부대 소속 특수요원 16명을 보냈으나, 작전 중 유격대장을 비롯한 대원 14명이 장렬하게 전사했다. 당시 단 두 명만이 극적으로 생환했으나, 나머지 14명은 시신도 수습하지 못했다. 이후 시신을 찾기 위하여 해군 함정이 출동했으나, 확전이 우려됨에 따라 성과 없이 귀환했다.

▲ 대한민국 특수임무 수행자들이 훈련 중 촬영한 단체 사진 /사진 제공=대한민국특수임무유공자회 인천시지부

07. 은률군

1) 능금도(陵金島)

"장거리 컨베이어 수송선은 기념비적 창조물"

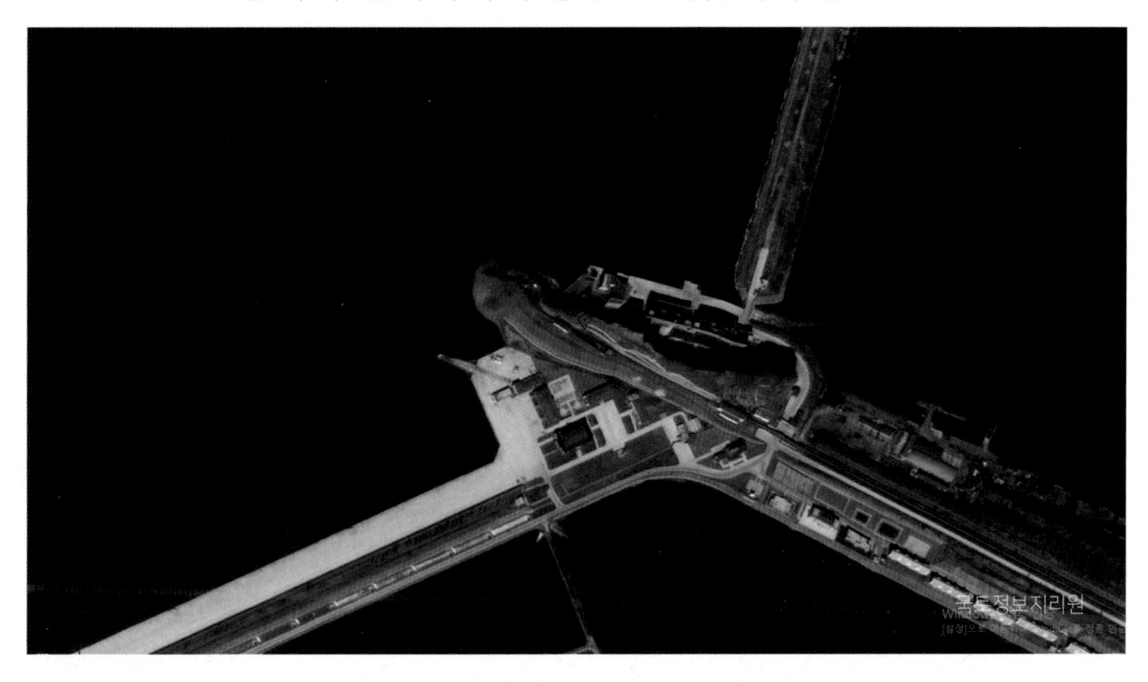

[개괄] 능금도는 황해남도 은률군 철산리 서북쪽에 있는 섬으로, 능금이 잘 된다 해서 붙여진 이름이라도 한다. 면적 약 0.1㎢, 섬 둘레 1.6km로 장거리 컨베이어가 통과하고 있다.

대동강 어구 좌안 지구의 웅도 간석지는 철산리 코와 능금도 사이(2,100m), 능금도와 웅도 사이(1,800m), 웅도와 청량도 사이(350m), 청량도와 월사리 사이(850m)의 연 5,100m의 제방을 막아 1986년 말에 개간하였으며 그 면적은 3,200여 정보나 된다.

웅도 간석지가 개간됨으로써 능금도, 웅도, 청량도가 육지와 연결되어 뭍으로 되었으며, 구불구불하던 해안선이 곧게 펴지고 또 하나의 포구가 없어져 나라의 면모는 몰라보게 달라졌다.지금까지 대동강 어구 좌안 지구에 해당하는 은천군, 은률군, 과일군, 장연군, 룡연군에서는 136.5㎞의 해안방조제를 막아 총 1만 1,997.6정보의 간석지를 개간하였다. 개간된 간석지는 농경지로 8,067.6정보, 소금밭으로 3,207정보, 저류지로 137.5정보, 양어장으로 1정보, 기타 건설부지로 584.5 정보를 이용하고 있다. 앞으로 이 지구에서는 40㎞ 정도의 해안방조제를 건설하여 5,715 정보의 간석지를 개간하게 된다. 67)

은률광산의 대형 장거리 벨트콘베아 수송선

은률광산 청년 광구로부터 과일군 월사리로 뻗어 나간 이 대형 장거리 벨트콘베아 수송선은 대 기념비적 창조물이다. 황해 제철련합기업소의 생산 능력을 정상화하는 데서 은률광산의 광석 보장 문제가 매우 중요한 자리를 차지한다.

『1975년 6월 1일 은률광산 대형 장거리 벨트콘베아의 1단계 공사를 완공하였다. 청년 광구로부터 능금도까지 2.1㎞의 장거리 벨트콘베아가 건설되어 연간 1,500만 톤의 버럭을 나르게 되었다.

금산포로부터 능금도까지 2.1㎞의 벨트콘베아 수송선에 뒤이어 능금도에서 다시 웅도(곰섬)까지 장거리 벨트콘베아를 놓고 계속하여 웅도와 청량도 사

67) 「북한지리정보」, 간석지(1988)

이, 청량도와 과일군 월사리 사이의 바다를 막고 연결하도록 제2단계 공사를 계속하였다. 우리의 노동 계급의 헌신적인 노력 투쟁 때문에 제2 계단공사가 완공되었다. (중략)

제2단계 공사가 끝난 오늘 은률광산 대형 장거리 벨트콘베아 수송선에 의하여 능금도와 서해리(은률군) 사이의 제5호 제방(3,940m)을 막는 제3단계 공사가 진행되고 있다. 이 공사가 끝나면 약 1,500정보의 새 땅을 더 얻어내게 된다. 대형 장거리 벨트콘베아 수송선의 건설은 채취공업을 추켜세워 나라의 전반적 인민 경제 발전에서 일대 비약을 일으키는 대자연 개조의 위업을 실현한다.』

「북한지리정보」, (간석지) 1988

북한 언론 속의 「능금도」

능금도 간석지 방조제 공사 적극적으로 추진

- 황해간석지건설사업소에서 -

「노동신문」 2011.10.3. 김창길 기자

황해간석지 건설사업소에서 능금도 간석지 방조제 공사를 힘 있게 다그치고 있다. 조국의 대지를 넓혀나간다는 자랑과 긍지를 안고 일어선 일꾼들과 건설자들은 지난 5월 말과 9월 초 꼭 필요한 돌을 얻기 위한 발파를 성공적으로 진행해 나가면서 계속 간석지 방조제 공사를 이어 나가고 있다.

능금도 간석지 건설은 또 하나의 대자연 개조사업이다. 육지와 섬을 연결해야 하는 방조제 공사 과제는 방대하다. 이 공사가 완공되면 은율군에 많은 면적의 새 땅이 생겨난다. 이 일대는 물을 가두는 저수지 조건이 유리하다. 저수지 물길공사만 하면 논 벼농사를 안전하게 지을 수 있다. 또한, 이 일대에서는 물길공사만 잘하면 장마철 큰물에 의한 피해를 받지 않고 농사를 지을 수 있다. 당국에서는 간석지 건설 목표를 높이 제기하고 힘 있게 벌리면서 대중을 만년대계의 창조물을 일으켜 세우기 위한 투쟁으로 힘 있게 불러일으키고 있다.

일꾼들의 방조제 공사를 위한 중심 작업은 돌 생산을 늘리는 데 있다. 여기에 군대가 동원되어 바위 발파를 한다. 기술자들이 서로의 창조적 지혜와 힘을 합쳐 실정에 맞는 발파 방법을 받아들이는 데 힘을 모았다. 그래서 발파로 얻은 이 돌을 공사장으로 부지런히 실어간다.

돌을 충분히 보장받은 건설자들은 간석지 방조제 공사를 성과적으로 해내는가 못 해내는가 하는 것은 자기들에게 달려 있다고 하면서 긴장한 전투를 벌이고 있다. 방조제 공사를 맡은 운수 직장 일꾼들과 건설자들은 자기 자신의 힘을 다하여 헌신성을 높이 발휘하여 공사성과를 확대해나가고 있다. 그들은 여러 가지 운송 수단들을 효과적으로 이용하면서 방조제 공사에서 혁신을 창조해나가고 있다. 간석지 방조제 공사의 성과가 오를수록 일꾼들과 건설자들은 더욱 높은 목표를 제기하고 자력갱생의 정신을 더욱 높이 발휘하고 있다.

▲【출처】 통일부 「북한정보포털」에 수록된 「노동신문」 2011.10.3일자 보도내용 재구성

▲ 능금도, 웅도, 청량도를 잇는 간척 공사

2) 웅도(熊島)

"초가(草家)와 송림(松林)이 둘러싼 은율 8경"

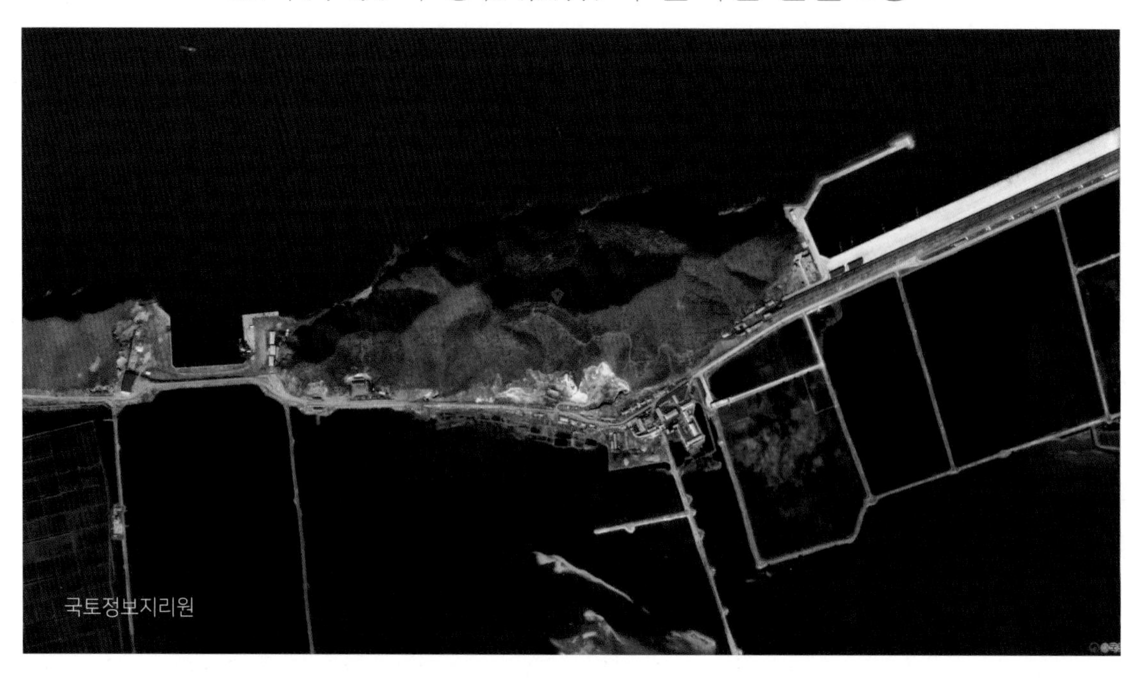

[개괄] 황해남도 은율군 해안선은 이도반도(二道半島)와 말전곶(末箭串) 및 그사이에 작은 많이 만입해 심한 리아스식 해안을 이루며, 앞바다에는 석도(席島)·청양도(青洋島)·웅도(熊島)·능금도(陵金島) 등이 있다.

골짜기 따라 초가(草家)와 송림(松林)으로 둘러싸인 은율 8경

웅도(熊島)는 은율군 삼리의 서북쪽에 있는 섬이다. 곰처럼 생겼다 하여 웅도 또는 고염도 섬이라고도 부른다. 현재 육지와 잇닿아져 있다. 구글 위성사진으로 측정해 보니 섬 둘레는 3.7km, 면적은 약 0.8㎢ 정도이다.

이곳 사람들은 웅도를 '곰녬', 바로 옆에 붙어 있는 청양도를 '청양이'로 부르곤 하였다. 이 두 섬은 은율읍에서 30

리쯤 떨어져 있고 육지에서 5리도 채 안 되는 가까운 지점에 나란히 있다. 섬 전체가 긍정적인 어촌으로 골짜기를 따라 초가가 모여 있고, 주위는 송림이 둘러싸고 있는 풍경으로 '은율 8경'으로 지정되었다.

부근은 정기 연락선의 항로이고, 청양도에는 철산 저광소가 있어서 금산포로부터 기선이 목선 15~16척씩을 끌고 다녔고, 광석은 다시 대형 수송선에 실려 나갔다. 주위에는 어전도 많아 많은 생선을 쉽게 잡았는데 예전에는 국방의 요새였다. 현재 북한에서는 금산포 광산을 현대화하면서 박토를 컨베이어로 운반하여 청양도, 웅도, 능금도, 근처에 간척지를 조성했다.

웅도 구월산에는 1012년에 쌓은 산성의 유지가 남아있는데, 고려 시대 거란·홍건적·왜구 등이 서해를 침입하는 일이 잦아 축성한 것이다. 웅도에는 수군만호 영의 진과 요망 병(瞭望兵) 파견 초소가 있었다. 웅도 옆 청양도에는 관영어살이 설치되어 하루 두 번 썰물 때면 큰 고기들이 수없이 살에 걸렸다. 관청에서 관리했기 때문에 '관살'이라고도 한다.

해안은 갯벌이 넓어 큰 배가 닿을 수 없으나, 웅도와 청양도를 잇는 부근의 바다는 수심이 깊어 대형 선박의 항해가 쉽다. 주요 수산물은 민어·맛조개·낙지·갈치 등이며, 특히 맛조개와 수박은 특산물로 유명하다. 맛조개는 이 지방에 독특한 것으로, 조선 시대에는 왕실의 진상품이었다. 68)

한국전쟁과 웅도 현장

동해안과는 달리 서해안은 섬들이 많아서 게릴라들의 활동무대가 되었다. 전쟁의 마지막 18개월은 38선 근해의 섬들을 장악하기 위한 대결이었다. 점령한 몇 개의 섬에 유엔군은 유엔 항공기들의 통제를 위하여 레이더를 설치했다. 일부 서해안 섬들은 손상을 입은 아군 항공기들의 조종사를 탐색하고 구출하는 기지로 사용하였다. 일부 섬들은 정보수집을 위하여 사용되었다. 서해안 작전은 동해안과는 달리 섬을

68) 「한국민족문화대백과사전」

지원하는 작전이 많았다. (중략)

1951년 2월, 유격대는 식량에 큰 타격을 받게 되자 이를 해결하기 위해 송화군 월사리반도 상륙작전을 감행하였다. 대원들은 야간에 석도로 집결하여 목적지에 무사히 상륙하였다. 이어 월사리, 학계리, 석탄리에 있는 적을 기습하여 31명을 사살하였고, 포로 17명은 해군 62함에 인계하였다. 기습을 받은 적은 시체와 장비를 유기한 채 도주하였다.(중략)

적이 도망가자, 대기하고 있던 비무장 대원들이 양곡과 무기를 수집하여 선박에 가득 싣고 웅도로 철수하였다. 이 작전으로 많은 장비와 물자를 노획한 유격대는 부대 정비와 훈련을 계속하였으며 또한 각지에서 모여드는 청년들을 규합, 부대를 증편해 감으로써 전투력이 증강되었다.

「유격전사 275면」

량 확보와 농우(소)

미군의 보급을 받기 전 식량문제를 타개하기 위해 좌익 빨치산들의 '보급투쟁'과 같은 양곡이나 재봉틀 등 다른 물품을 노획하기 위한 '소도(小盜) 작전'을 시행했다. 이를 '김일성 보급'이라고 불렀다. 추석날 제사를 지내기 위해 누룩, 쌀, 소, 돼지, 향나무도 있었다. 다른 유격전의 경우처럼, 제8240부대 본부에서는 적으로부터 보급품을 획득할 것을 계획했다. 공산군 측으로부터 더 많은 보급을 확보하기를 원했다. 이는 미군의 보급 부담을 줄이는 대신에 적들에게 보급 부족을 일으키기 위한 것이었다. 370) 특히 중국이나 소련에서 보급된 물품은 적들의 전투 수행 능력을 향상하기 때문에 이를 차단하려고 하였다. 사령부에서는 유격부대에 적의 부품을 노획할 수 없거나 지역 협조자들에게 줄 수 없을 때는 파괴하도록 지시하였다. 371) 이러한 방침에 따라 가축과 식량도 많이 노획했다. 특히 농우의 노획이 두드러진다. 1952년 6월부터 1953년 3월까지 597두의 소를 노획했다. 이러한 '약탈' 행위로 북한 주민에게 피해를 주고 심리작전에 나쁜 영향을 주었다는 인식도 있었지만, 당시 유격대에서는 '인민군의 트럭을 먹고 있다'라고 생각했다. 왜냐하면, 북한군들은 기동력이 없어서 소달구지로 탄약과 식량 등 군수물자를 수송하는데 이용되는 소를 노획하거나 없애는 것은 그들의 주요한 수송수단을 파괴한다는 뜻이다. 또한, 북한군이 달구지 동원령을 내리면 많은 양민이 달구지로 일선까지 군수물자를 수송하면서 폭격으로 인한 사상자가 많이 발생한 탓으로 주민들 사이에 소가 원수라는 말이 생길 정도였다. 372) 소·쌀 등을 빼앗았으나, 이것은 가족부양이나 부를 축재하기 위한 것이 아니라 대원들의 식량을 확보하기 위함이었다. 373) 이때 북한 주민들에게 양곡을 나누어 줄 수 없었다고 한다. 왜냐하면, 북한 측은 양곡을 받은 주민들을 사살하는 등 처벌을 했기 때문이었다. 374)

출처 유격 전사 p222-223

북한, 간석지개간 등 새 땅 찾기 안간힘

쌀은 곧 사회주의라는 구호에서도 나타나는 것처럼 북한은 식량은 식량 자급자족을 자력갱생의 우선적 과제로 추구해 왔다. 따라서 간석지개간은 북한의 '자립경제' 달성에 중요한 몫을 담당하고 있다.

압록강 하구에서 예성강 하구에 이르는 서해안 지역은 간석지개발에 비교적 유리한 조건을 갖추고 있다. 연해의 수심이 얕고 간만의 차이가 크며 압록강, 청천강, 대동강, 예성강 등 강, 하천들로부터 토사 등이 운반 퇴적되고 있는 데다 서한, 광량, 대동, 해주 등 굴곡이 큰 만과 철산, 장산, 옹진 등의 반도가 잘 발달해 간석지개간에 좋은 입지 조건을 갖고 있다.

대표적인 개간 후보지는 황해남도 청단군 용매도 간석지, 옹진-강령지구 간석지(5만2천 정보) 은율군 웅도 간척지(3만 3천 정보), 평남 온천군의 석치 간석지(1만4천 정보) 광량만 간석지(3만 3천 정보), 평북 철산군의 대계도 간척지, 그리고 곽산군의 장도 간석지 등으로 현재 개간사업이 추진되고 있거나 완공 단계에 있다.

지난해 물막이 공사로 완공된 장도 간석지의 경우 방파제 길이가 9km에 이르며 이 공사의 완공으로 연안에 흩어져 있던 가도, 와도, 조도, 요도, 등 8개 섬이 육지화되어 섬 사이의 육로 개설로 교통이 원활하게 되었다. 또 북한은 이를 바탕으로 부근의 3만3천 정보에 이르는 가도 간석지개발 준비 사업과 신미도를 육지와 연결하기 위한 제방 건설 사업을 적극적으로 추진하고 있는 것으로 알려졌다. (내외통신 종합판 33호)

황해남도 은율군 웅도 간척지 사업은 북한이 대외적으로 자랑하는 건설 사업으로 꼽는다. '70년도에 착공된 이 공사는 금산포에서 시작하여 능금도, 웅도, 청양도의 3개 섬을 연결, 월사리까지 폭 169m, 길이 9km에 이르는 제방을 쌓아 3천3백여 정보의 농경지를 조성하는 것으로, 은율 광산에서 금산포까지 60km의 구간에 컨베이어 벨트를 설치해 광산에서 나오는 박토를 실어 날라 바다를 메우고 있다는 점을 크게 선전하고 있다.

「한겨레신문」 1986.4,23

북한 언론 속의 「웅도」

웅도 간석제 제방 마감막이를 완공

- 황해간석지 건설종합기업소 건설자들 -

「민주조선」 1986.11.18 박정택 기자

웅도 간석지 건설자들이 최근 드높은 혁명적 열정과 전투적 기백을 안고 웅도 간석지 제방 마감 막이 공사를 끝내는 커다란 성과를 이룩하였다. 당국의 대자연개조공사 구상을 높이 받들고 그들이 짧은 기간에 금산포와 능금도, 웅도, 청량도, 월사반도를 하나의 제방으로 연결함으로써 3,200정보의 새 땅을 얻게 되었다. 당국은 굴착기와 불도저, 끌배, 끌림배, 강재와 시멘트 등 간석지개간에 필요한 설비와 자재를 제 때에 생산하여 공급해 주도록 하였다. 이에 끝없이 고무된 웅도 간석지 건설자들은 웅도 간석지개간 사업을 짧은 기간에 끝낼 대담한 목포를 세우고 자체 힘으로 부딪히는 애로와 난간을 용감하게 이겨내면서 간척지 건설을 빠른 속도로 밀고 나갔다.

제3·4호 제방 건설을 맡은 황해간석지 건설종합기업소 건설자들과 지원자들은 당국의 요구에 맞게 채석장의 돌과 콘크리트를 대대적으로 생산하여 육지와 섬, 섬과 섬을 연결하는 만년대계의 제방을 연 이어 쌓아 나갔다. 수심이 수십 미터나 되고 물살이 센 제3호 제방의 마지막 개골 막기는 가장 힘겨운 전투였다. 밀물과 썰물 때마다 밀려드는 산 같은 파도는 쌓아놓은 제방을 단숨에 삼켜 버리듯이 기승을 부렸으며 개골 깊숙이 파헤치곤 하였다.

하지만 제3호 제방 건설자들은 조금도 주저하지 않았다. 그들은 서해갑문 건설자들이 발휘한 불굴의 투쟁 정신과 투쟁 기풍을 본받고 서로의 힘과 지혜를 모아 수심이 깊고 물목이 좁으며 물살이 빠른 자연조건에 맞는 새로운 시공 방법과 기술을 연구하고 그것을 대담하게 받아들여 간석지개간 속도를 더욱 높여 나갔다.

그들은 배수문 건설을 빨리 앞당겨 끝내야 제방 마감 막이 공사를 성과적으로 할 수 있다는 높은 자각을 안고 대중적 기술혁신을 힘있게 벌려 수십 건의 가치 있는 기술 혁신안을 건설에 받아들임으로써 공사 기간을 계획보다 훨씬 앞당겨 끝냈다. 그들은 만년대계의 시설들을 건설한다는 뜨거운 마음을 안고 정성을 다해 일했다.
이렇듯 웅도 간석지 건설자들의 영웅적 임무 투쟁 때문에 가장 어려운 제방 마감 막이 공사를 성과적으로 끝내고 바닷물의 흐름을 완전히 차단하였다. 저 멀리 서해의 검푸른 파도를 막으며 거연히 일어선 수십 리 제방, 간석지개간으로 이루어 놓은 3,200정보의 넓은 벌이 바다 기슭에 끊임없이 펼쳐져 있다. 이런 대공사가 성공리에 마감되어 자랑스러운 창조물을 만들어 낸 것은 조국과 후손들을 위한 훌륭한 결실이다.

▲【출처】통일부 「북한정보포털」에 수록된 「민주조선」 1986.11.18일자 보도내용 재구성

3) 호도

"양면 해수욕장에서 휴식하는 단꿈에 젖어"

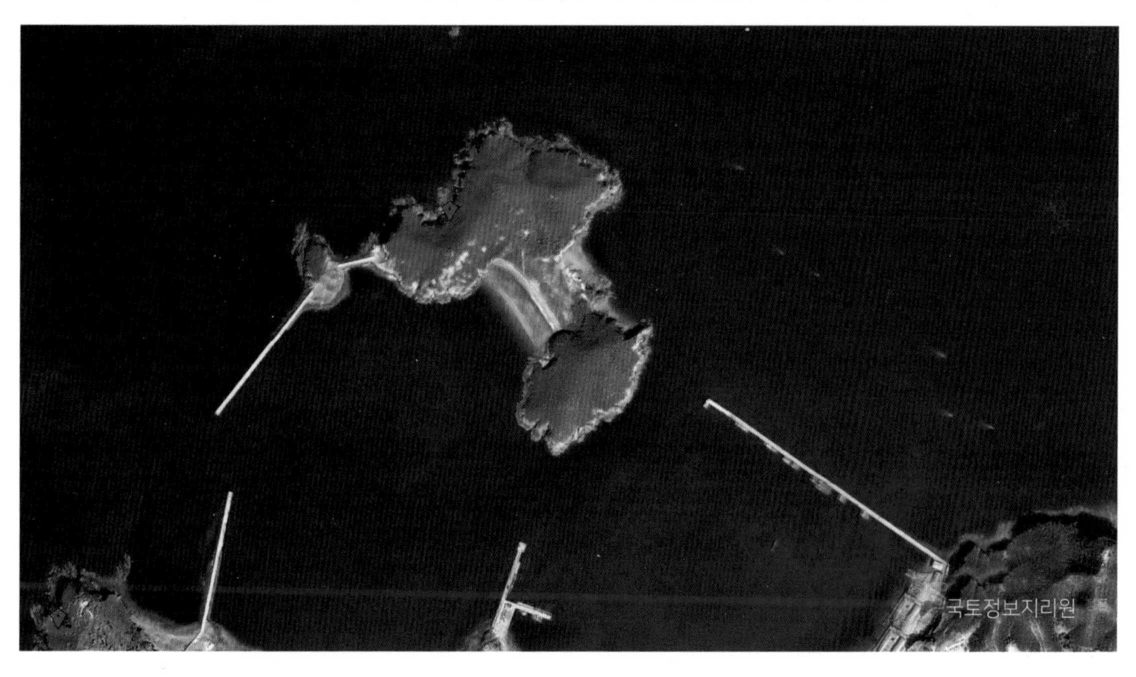

양면 해수욕장이 있는 멋진 섬 호도

호도는 과일군 월사리의 서북쪽에 있는 섬으로, 호두알처럼 생긴 섬이라 하여 호도라 하였다. 과일군은 북한 최대의 과일 생산지이며 과일 가공기지가 있어 이름조차 과일군이다. 「구글어스」로 크기를 측정해 보니 호도 면적은 약 0.3㎢, 섬 둘레 3km 정도 된다. 온통 바위들로 이루어진 섬으로서 바닷새들의 서식지로 되어있다. 섬 앞에 쥐 바위가 있다.

호도 좌측 4km 전방에는 석도, 우측 10km 근해에는 초도가 있고, 6km 북동쪽에는 웅도와 청량도 간척지가 있다. 호도는 이런 섬들의 중간에 있는 관계로 어느 섬보다 어족 자원이 풍성하다. 초도, 석도, 진강포, 호도를 중심으로 어업이 활발하여 조기·민어·가자미·갈치·새우·까나리·전어·오징어 등

의 어획량이 많다.[69)]
구글 위성사진으로 자세히 들여다보면 군사 시설물들이 보인다. 긴 방파제도 보이지만, 막상 배들은 한 척도 보이지 않는다. 호도의 특징은 양면 해수욕장이다. 양면이 모래가 있으므로 피서를 즐기는 사람들은 이런 해수욕장을 선호한다. 호도 해수욕장의 이름을 호도·양면 해수욕장으로 해도 좋겠다. 통일되면 양면 해수욕장에서 한가로이 휴가를 즐기고 싶다.

세곡선들의 길잡이 호도 해역

과일군의 남쪽은 장연군과 접해 있다. 과거 장연군의 서해 바닷가에 안란창(安瀾倉)이 건설된 다음부터 황해도 전역의 세곡을 모아 고려의 개성까지 운반하는 조운의 중심이 된 것이다. 이처럼 바닷가 곳곳 중요한 지점에 창고를 만들어 놓고 세곡을 거두어서 수도로 보낸다.

당시 세곡은 왕실 최대의 금고였기 때문에 국가적인 관리를 하였다. 세곡운반선과 수군의 군선을 건조하기 위해 나무를 베어서 배를 만들고 이 배가 삼남 지방의 세곡을 수도로 나른다. 돛을 달고 바람에 의하여 가는 풍선인 조운선과 어선, 물화를 실은 배들 출입이 석도 호도와 초도 해역을 지나서 개경의 왕실과 중앙 귀족들에게 공급되었다.

세곡선들이 지나가다가 바람이 많이 불거나 안개가 끼면 섬과 섬 사이에 안전하게 정박한다. 또 조류가 역류하면 가지 못하기 때문에 물때를 기다리는 곳도 섬이다. 등대가 없던 시절 세곡선들은 반드시 섬들을 목표로 삼고 조금씩 조금씩 앞으로 나아간다.

19세기 최대의 발명은 증기 기관차인데 여기서 착안하여 증기선이 나왔다. 오늘날 동력선은 바다를 항해하는데 획기적인 전기를 마련하였고 섬사람들이 육지 나들이를 하는데 교통이 편리해 졌다. 무엇보다도 안전하고 시간을 단축하는데 일등공신이다.

69)「조선향토대백과」, 평화문제연구소 2008

08. 청단군

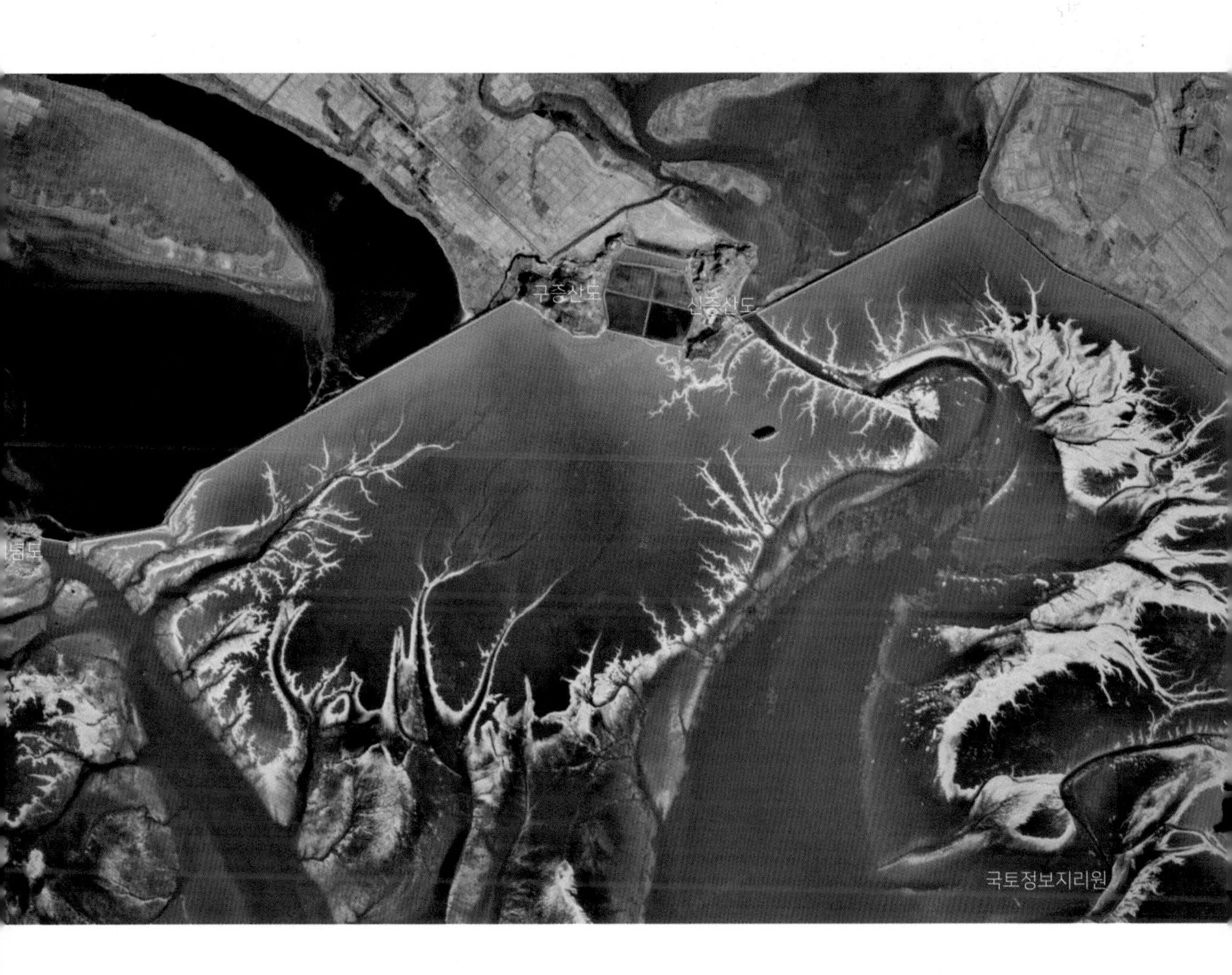

1) 여념도

[개괄] 여념도는 황해남도 청단군 신풍리의 동남쪽 바다에 있는 섬으로 면적 0.1㎢, 섬 둘레 2km이다. 물이 빠지면 온통 주위가 갯벌로 둘러싸여 있다. 그 갯벌 위에는 배들이 여러 척 떠 있다. 항만으로서는 적합하지 않지만, 어장이 풍성하여 많은 사람이 살고 있다.

황해남도 연안군「9.18 저수지」

『9·18 저수지는 황해남도 연안군의 서남부에 있는 저수지로, 여념도·구증산도·신증산도를 막아서 만들었다. 만수 때 면적은 30.2㎢, 둘레는 51.1km, 길이는 11.2km, 최대너비는 3.3km이다. 집수구역 면적은 472㎢다.

해방 직후 관계를 위하여 만의 두 끝부분에 각각 제방을 쌓고 북한에서 특수한 고인물빼기용 저수지를 건설하기 시작하여 1981년 8월에 완공하였다. 9.18 저수지 건설에서는 이 지구의 지형조건과 물모임 특성을 고려하여 구증산도와 여념도에 배수갑문을 나누어 배치하였다. 특히 여념도 배수갑문은 기본 개굟의 류심방향과 잘 맞추어 배수갑문을 배치함으로써 유입과 방출이 잘 진행된다.

저수지 주변은 신양산(55m) 등 야산들이 군데군데 솟아 있으나 대체로 평야로 되어있다. 야산들에는 주로 소나무와 잡관 목이 분포되어 있다. 저수지 일대의 연평균강수량은 1,226.4mm이며 그의 60% 정도가 여름철에 내린다.

기본 물 원천은 집수구역 안의 강수와 구암호, 광명 저수지의 물이다. 저수지로 유입되는 화양천, 어사천 등은 정상수량이 많지 않으나 비가 오면 갑자기 유출량이 많아진다. 가뭄 때에는 잡아둔 물을 양수기로 퍼 올려 주변 논밭을 관개하고 비가 많이 올 때는 언제의 물넘이 구역으로 미리 물을 다 빼버려 저수지를 비워두었다가 논밭에 고인 빗물이 유입되게 한다.

9.18 저수지가 건설됨으로써 지난날 물에 잠기던 연안군과 청단군의 3,500여 정보의 논이 고인물 피해로부터 보호되게 되었으며 1호 및 2호 저수지 구역 안에서 600여 정보의 논을 새로 얻어 이용할 수 있게 되었다. 청단 관개에서 중요한 물 원천을 이루는 9.18 저수지는 청단군과 연안군의 논밭 17,600여 정보를 관개한다. 저수지에서는 잉어, 초어, 기념어(백련), 화련어 등 어류를 양식하고 있다.』

「조선향토대백과」, 평화문제연구소 2008

▲ 바로 여염도의 근처 연백평야에서 수학한 농산물, 수확한

2) 용매도(龍媒島)

"용매도 말린 세우는 최고의 효자 수산물"

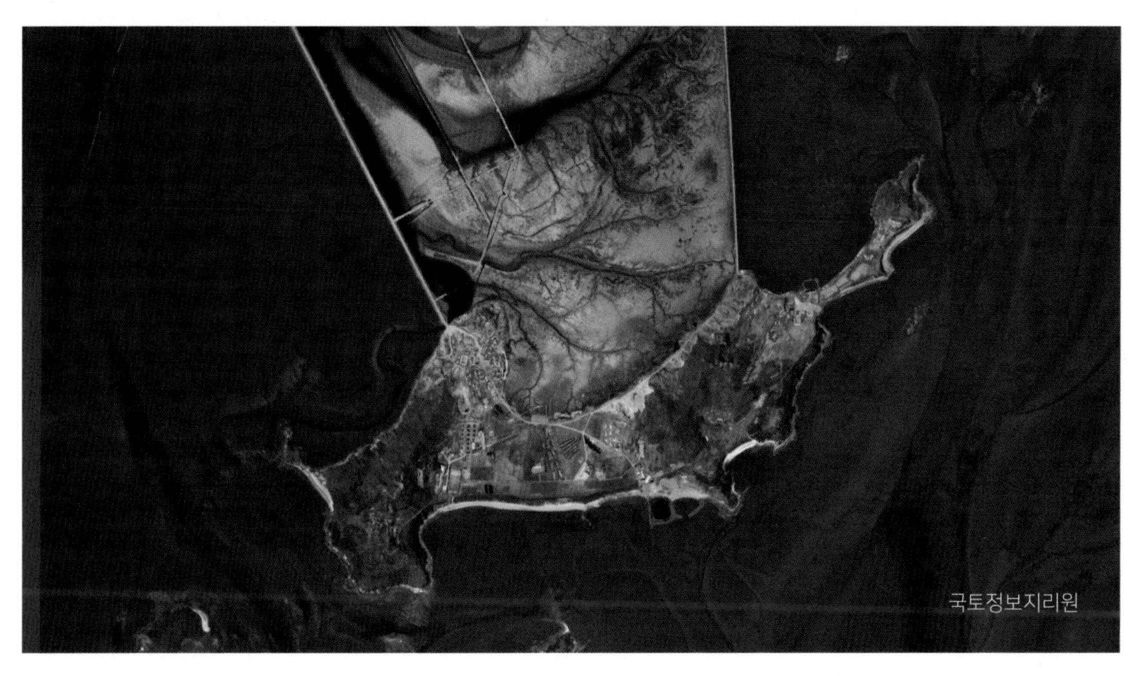

[개괄] 용매도(龍媒島)는 황해남도 청단군 소속으로 남해안 해주만 어귀 앞에 있는 섬이다. 면적 2.2㎢, 섬 둘레 11.9㎞, 동서 길이 3.5㎞, 남북 길이 0.8㎞, 가장 높은 곳은 101m이다. 황해도 도청 소재지인 해주시로부터 남쪽으로 1백 리 떨어진 해주만(海州灣) 청룡반도 끝에서 다시 물길로 6㎞쯤 떨어져 있었다. 동서 방향으로 길쭉한 지형으로 최대 길이는 5㎞ 정도밖에 안 되는 작은 섬이지만, 섬 중심부에 있는 점듸산은 해발 100m나 되어 제법 우뚝하였다. 용매도는 진동리, 온동리, 한정동 등 크게 세 마을로 나뉘어 있다

해방 직후 섬 안에 9백여 가구, 3천 명이나 되는 인구가 살고 있었는데 그 중에 어업에 종사하는 청년들이 8백여 명이나 있었다고 기록되어 있다. 70)

70) 「龍媒島誌」, 용매도민회 1997

특히 청년조직이 발달하여 단합이 잘 되었는데, 운동회나 각 마을 대한 각종 대회에서도 모범적인 마을이었다. 하루에 두 번씩 물때에 따라서 십 리가 넘는 갯벌 길이 드러났는데, 어른들은 이 길을 따라 자전거나 우마차를 타고 갯벌을 건너다녔다. 갯벌 길은 걷는 데만 한 시간 반 정도, 자전거로 20분 이상 걸렸다. 물때를 모르고 건너다가 밀물이 들어오면 큰 낭패를 당하기 쉽고, 특히 겨울에는 시간을 잘 맞추어서 다녀야만 했다.

섬 이름의 유래는, 한동리 정상에 올라가 보면 진동산과 온동산이 황룡이 뒤틀어져 암룡과 숫룡이 맺어 있는 모양이라고 해서 용매도(龍媒島)라고 칭했다고 한다. 청년들은 해변을 걸어서 바위산에 올라 바위틈의 팬 곳을 요새로 삼아 전쟁놀이도 하며 즐겼다. 섬의 서쪽 끝 대당산 초입에는 7~8미터 높이의 큰 바위산이 있었는데 봉우리가 둘로 갈라져 '가란지바위'라고 부르던 이곳이 놀이터였다.

용매도 주위에는 크고 작은 섬이 있다. 여러 부속 섬 중에 육읍도라는 섬은 물이 빠지면 용매도와 연결되는 곳이다. 겨울철에 아낙네들이 건너가 굴과 바지락을 캐오면 수입이 좋았다. 용매도에 기반이 되는 바위는 화강암, 화강편마암이다. 중부와 남부에 100m 미만의 구릉들이 있으며 이곳에는 소나무·참나무·아까시나무등이 자란다. 구릉 기슭에는 과수원이 있다. 71)

지정학적으로 매우 중요한 섬 용매도

용매도는 비록 작은 섬일지 몰라도 지정학적으로 꽤 중요한 곳이었다. 바다에서 황해남도 해주와 육지로 들어가는 관문 역할을 했기 때문에 일찍이 이곳에 군진이 설치되었다 한다. 옛 동헌이나 봉화대 같은 유적지가 그때까지도 남아있다. 연평도와 해주를 이어주는 지리적 위치 때문이다.

바다가 넓은 해주만에서 어선들이 조

71) 「조선향토대백과」, 평화문제연구소 2008

업을 마치고 물때와 상관없이 자유롭게 드나들기에는 갯벌의 끝에 솟아 있는 용매도가 최적의 포구였다. 자연히 용매도는 해주항 다음으로 관내에서도 가장 큰 어항으로 자리를 잡았다. 용매도는 지형적으로 경제의 요충지일 뿐만 아니라 군사적 요충지 역할을 했다.

용매도는 1953년 휴전협정으로 북한으로 넘어간 이후 섬 전체가 군사기지로 요새화되었다. 이것은 안보보다는 경제적인 이유로 인하여 농토를 늘리기 위해서 간척사업을 벌여왔던 것으로 여겨진다. 이 같은 지정학적 중요성 때문에 한국전쟁 때도 남북은 용매도를 서로 차지하기 위하여 사력을 다했으나 결국 휴전이 되면서 북한의 차지가 됐다.

용매도 '말린 새우'는 최고의 효자 수산물

용매도 근해 어장에서는 6~7월에 새

龍媒島 漁港의 鮟鱇網漁船團

우가 많이 잡혔다. 젓새우는 서해안의 바닥이 뻘인 얕은 바다에 많이 서식하기 때문이다.

동아일보 1932년 7월 2일 자는 "해주군 청룡면 룡매도는 새우의 산지로서 해마다 생산량이 10여만 원에 달한다고 한다. 그런데 지금이 막 새우의 어획시기인데 금년도는 특히 기후의 순조로 예년에 없는 풍산(豊産)을 보게 되어 앞으로 생산 예상 고가 평년보다 약오 할 이상이나 증가 될듯하다고 한다." 라고 보도했다.

당시 노동자 하루 평균 임금이 80전(1원=100전)이었으니 엄청난 생산량인 셈이다. 새우는 일반적으로 소금에 절여서 젓갈을 담가 먹지만 용매도 사람들은 물에 삶아 말린 뒤 중국과 일본에 수출하기도 했다. 말린 세우는 가루로 만들어 '미원'처럼 국물에 타서 먹으면 맛이 아주 좋았다고 한다. 용매도에는 1920~30년대 새우 건조 작업장이 40~50군데 정도였다고 한다. 용매도의 특산물 새우젓은 한강 마포나루로 팔려 간 다음 다른 지역으로도 유통됐다.

용매도 간석지 3, 4구역 공사, 2년 만에 완공…. 1만 3천 정보 새땅 마련

▲ 홍건도·용매도간석지 전경(사진=노동신문/뉴스1). 북한 평안북도와 황해남도 간석지건설종합기업소의 건설자들이 홍건도간석지 2단계를 완공하고 용매도간석지 3,4구역건설을 끝에 1만3,000여 정보의 새땅을 마련했다고 조선통앙통신이 1일 보도했다. 통신은 상보를 통해 "평안북도의 동림군 안산리에서 선천군 신미도, 황해남도 청단군 신생리에서 신풍리까지 연결시키며, 제방을 따라 대륜환선도로가 형성됐다"고 전했다. 간석지건설은 김일성 주석과 김정일 국방위원장의 유훈을 철저히 관철하며. 후손만대의 행복과 나라의 융성번영을 위한 만년대계의 애국사업을 추진했다.

[꿈에도 그리운 고향 용매도]

서해안 황금어장에서 조기와 꽃게 새우를 비롯해 철 따라 풍부한 어류가 고깃배에 실려 들어왔을 뿐 아니라, 무한히 펼쳐진 갯벌에는 조개류가 풍부했다. 특히 해방 후 개량조개가 많이 잡혔는데, 한 물때만 나가 잡아도 5~6만 원은 거뜬히 번다는 소문이 나면서 인구가 배나 늘었다고 한다. 농지도 없고 사업 밑천도 없이 빈손으로 돈을 벌어야 하는 사람들에게 풍부한 갯벌은 하나의 기회였을 것이다. 젊은 층이 많고 경제가 안정되어서였는지, 용매도 사람들은 자식을 잘 기르기 위한 교육열도 높았다. (중략)

용매도는 일찍부터 해주만으로 들어오는 관문으로 지정학적 중요성도 있어서 고려 시대 이후에는 해안 경비를 위한 군진이 들어오고 봉화대가 설치되기도 했던 곳이다. 현대에 와서도 6·25전쟁과 함께 중요한 역할을 많이 했다. 육지와 바다를 연결하면서 각종 정보를 수집하거나 군수물자를 연결하거나 유격 활동의 전초기지로서 최적지였기 때문이다.

전쟁 말기인 '53년 초부터 휴전이 이뤄지던 7월까지는 자유대한민국을 지키려는 마을 청년들의 자발적인 무장항쟁이 이어지기도 했다. 그러나 북한 땅과 단 6㎞ 떨어진 섬 하나를 민간인 청년들만의 힘으로 지켜낼 수는 없었을 것이다. 결국, 휴전과 함께 내 고향 용매도는 적의 수중에 떨어지고, 그로부터 70년 가까운 세월을 다시는 돌아갈 수 없게 되고 말았다. (중략)

아예 꿈도 꿀 수 없을 만큼 거리가 멀다면 잊기가 좀 쉬울까. 용매도는 강화도의 군사 전망대에서 망원경으로 살필 수 있을 만큼 가까운 거리에 있다. 지척에 고향을 두고도 70년 가까이 다시 밟아볼 수 없다는 것은 천추에 아쉬움이 남는다. 이제라도 왕래할 수 있게 되는 날을 하루도 빼놓지 않고 기도하고 있다.

박상순 전 황해도 도지사 「회고록」

▲ 용매도 출신 전석환 선생, 바로 뒤에가 용매도, 전석환 선생은 고향인 용매도와 가장 가까운 보름도에 살면서 통일이 될 날만을 기다리고 있다. 전 선생은 연세대 작곡가 출신으로 70~80년대 건전 가요 부르기로 유명한 분이다

최전방 섬마을에 일심의 화원을 가꾸어가는 원예사
황해제철연합기업소 용매도 광산 지배인 이명철 동무

노동신문 2014, 10, 7 림현숙 기자

용매도는 서해의 조그마한 섬이다. 바로 여기에 나라의 귀중한 광물을 생산해 내는 광산이 있고 그 종업원들이 친형제처럼 서로 돕고 이끌며 다정하게 살아가는 광산 마을이 있다. 또한, 여기에 우리의 이야기의 주인공이 있다. 광물 증산의 동음을 높이 울리며 최전선의 섬마을을 혁신의 일터로, 일심의 화원으로 꾸려가는 황해제철연합기업소 용매도 광산 지배인 이명철 동무이다. 소박하고 성실하고 뜨거워 광산 마을 사람들이 우리 지배인, 우리 섬마을의 가장이라고 부르는 이명철 동무이다.

8년 전 이명철 동무는 용매도 광산 지배인으로 임명받았다. 광산이 설립되고 첫걸음마를 뗀 지 불과 얼마 안 되어 고난의 행군, 강행군을 겪은 광산이었다. 그 후 얼마간의 진전이 있었으나 광산의 생산은 낮은 수준에 있었다. 광산의 생산 토대도 빈약하였다. 새 설비들도 더 갖추고 기술 개진도 하여야 하였다. 건설도 하고 광산종업원들의 기술기능 수준도 높여야 하였다. 그는 낮과 밤을 잊고 살았다. 종일 만능 삽차를 운전하면서 광물을 펴 올렸고, 밤이면 신광설비의 기술 개진을 위해 기술 서적들을 붙들고 씨름을 하였다. 한 달에 보름은 중앙과 도, 연관 단위들에 나가 살았다. 이렇게 애를 쓴 결과 광산의 생산량이 많아지기 시작하였다. 이명철 동무가 지배인으로 임명된 2년 만에 광산은 연간 광물 생산 계획을 훨씬 넘쳐 수행하였다. 그로부터 두 해 후에 또다시 종전보다 배로 높아진 인민 경제 계획을 넘쳐 수행하였다. 그들은 더 높은 목표를 내세웠다. 종전의 5배가 되는 광물 생산 목표였다. 이명철 동무는 선광장에 붙어살다시피 하였다. 높아진 광물 생산 목표를 수행하자면 결정적으로 선광 설비 능력을 높여야 하였다. 어떻게 하면 선광 능력을 높일 수 있겠는가, 그의 머릿속에는 오직 이 생각뿐이었다. 선광 설비의 요소요소를 제 몸의 구석구석처럼 파악하고 있는 그는 길을 걸으면서도, 잠자리에 누워서도 선 광설비의 기계적 원리와 성능을 놓고 연구에 연구를 거듭하였다. 과학연구기관들과의 연계도 강화하였다. 그 나날에 그는 선광용테불사별기를 연구하여 국가발명권을 받은 것을 비롯하여 진동사벌채불교제에서 조립식 방법의 적용, 비닐 배관에 의한 자력선별기급강 방법의 도입 등 여러 건의 창의 고안을 하여 선광 설비의 능력을 종전의 몇십 배로 생산을 높이는데 크게 이바지하였다. 한쪽으로는 광산의 물질적 토대를 강화하기 위한 건설도 판을 크게 벌였다. 그러던 몇 해 전 어느 날 큰 장맛비에 산비탈이 깎기 우면서 조구통이 떨어져 내렸을 때였다. 즉시 조구통을 들어올리기 위한 전투가 벌어졌다. 기중기도 없었고 작업 구간은 협소하였지만, 노력 끝에

일을 마칠 수 있었다. 광산은 날마다 흥하는 기업으로, 더욱더 흥할 날을 위하여 모두가 한마음 한뜻으로 뭉쳐나 가는 것이 필요하다.
그는 어머니처럼 종업원들 마음의 구석구석까지 헤아리고 들어가서 일한 결과 그전보다 성과가 얼마나 좋은지 모르겠다며 웃었다.

▲ 고향을 위해 기부하시는 최금녀 여사, 좌측 두 번째 이진규 함경남도 도지사

3) 육읍도

"섬 가득 펼쳐진 건하장(乾蝦場)이 장관이로세"

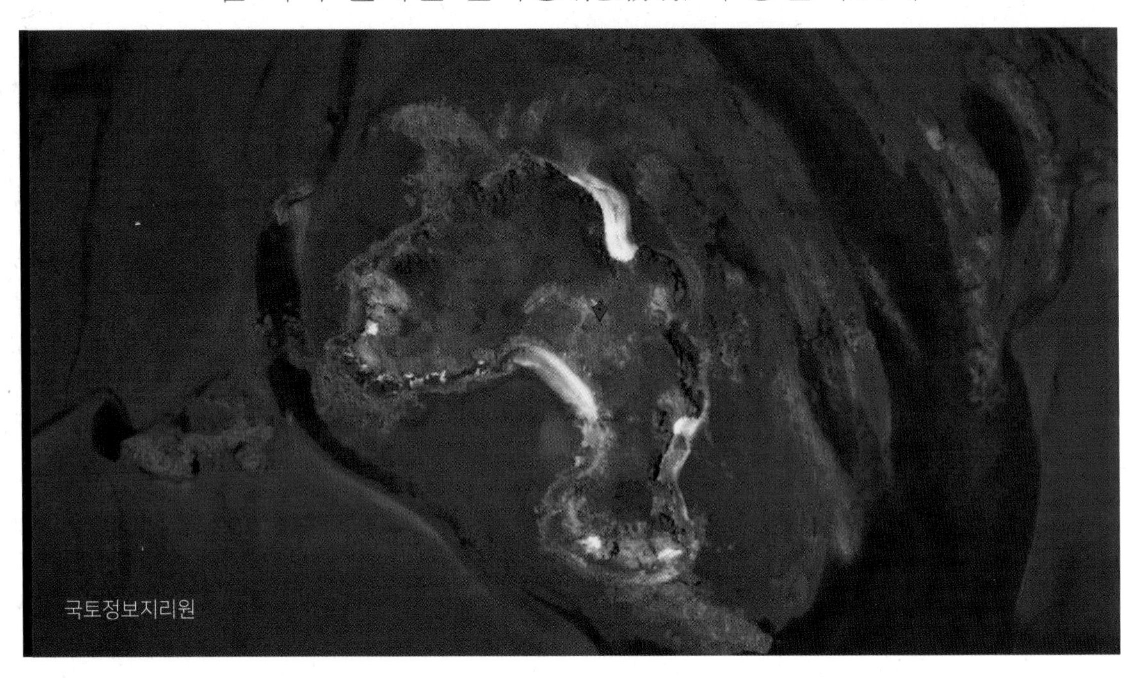

[개괄] 육읍도는 황해남도 청단군 해주만 어귀 앞 용매도(龍媒島)의 부속섬이다. 면적 0.2㎢, 섬 둘레 2km, 용매도와 거리는 800m이다. 청단군의 남쪽과 남서쪽은 황해와 접하고 있는데 앞바다에는 용매도, 제미도, 여념도, 육읍도, 거북섬, 우도, 돌섬 등을 비롯하여 59개의 크고 작은 섬이 있으며, 해안선의 굴곡은 심한 편이다.

육읍도는 바다와 접해 있는 유리한 조건으로 수산업도 발달했는데 조기, 갈치, 도미, 숭어, 전어, 삼치, 농어, 조개 등이 많이 잡힌다. 용매도, 대수압도, 소수압도 주변 바다는 주요 어장으로 알려져 있다. 예성강과 한강 하류의 기수역에서 물고기들이 많이 잡히고 그 고기들은 맛이 좋다.

꿈엔들 잊힐리야 – 용매도 출신 실향민 차氏 이야기

『차학원 씨(81세)는 용매도 온동리에서 태어났다. 용매도의 여러 부속 섬 중에 육읍도는 물이 빠지면 육지가 되고 물이 들어오면 섬으로 변한다. 겨울철에 아낙들이 이곳에 가서 며칠씩 자연산 굴이나 바지락을 채취해서 해주 장에다 팔면 수입이 괜찮았다. 용매도 아줌마들이 육읍도에 여러 날 묵어가면서 글과 바지락을 잡는 곳이라고 해 '묵골'이라고 불렀다.(중략)

차 씨는 묵골에서 조금 살다가 장봉도로 피란을 나왔다. 묵골 서남쪽의 무인도인 귀염도, 소렴도에는 쭈꾸미가 많이 잡혔다. 밤에 여러 개의 빈 소라 껍데기를 줄에 매달아 바다에 던져 놓으면 쭈꾸미가 자기의 집으로 착각하고 소라 껍데기에 들어오면 잡았다.

육읍도는 노인네 한두 분밖에 안 사는 작은 섬으로 해산물 천지였다. (중략) 용매도 앞바다 어장에서는 6~7월에 새우가 많이 잡혔다. "모든 해산물이 흔하지만 그중에서 젓새우가 최고로 유명했지. 그때 마을 어르신들이 마른 새우와 젖새우 등 각종 해산물을 가지고 한강을 거슬러 마포나루까지 팔러 나가기도 했어"라고 말했다.

차 씨는 고향을 잊어본 적이 없다. 인천에서 배를 타고 들어가는 섬 신도에 자리 잡은 것은 고향 용매도에 대한 그리움 때문일지도 모른다. 나이가 들어갈수록 고향이 더 그리워진다. 이제 신도에 다리를 놓아 영종도와 연결된다고 한다. 이 다리가 완성되면 다리를 건너서 강화도까지 달려가 고향 용매도를 바라보며 마지막 소원인 통일을 빌어보고 싶다.』

2017-11-3「경인일보」

▼ 고향 용매도에 대한 그리움은 갈수록 깊어진다.
「경인일보」

4) 저미도(低尾島)

"자기희생으로 역사의 소임을 다하고 사라지다"

[개괄] 저미도는 황해남도 청단군 청룡면 신풍리에 있는 섬이다. 청단군 최남단에 있는 청룡면은 동북쪽으로는 삼탄천과 어사천이 흐르고, 동남·서·남쪽은 서해에 면하고 면 전체가 낮은 평야 지대를 형성한다. 서해 연안은 굴곡이 심하고 갯벌이 넓어 간척사업에 유리하다. 제미도는 청단군 신풍리의 서남쪽에 있는 섬. 꼬리처럼 가늘게 생겼다. 저미도(低尾島)라고도 한다. 1979년에 간척된 이 섬은 면적 4정보, 방조제 길이 0.17km, 농경지 4정보로 용매도와 방조제가 계속 이어진다….

해주만 지구의 간석지개간

해주만 지구에서는 104㎞의 방조제를 막아 이미 8,000여 정보의 간석지를 개간하였다. 이 가운데 청단군은 4,273정보, 강령군은 2,370여 정보, 벽성군은 969정보, 해주시는 414정보를 개간하였다. 이렇게 일군 간석지를 농경지(6,771정보), 저류지(1,249정보), 소금밭(8정보) 등으로 이용하고 있다.

해주만 지구는 자연 지리적 특성과 개간조건을 고려하여 강령반도 남부지구 간석지(남창, 갈천포), 강령반도 동부지구 간석지(부포, 해암도, 황고포, 사연), 횡포 지구 간석지, 구월 반도 서부지구 간석지(읍천, 용매도, 대수압도) 등 크게 4개의 개간 대상지구로 나눈다.

용매도 간석지는 북서-남동 간의 길이가 약 30㎞이고 너비는 10~15㎞나 된다. 이 간석지는 해주만 좌안에 깊이 들어간 지대에 위치하여 있고 동남쪽 끝에는 구월 반도에서 용매 열도가 북동~남서 방향으로 놓여 있어서 동남쪽으로부터 불어오는 바람을 막고 조수 흐름을 억제하므로 간석지의 형성에 유리하다.

해주만 지구의 간석지를 개간하자면

대략 708만㎥의 석재와 3,647만㎥의 산 흙, 70만㎥의 콘크리트 부재가 필요하다. 조사자료에 의하면 이 지구에는 여러 곳에 채석장과 흙 캐기 장들을 꾸릴 수 있다. 72)

북한은 식량난 해결을 위하여 온 국력을 모아 간척사업을 추진하였다. 엄청난 양의 돌과 모래와 흙은 여러 섬에서 채취해 배를 통해 현장으로 가져가 바다와 갯벌을 막았다. 섬은 자기를 희생하여 기꺼이 자신의 몸까지 내어주는 살신성인의 정신을 가졌다고 할 수 있다. 남한의 경기도 화성시 형도와 전라북도 군산시 신시도, 야미도, 연도는 북한의 대·소압도와 용매도, 육읍도 등과 비슷한 처지에 있는 섬들이다.

자기희생으로 역사에서 사라진 무인도서 제미도

한국전쟁 당시, 북한 근해의 다른 섬과 마찬가지로 제미도에서도 뺏고 빼앗기는 치열한 전투가 벌어졌다. 그 공방으로 작은 섬 제미도가 피로 물들었다. 1952년 6월, 세 차례에 걸친 유격대의 저미도 공격작전에도 불구하고 적의 완강한 저항으로 실패를 거듭하자, 미 해군과 공군의 지원을 받아 대규모 상륙작전을 전개하기에 이르렀다. 이 작전으로 적은 은폐물이 없는 해안에서 거의 전멸했다. 섬 전체는 검붉은 피로 물들었다.

재미 도는 서울의 잠실종합운동장보다 훨씬 작은 불과 4정보, 1만2,000평에 불과한 무인도서이다. 그러나 해주를 거쳐서 개성과 평양으로 들어가는 관문이라는 전략적 거점으로, 각 진영이 서로 차지하기 위하여 치열한 전투를 벌였다. 바다가 천연 방패가 되어 재미 도는 지정학적으로 양날의 칼로 아군이나 적군의 자연 동맹이 될 수 있는 곳이었다.

지금은 아무도 알아보지도 않고 쳐다보지도 않는 섬 재미도, 대규모 간척사업으로 많은 농토와 염전을 제공하며 말없이 자기희생적 존재로 우리 앞에서 있다.

72) 「북한지리정보」, 간석지 1988

4) 함박도

"함박웃음 대신 비운의 아픔 속 저어새만 나는구나!"

국방부는 "북한 땅" 국토부는 "우리 땅", 결론은?

함박도는 서해 북방한계선(NLL) 북쪽에 자리한 무인도서이다. 크기는 1만 9971㎡(약 6,000평) 정도이며 섬 모양이 함지박처럼 생긴 데에서 붙은 이름이다. 물이 빠지면 남서쪽으로 약 8.6km 떨어져 있는 연평도 소속 우도와 갯벌로 이어진다. 강화군 말도에서는 8.3km 거리에 있다. 함박도는 1953년 정전협정 체결 당시 북한에 관할권이 넘어갔으나, '인천광역시 강화군 서도면 말도리 산97'이라는 남한 행정 주소가 부여돼 있어 논란이 일었다.

함박도 관할을 둘러싼 어이없는 논란

1953년 체결된 정전협정은, 서해 북

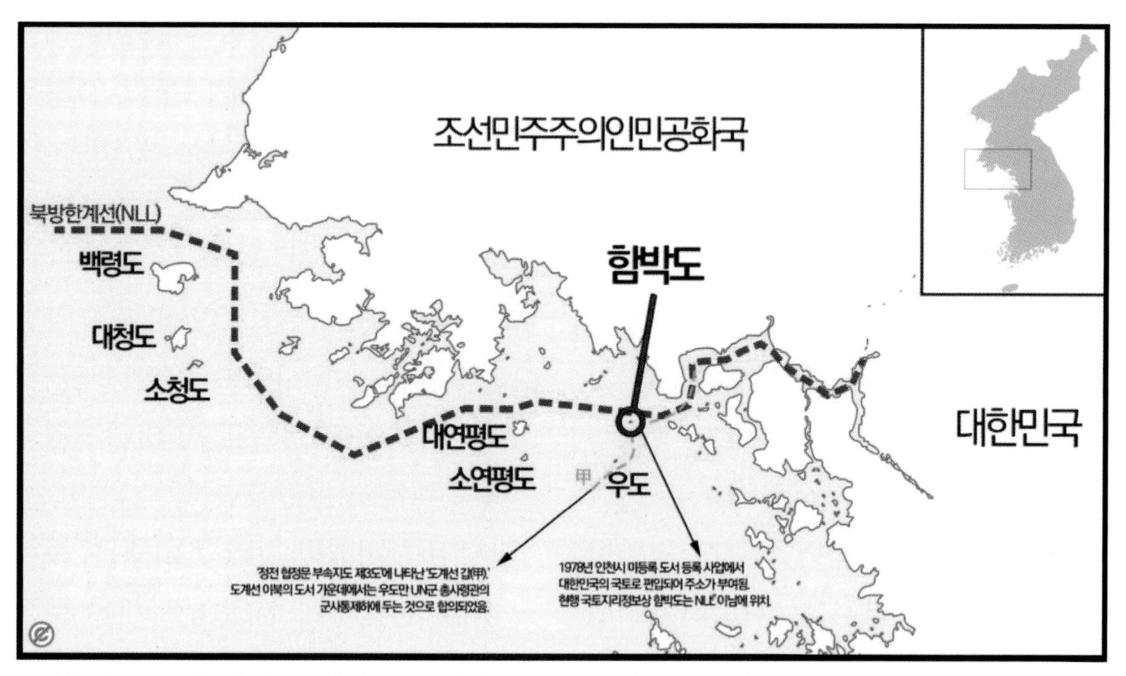

▲ 함박도는 NLL 이북에 있는 북한 담당의 섬이지만 알 수 없는 이유로 대한민국 행정구역상으로 인천광역시 강화군 서도면 말도리 산97 번지에 편입되어 있다. 2019년 6월 말 북한군이 대한민국의 주소지인 함박도에 2017년부터 군사기지를 건설했다는 보도가 나오면서 논쟁의 대상이 되었다. 이후 유엔군사령부에서 공식적인 입장은 NLL 이북으로 결론되었다.「위키백과」

쪽 도서 가운데 백령도·대청도·소청도·연평도·우도 등 5개 섬을 제외하고 함박도를 포함한 모든 도서에 대해 북한의 관할권을 인정한다고 돼 있다. 그런데 함박도는 1978년 박정희 정권 당시 '미등록 도서 지적공부 등록사업'에 따라 그해 12월 30일 대한민국 국유지로 처음 등록됐다.

이후 1986년 9월 소유권이 산림청으로 넘어갔고, 1995년 2월에는 행정구역이 경기도 강화군에서 인천광역시 강화군으로 변경되어 현재에 이르고 있다. 2019년 6월 24일, 주간조선이 "인천광역시 강화군 서도면 말도리 산97 주소로 등록된 함박도에 북한 군사시설물이 설치돼 있음이 관측됐다"라고 보도하면서, 함박도의 남북한 영토 여부를 둘러싼 논란이 제기되었다.

2019년 9월 20일, 국방부와 유엔군사령부는 "함박도는 북측 관할이 맞다"라는 견해를 밝혔다. 국방부는 민관합동 검증팀의 활동 결과 함박도는 정전협정 상 황해도와 경기도의 경계선 북쪽 약 1km에 위치한다며, "서해 NLL 좌표를 연결한 지도상의 선과 실제 위치를 비교한 결과, (함박도는) NLL 북쪽 약 700m에 위치해 북측 관할도서인 것을 현장 확인했다"라고 밝혔다.

또 유엔사령부 군사정전위 측도 함박도가 서해 NLL 북쪽임을 공식 확인함으로써 함박도 영토 논란은 마무리되었다. 국방부 발표에 따르면, 함박도는 현재 북한군이 주둔하고 있는 NLL 이북의 섬이 맞고, 서해 NLL 일대 도서 중 암석지대로 된 하린도·웅도·석도를 제외한 대부분 도서에 북한군이 주둔하고 있다는 것이다.

북한의 핵심 군사기지가 된 NLL 근처의 섬들

북한은 2017년 5월 함박도에 레이더와 1개 소대 병력을 배치했다. 함박도는 오랫동안 무인도였지만 2017년 5월 초부터 이곳에 진지 공사를 시작한 것으로 알려졌다. 이 사실은 2019년 7월 세상에 알려졌다. 함박도 논란이 거세지자 당시 합동참모본부는 2019년 10월 국회 국방위원회의 합동참모본부 국정감사에서 "함박도에서 북한군의 움직임은 2017년 5월 4일 최초 포착됐다" "북한군의 움직임은 2017년 5월 4일과 5월 6일에 파악됐고, 이를 5월 8일에 종합해서 보고했다"라고 밝혔다.

당시 바른미래당 하태경 의원은 '북한의 NLL 인근 5개 섬의 군사시설 무장현황자료'를 공개해 논란이 되기도 했다. 하 의원은 "함박도뿐 아니라 (북한 관할) 서해 무인도 5곳이 전엔 방어기지였다가, 2015년 공격형 기지로 바뀌었다"라며 "갈도에는 방사포 4문, 장재도에는 6문, 무도에 6문 등 총 16문의 방사포가 있다. 동시에 288발이 날아간다."라고 했다. 그러자 정경두 국방부 장관은 "그러한 자료는 적을 이롭게 하는 자료라고 누누이 말씀드린다."라며 맞섰다. 우리 군의 대북 정보 능력을 공개하는 것은 부적절하다는 취지였다.

북한은 현재 서해 NLL 일대 도서 대부분에 북한군을 주둔시키고 있다. 국방부에 따르면 북한의 월래도, 육도, 마합도, 기린도, 창린도, 어화도, 순위도, 비압도, 무도, 갈도, 장재도, 계도, 소수압도, 대수압도, 아리도, 용매도, 함박도 등 총 17곳의 섬에 북한군이 주둔하고 있다. 암석지대로 이뤄진 섬인 하린도, 웅도, 석도를 제외하고 서해 NLL 일대 대부분 섬에 북한군이 주둔하고 있는 셈이다. 73)

함박웃음은 없고 저어새만 날아다니는 비운의 함박섬

서해와 한강을 이어 주는 길목에 볼음도, 서검도, 말도, 주문도, 아차도 등 작은 섬들이 많다. 그중에서 말도는 강화군의 가장 끝 지점에 자리하고 있다. 끝에 있어서 섬 이름도 末島이고, 비무장지대 푯말 제1호가 이곳에 있다. 말도에서 함박도까지는 약 8.3km로 가깝다. 말도 면적 1.449㎢, 해안선 길이 6.1㎞에, 5가구 10여 명의 주민이 거주하고 있다. 말도는 정전협정이 조인되면서 세워진 NLL 군사 분계선 때문에 아픔을 겪은 섬이다. 1965년 10월 29일 터진 일명 '함박도 사건'이 그것이다.

함박도 인근으로 조개잡이 나갔던 주문도, 볼음도, 미법도, 교동도, 말도 어민과 선원 등 104명(남 53, 여 51)이 북한군에게 나포된 것이다. 한국전쟁 이후 최대 규모의 주민납치 사건이 발생했다. 해상에는 보이지 않는 경계선인 NLL이 그어져 있었지만, 당시 어민들은 남북 양쪽 군인들의 눈치를 살피며 주변 섬을 다니며 수산물을 채취했다. 그런 관행으로 북한 도서인 함박도 근해까지 들어가 고기잡이, 조개잡이를 하다가 짙은 안개와 흐린 날씨 탓에 길을 잃고 그만 북한군에게 발각되어 나포된 것이다.

납북된 어부들은 온갖 회유와 고초를 당하다가 22일 만에 판문점을 통해 귀환했으나 중상자 3명, 기관장 등 기술자 2명은 억류되어 끝내 돌아오지 못했다. 동아일보는 이튿날 기사를 통해 "어부 232명이 공격을 받아 112명이 납북됐다"라고 보도했다. 이어 "이번 사건은 북괴의 만행이 가장 큰 원인인 것은

73) 「주간조선」

물론이지만 섬 주민의 가난한 약점을 이용해 돈벌이에 눈이 어두운 선주가 어로 금지 구역에 출어시킨 무모한 처사를 꼽지 않을 수 없다"라고 분석 기사를 실었다.

납북되었다가 송환된 섬 주민들은, 이후 공안 당국에 불려가 간첩 혐의 조사를 이유로 혹독한 고초를 겪었다. 당시 말도는 극도의 냉전 상태가 지속되는 환경 속에서 두 가구가 한집에 살면서 서로 감시하도록 집을 지어야 했다. 지금 생각하면 얼마나 잔인하고 가혹한 일인가!

지금 함박도는 민간인들의 출입 금지 구역으로 세계적인 보호종인 저어새의 터전이기도 하다. 언젠가 함박도에서 남북한 어부들이 사이좋게 고기잡이하며 함박웃음 나눌 수 있는 날이 오기를 기대해 본다.

▼ 지난 2019년 9월 24일 인천 강화군 서도면 말도리에서 바라본 함박도에 북한의 군시설과 인공기가 보인다. ©photo 사진공동취재단 출처 : 주간조선(http://weekly.chosun.com)

천연기념물 저어새의 남한 섬 대거 출현

지난 6월 초, 세계적인 멸종위기 조류 1급이며 우리나라의 천연기념물(제205호)인 저어새의 최대 번식지가 서해 한 무인도에서 발견됐다는 보도를 보고 필자는 깜짝 놀라지 않을 수 없었다. 언론 보도에 따르면, 강화군 서도면 비도에 무려 120여 쌍이나 되는 저어새 둥지가 발견됐다. 이들은 번식에 성공, 어린 새끼들이 먹이를 먹는 장면까지 확인됐다. 참 놀랍기도 하고 걱정스러운 일이 아닐 수 없다. 희귀종이 늘어났으면 반가운 일이지 무엇이 문제인가?

10여 년 전까지만 해도 저어새의 번식지로 주목을 받아 왔던 곳은 서해 5도 지역이었다. 남한에는 강화군 서도면 석도, 김포시 유도, 그리고 북한에는 가까운 함박도, 각회도 등에 흩어져 번식했었다. 그러나 비도만은 저어새 둥지가 없었다.(지난 '90년대 말 필자가 몇 차례 비도를 찾았을 때도 둥지를 발견할 수 없었다)

그런데 올해 비도에 갑자기 저어새가 몰려와 번식을 시작한 것이다. 그것도 120여 쌍이나! 도대체 그동안 무슨 일이 있었기에 남한에서는 서식실태는커녕 모습조차 보기 어려웠던 저어새가 이렇게 떼거리로 나타났다는 말인가? 이에 대한 해답을 구하기에 앞서 간단히 그간 남북한 저어새와 관련한 기록들을 살펴볼 필요가 있다.

남북한의 저어새 출현 비사(悲史)

북한에서의 저어새 번식기록은 '80년대 평안남도 온천군 금송리 덕도(북위 38도 45분, 동경 124도 58분)에 5쌍 정도가 번식하고 있다는 자료가 처음으로 세계 조류학계에 알려졌다.

물론 좀 더 오래된 국제 기록으로 1948년 Oliver L. Austin, Jr가 쓴 「THE BIRDS OF KOREA」에는 '전라북도와 평안도 작은 섬에서 번식하고 있으며, 특히 일본인 구로다는 1917년 7월 22일 전라북도 한 섬에서 저어새 알 6개를 수집했다. 이에 앞서 1916년 7월 17일 전라북도 무인도에서 수집한 저어새 알 몇 개가 이왕 박물관에 소장되어 있다'라고 밝히고 있다.

남한의 저어새 번식기록은 북한보다 10년쯤 뒤인 '90년대 중반 비로소 나타나지만 빈약하다. 조류학자 이정우 삼육대 교수 등이 서해 비도(인천시 강화군 서도면)와 칠산도(전남 영광군 낙월면)에서 발견한 한 쌍씩의 저어새가 전부였다. 사실, 군 정보에 따르면, '90년도 이전에는 비도에 저어새의 번식 둥지가 적잖았다고 한다. 민통선인 데다가 워낙 먼 무인도라 감히 저어새 조사를 할 수가 없었을 뿐이다. 그 뒤 군부대가 사격연습을 하는 바람에 그나마 저어새들이 사라졌다. 비도의 저어새 번식기록은 그래서 비화로 남아 왔었다.

북한 주민의 생계 벌이에 밀려 남한 섬으로 쫓겨났나?

이번에 비도에 집단으로 출현한 저어새의 놀라운 사연은 이렇게 추정할 수밖에 없다. 한마디로 북한 주민의 생계벌이에 밀려 번식지를 빼앗기고 남한 섬에 둥지를 틀게 됐다는 얘기다.

비도와 석도로부터 북쪽 해상에는 몇 개의 무인도가 있었다. 바로 함박도와 각회도로 대표적인 저어새 번식지. 섬에는 좋은 번식 조건이 있었다. 사람들의 간섭이 없고 둥지를 만들 명아주대나 담쟁이 넝쿨이 있었다. 또 그 주변에는 갯벌이 대규모로 발달해 번식에 필요한 먹이 여건을 갖추었다.

그런데 올해 북쪽 섬들에 문제가 생긴 것이다. 사람들의 간섭, 즉 섬에 인간이 대거 상륙한 것이다. 앞서 얘기했지만, 이 섬의 대규모 갯벌은 조개, 특히 값나가는 백합의 주요 산지다. 북한 주민들에게는 어려운 유혹이 아닐 수 없다. 돈이 되는 백합 캐기와 상륙, 그리고 사람들의 간섭과 저어새의 번식 문제가 무관하지 않기 때문이다.

지난 '60년대 초에 남한의 어민들, 특히 보름도 주민들은 함박도에 백합을 캐러 갔다가 월북 누명(?)을 쓰고 고역을 치른 일이 있었다. 어려웠던 시절, 60세 중반쯤 되는 이들은 그때 그 이야기를 알 것이다. 어쨌거나, 그 많던 저어새들은 북쪽에서 번식을 하지 못하고 올해 남쪽으로 내려와 비도에 둥지를 튼 것이다.

짧지 않은 세월을 살펴보면, 저어새들에게도 역사가 있다. 저어새들은 그동안 낙원과 실낙원 사이에서 남북으로 오고 가지 않을 수 없었다. '90년대에는 남쪽에서 북쪽 섬으로, 그리고 올해는 북쪽에서 남쪽 섬으로 저어새들을 보내야 했다. 아무튼, 이번에 모처럼 집단으로 모습을 나타낸 멸종위기 1급 조류 저어새에 대해 관계 당국은 물론 학계에서도 보호 대책 마련과 함께 서식실태에 관한 체계적인 연구가 이뤄져야 할 것이다.

나가는 말

1991년, 우리나라에 섬을 연구하는 사람이 거의 없던 시절, 나는 알 수 없는 소명에 이끌려 2.5t 등대호를 타고 전국 총 446개 유인도 순회를 시작했다. 그리고 2016년 '한국의 섬' 13권이 완간되자 사람들은 나에게 '섬박사' '섬 탐험가'라고 불러주었다. 나를 처음 만나는 사람들은 '섬박사' '섬 탐험가'라는 타이틀을 들으면 금세 눈빛에 호기심이 어린다. 그들에게 섬은 미지의 세계이자 꿈과 낭만이 머무는 곳이다. 하지만 그들 대부분은 섬에 관한 관심만큼 섬의 실상에 대해 많은 것을 알고 있지는 않았다. 그것은 섬에 대해 알려진 정보가 제한적이고 편협한 탓도 있다. 그래서 나는 그런 이들을 만날 때면 더욱더 열심히 섬을 탐사하고 연구해서 섬에 대해 더 많이 알려야겠다는 생각을 했다.

남한의 섬에 대해서도 이럴진대 하물며 북한의 섬은 어떨까? 우리나라 국민에게 북한의 섬 이름을 대보라고 하면 하나도 대지 못할 사람들이 태반일 거로 생각한다. 북한의 섬이 뭐가 그렇게 중요하냐고 반문을 할 수도 있다. 하지만 북한에도 우리 민족에게 역사적으로 중요한 섬들이 많이 있다. 고려 시대 번성한 국제무역항이었던 벽란도, 한반도의 영외 영토라고 할 수 있는 압록강 하구의 비단섬, 황금평섬, 요동 정벌을 떠난 이성계가 회군해 조선 건국의 기점이 됐던 위화도, 지금은 러시아 땅이 되었지만 녹둔도 등이 그것이다. 언뜻 떠오르지 않지만 몇 가지 키워드만 던져주면 기억이 모락모락 피어날 그런 곳들이다.

북한은 다른 나라의 영토가 아니다. 대한민국 헌법 제3조는 '대한민국의 영토는 한반도와 그 부속 도서로 한다.'라고 규정하고 있다. 단순히 선언적인 문장으로 볼 수도 있겠지만 그러기에는 고향을 떠나와 그리워하고 다시 한번 돌아가 보고 싶어 하는 실향민들이 많다. 이북5도민회에서 실향민들을 만나 이야기를 나누며 그들에게는 북한의 섬이 정서적으로 그리 먼 곳에 있지 않음을 알게 됐다. 물론 지정학적 거리는 말할 수 없이 멀었다. 실제로 가볼 수 없어 수집한 자료와 인터뷰에 의존할 수밖에 없었다는 한계도 있다. 하지만 묻혀져 있는 사료를 발굴하고 사람들을 만나며 북한의 섬이 가지고 있는 역사적, 사회 문화적 가치를 알리고자 노력했다.

이 책은 훗날 남북의 화해 분위기가 조성되고 통일이 되면 비로소 빛을 발하게 될 것이다. 그날이 오면 북한의 섬을 방문하고 주민과 소통하는 데 이 책이 길잡이가 되길 바란다. 이 책의 출간을 계기로 북한의 섬에 관한 관심과 연구가 더욱 확대되길 바란다. 또 남과 북이 평화의 장이 조성되는 토대가 되기를 바란다.

2023년 7월 8일 광운대학교 해양섬정보연구소 공동 소장 이재언

북한의 섬 1권

함경남도, 함경북도, 황해남도

2023년 6월 30일 1쇄 발행

지은이 I 이제언
교정 I 김정희, 백완종, 강광식
편집 I 주식회사굿맨
표지디자인 I 김영균
펴낸곳 I 이어도

주소 I 전라남도 목포시 고하대로30번길 3, 종원청해101-1406(산정동)
전화 I 061-243-9945
팩스 I 061-243-9945
e-mail I koeraisland3400@naver.com

인쇄, 제작 I 주) 삼보프로세스
전화 I 02,2669-8338
주소 I 서울 퇴계로 37길 26-6호

ISBN 979-11-91745-19-1
정 가 28,000원